微机原理与接口技术

主 编 方 红 唐毅谦
副主编 徐嘉莉 杨柱中 胡 庆

西南交通大学出版社
·成 都·

内容简介

根据 Intel 系列微处理器的向下兼容性，本书着重讲解了 16 位微型计算机的工作原理、指令系统、8086 汇编语言程序设计及接口技术。全书分为三部分：微型计算机原理部分（第1、2、5、6章）、汇编语言程序设计部分（第3、4章）、接口与应用部分（第7、8、9章）。

本书以基础理论——举例为主线组织编写，在内容安排上注重系统性、逻辑性与实用性，结构清晰、易教易学、实例丰富，对易混淆和实用性强的内容进行了重点提示和讲解。

为便于读者自学，本书不仅附有一定量的习题，而且还附加了相应的习题答案。本教材配有多媒体课件，可供选用该教材的教师在教学时使用，也可供学生课外学习参考。

本书既可作为高等院校电气信息类专业教材，也可供从事微型计算机系统设计和应用的技术人员自学和参考。

图书在版编目（CIP）数据

微机原理与接口技术 / 方红，唐毅谦主编．—成都：西南交通大学出版社，2013.2（2015.12 重印）
ISBN 978-7-5643-2181-9

Ⅰ. ①微… Ⅱ. ①方… ②唐… Ⅲ. ①微型计算机－理论②微型计算机－接口技术 Ⅳ. ①TP36

中国版本图书馆 CIP 数据核字（2013）第 028110 号

微机原理与接口技术

主编　方　红　唐毅谦

＊

责任编辑　赵雄亮
封面设计　墨创文化

西南交通大学出版社出版发行

四川省成都市金牛区交大路 146 号　邮政编码：610031　发行部电话：028-87600564
http://www.xnjdcbs.com

成都蜀通印务有限责任公司印刷

＊

成品尺寸：185 mm×260 mm　　印张：16
字数：397 千字
2013 年 2 月第 1 版　2015 年 12 月第 2 次印刷
ISBN 978-7-5643-2181-9
定价：32.00 元

图书如有印装质量问题　本社负责退换
版权所有　盗版必究　举报电话：028-87600562

前　言

微机原理与接口技术是自动化、电子信息等电气信息类专业的一门重要的专业基础课。随着微处理器技术的不断发展和用人单位对人才培养的更高要求，迫切需要一批适合新形势需要的教材。为此，本书作者结合多年来一线教学的经验，参考现有教材，从教和学的角度出发，着手编写了本教材。

1. 关于本教材

本书首先介绍了微型计算机的相关概念及组成，围绕微型计算机系统的各个组成部分，相继介绍了微处理器，80X86 的寻址方式及指令系统，汇编语言程序设计，存储器，输入，输出接口，中断系统，可编程接口芯片。

2. 本教材的特点

（1）结构清晰、知识完整。

本教材根据高校教学大纲组织内容，内容翔实，系统性强。

（2）学以致用、注重能力。

以基础理论——举例为主线编写，便于读者掌握重点及提高实际应用能力。

（3）示例丰富、实用性强。

示例众多，步骤明确，讲解细致，突出实用性。

3. 本教材读者定位

本书既可作为高等院校电气信息类专业教材，也可供从事微型计算机系统设计和应用的技术人员自学和参考。

本书由成都大学方红、唐毅谦教材主编，并编写第 1 章及第 6 章部分内容；徐嘉莉负责全书统稿，并编写第 3、4 章；程浩编写第 5、7 章；杨柱中编写第 2 章及第 6 章部分内容；胡庆编写第 8、9 章。

由于编者的学识水平有限，书中难免存在不妥之处，恳请广大读者批评指正。

编　者
2012 年 10 月

目 录

1 微型计算机概述 1
1.1 计算机和微型计算机的发展 1
    1.1.1 计算机的发展 1
    1.1.2 微型计算机的发展 1
1.2 微型计算机系统概述 4
    1.2.1 微型计算机系统 4
    1.2.2 微型计算机硬件系统 4
    1.2.3 微型计算机软件系统 7
    1.2.4 微型计算机的工作过程 9
    1.2.5 微型计算机的主要性能指标 9
1.3 计算机中数值数据的表示及编码 10
    1.3.1 常用数制 10
    1.3.2 进位计数制之间的转换 12
    1.3.3 计算机中有关数值数据表示的几个常用术语 12
    1.3.4 机器数和真值 13
    1.3.5 带符号的二进制数（机器数）的三种表示方法——原码、反码和补码 ... 13
    1.3.6 定点数和浮点数 18
    1.3.7 BCD 码 20
    1.3.8 计算机中非数值数据的表示 20
习 题 22

2 微处理器 24
2.1 8086/8088CPU 结构 24
    2.1.1 8086/8088CPU 内部结构 25
    2.1.2 8086/8088CPU 的内部寄存器结构 26
    2.1.3 8086/8088 CPU 存储器与 I/O 组织 31
    2.1.4 8086 CPU 总线周期的概念 33
2.2 8086/8088 CPU 引脚功能 34
    2.2.1 8086 CPU 最小模式下的引脚定义 35
    2.2.2 8086 CPU 最大模式下的引脚定义 38
    2.2.3 8088CPU 的引脚与 8086CPU 的区别 39
2.3 8086/8088 CPU 中断系统 40

2.3.1 计算机的中断类型 ... 41
   2.3.2 计算机的中断向量表 ... 42
   2.3.3 微机的中断管理 ... 43
  2.4 8086 CPU 系统配置 ... 44
   2.4.1 最小模式系统配置 ... 44
   2.4.2 最大模式系统配置 ... 45
   2.4.3 最小系统配置与最大系统配置的比较 ... 45
  2.5 8086 CPU 的典型时序及操作 ... 46
   2.5.1 系统的复位和启动 ... 47
   2.5.2 空闲周期 ... 47
   2.5.3 CPU 进入和退出保持状态的时序 ... 48
   2.5.4 最小模式下的总线操作 ... 48
   2.5.5 最大模式下的总线操作 ... 51
  习 题 ... 52

3 8086 指令系统 ... 54
  3.1 8086 CPU 的指令格式 ... 54
   3.1.1 8086 指令的机器码格式 ... 54
   3.1.2 8086 指令的汇编格式 ... 55
  3.2 8086 寻址方式 ... 56
   3.2.1 立即寻址方式 ... 56
   3.2.2 寄存器寻址方式 ... 57
   3.2.3 直接寻址方式 ... 57
   3.2.4 寄存器间接寻址方式 ... 58
   3.2.5 寄存器相对寻址方式 ... 59
   3.2.6 基址变址寻址方式 ... 60
   3.2.7 相对基址变址寻址方式 ... 61
   3.2.8 隐含寻址方式 ... 62
  3.3 8086 指令系统的种类 ... 63
   3.3.1 数据传送指令 ... 63
   3.3.2 算术运算指令 ... 68
   3.3.3 逻辑运算指令和移位指令 ... 72
   3.3.4 串操作指令 ... 76
   3.3.5 控制转移指令 ... 79
   3.3.6 处理器控制指令 ... 84
  习 题 ... 85

4 汇编语言程序设计 ... 88
  4.1 汇编语言概述 ... 88
   4.1.1 汇编语言程序的开发过程 ... 89

4.1.2　汇编程序的调试 90
4.2　汇编语言程序的格式 91
　　4.2.1　段 92
　　4.2.2　语　句 93
4.3　8086汇编语言的基本数据 93
　　4.3.1　字符集 93
　　4.3.2　常　量 94
　　4.3.3　保留字 94
　　4.3.4　标识符 94
　　4.3.5　变　量 94
　　4.3.6　标　号 95
4.4　伪指令 95
　　4.4.1　数据定义伪指令 95
　　4.4.2　符号定义与解除伪指令 97
　　4.4.3　段定义伪指令 99
　　4.4.4　过程定义伪指令 100
　　4.4.5　宏处理伪指令 101
　　4.4.6　其他伪指令 103
4.5　汇编语言程序设计 104
　　4.5.1　顺序程序设计 104
　　4.5.2　分支程序设计 105
　　4.5.3　循环程序设计 109
　　4.5.4　子程序设计 111
　　4.5.5　模块化程序设计 116
4.6　DOS及BIOS功能调用 118
　　4.6.1　常见DOS系统功能调用 119
　　4.6.2　常用BIOS功能调用 122
习　题 123

5　半导体存储器 124
5.1　概　述 124
　　5.1.1　半导体存储器的技术指标 125
　　5.1.2　存储器的分类 126
　　5.1.3　存储器系统结构 128
5.2　读/写存储器RAM 131
　　5.2.1　静态读/写存储器RAM（SRAM） 132
　　5.2.2　动态读/写存储器RAM（DRAM） 135
5.3　只读存储器（ROM） 139
　　5.3.1　掩膜ROM 139

  5.3.1 掩膜 ROM ··· 139
  5.3.2 可编程 ROM（PROM） ··· 140
  5.3.3 可擦除、可编程 ROM（EPROM） ·· 141
  5.3.4 电可擦除可编程 ROM（E^{2}PROM） ··· 144
  5.3.5 Flash 存储器 ·· 146
 5.4 存储器芯片的扩展及其与系统总线的连接 ··· 148
  5.4.1 存储器芯片与 CPU 的连接的主要问题 ··· 148
  5.4.2 存储器片选控制方法 ··· 149
  5.4.3 8086 存储器组织结构 ·· 151
  5.4.4 存储器芯片的扩展及实例 ·· 152
 习 题 ··· 155

6 输入/输出及中断系统 ··· 157

 6.1 输入/输出接口概述 ·· 157
  6.1.1 输入/输出接口的概念 ··· 157
  6.1.2 输入/输出接口的功能及结构 ··· 158
  6.1.3 输入/输出接口的端口寻址 ··· 160
  6.1.4 输入/输出控制方式 ··· 161
 6.2 中断系统概述 ·· 164
  6.2.1 中断的基本概念 ·· 164
  6.2.2 中断处理系统 ·· 164
 6.3 8086 CPU 的中断方式 ··· 167
  6.3.1 8086 CPU 的中断类型 ··· 168
  6.3.2 中断向量表与中断向量的获取 ··· 169
  6.3.3 8086 CPU 的中断响应与处理过程 ··· 169
 6.4 可编程中断控制器 8259A ··· 171
  6.4.1 8259A 的内部结构和引脚 ·· 171
  6.4.2 8259A 的工作方式 ··· 173
  6.4.3 8259A 的编程 ·· 175
  6.4.4 8259A 的中断级联 ··· 179
  6.4.5 8259A 的应用实例 ··· 180
 习 题 ··· 183

7 可编程并行接口芯片 8255A ··· 184

 7.1 并行接口和串行接口概述 ··· 184
 7.2 8255A 的控制字及工作方式 ··· 189
  7.2.1 8255A 的控制字 ·· 189
  7.2.2 8255A 的工作方式 ··· 191
 7.3 8255A 的应用举例 ··· 198
 习 题 ··· 201

8 可编程定时/计数器 8253 ... 203
8.1 概 述 ... 203
8.1.1 定时/计数的基本概念 ... 203
8.1.2 实现定时和计数的方法 ... 203
8.2 可编程定时/计数器 8253 ... 204
8.2.1 8253 的主要功能 ... 204
8.2.2 8253 的内部结构与外部引脚 ... 204
8.2.3 8253 的工作方式 ... 207
8.2.4 8253 的方式控制字和初始化编程 ... 212
8.2.5 8253 的应用设计举例 ... 215
习 题 ... 219

9 可编程串行通信接口芯片 8251A ... 221
9.1 串行通信概述 ... 221
9.1.1 并行通信与串行通信 ... 221
9.1.2 串行通信的基本概念 ... 222
9.1.3 串行通信接口标准 ... 226
9.1.4 串行通信接口典型结构 ... 228
9.2 可编程串行通信接口芯片 8251A ... 229
9.2.1 8251A 的结构和引脚 ... 230
9.2.2 8251A 的控制字及工作方式 ... 233
9.2.3 8251A 的初始化及应用设计举例 ... 236
习 题 ... 243

参考文献 ... 245

1 微型计算机概述

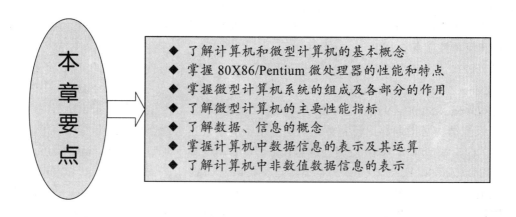

1.1 计算机和微型计算机的发展

1.1.1 计算机的发展

计算机技术的飞速发展，带来人类生活、学习和科学研究各个领域的技术革命，计算机知识和应用技能已成为人类知识经济的重要组成部分。

1946 年，人类第一台电子计算机 ENIAC（Electronic Numerical Integrator and Computer）问世。它的体积约 85 立方米，占地面积约 170 平方米，重约 30 吨；有 18 000 多只电子管，功率 140 千瓦，价值 40 多万美元；它只能存储 750 条指令，每秒钟只能进行 360 次乘法运算。性能上与现代的通用微型计算机相比相差甚远。其后几十年的发展历史中，计算机经历了电子管、晶体管、中小规模集成电路和大规模、超大规模集成电路几个阶段。

计算机技术的发展对社会进步产生了巨大的影响。今天，计算机及其应用技术的发展速度、深度及其广度，都远远超过了历史上任何一种技术手段和装备，在国防、科学研究、政治经济、教育文化等方面无所不及。计算机应用技术引起了社会各领域的巨大变革。

1.1.2 微型计算机的发展

20 世纪 70 年代初期，由于微电子技术和超大规模集成技术的发展，导致了以微处理器为核心的微型计算机的诞生。目前微型机低廉的价格使其真正能够在各行各业应用，能够深入到办公室甚至家庭，形成个人计算机（Personal Computer，简称 PC）。微型计算机（Microcomputer）与其他计算机的区别在于它的中央处理器 CPU（Central Processing Unit）是采用超大规模集成技术集成在一块硅片上的，又称其为微处理器（Microprocessor）。微型计算机的发展是以微处理器的发展为表征的，以字长和功能来计，微处理器的发展经历了如下几个阶段：

（1）1971—1973 年为 4 位或 8 位低文件微处理器和微型计算机时代。典型的 CPU 产品是 Intel 4004 和 Intel 8008，其基本特点是采用 PMOS 工艺，集成度低（1 200～2 000 晶体管/片），系统结构与指令比较简单，且速度慢（基本指令执行时间为 10～20 μs），主要应用于家用电器和简单控制场合。

（2）1974—1977 年为 8 位中文件微处理器和微型计算机时代。典型的 CPU 产品有 Intel 8080、Zilog-Z 80 和 Motorola 公司的 MC6800，它们的显著特点是采用了 NMOD 工艺，集成度提高约 4 倍（5 000～9 000 晶体管/片），速度提高了 10～15 倍（基本指令执行时间为 1～2 μs），系统结构与指令都比较完善，广泛应用于电子仪器、现金出纳机和打印机等。

（3）1978—1984 年为 16 位微处理器和微型计算机时代。典型的 CPU 产品有 8086、8088、Z8000 和 MC68000。这一代 CPU 的主要特点是采用 HMOS 工艺，其集成度（达 20 000～70 000 晶体管/片）和速度（基本指令执行时间为 0.5 μs）都比 8 位微处理器提高了一个数量级。体系结构与指令更为完善与丰富，采用了多级中断、多种寻址方式、段式寄存器等结构。

8086 和 8088CPU 都拥有 20 条地址线，内存直接寻址范围为 $2^{20} = 1$ MB，主频为 4.77 MHz 以上。8086 和 8088CPU 在计算机史上第一次将 CPU 分成执行部件和接口部件 BIU 两部分，从而实现了流水线技术；在内存管理上引入了内存分段管理的概念。此外，它们还可以和同期推出的供浮点运算的 8087 协处理器配套使用。8086 和 8088CPU 功能强大的指令集在条数上已超过小型计算机。IBM 公司最早推出的 IBM PC 和 IBM PC/XT 机都采用 8088 主板。

1982 年，Intel 公司还推出了性能更高的 16 位 CPU80286（以 80287 作为它的协处理器），它有 24 条地址线，内存寻址范围为 16 MB，主频为 6 MHz 以上。它将 CPU 中的 BIU 分成地址单元 AU、指令单元 IU 和总线单元 BU 三部分，并利用 IU 进行预译码来进一步提高速度。在内存管理方面引入保护虚地址方式，并可提供 $2^{30} = 1$ GB 的虚拟内存空间，将部分外存信息有条件地与内存信息交换，从使用角度看，大大扩大了有限的内存容量。同时利用有效的特权保护可使由 286CPU 构成的 IBM PC/AT（286 机）支持多用户。286 机具有实地址和保护虚地址两种工作方式。

（4）1985—1992 年为 32 位微处理器和微型计算机时代。与 16 位微处理器相比，32 位微处理器从体系结构设计上有了概念性的改革与革新。典型的 CPU 产品是 Intel 80386、80486 和 Motorola 公司的 MC68030、68040 等。这一代微处理器大多采用了 HMOS 或 CMOS 工艺，其集成度高达 100 万只晶体管/片，基本指令执行时间一般在 25 MIPS，为微型计算机带来了小型机的性能。它们具有 32 条地址线，内存寻址范围为 4GB。Intel 80386 工作主频在 16 MHz 以上，以 80387 为协处理器。为了与 16 位外设兼容，1988 年 Intel 公司还推出了数据总线内 32 位外 16 位的 80386SX，仍用 80287 作协处理器，其他结构则与 386 相同。Intel 80386 有实地址、保护虚地址和虚拟 8086（即可在机器上同时运行实地址、保护虚地址等不同方式的程序）三种工作方式。此外，为加快记忆体操作，还引入了高速缓冲存储器 Cache，这样可将具体数据运算从慢速的动态 RAM（DRAM）调整到 SRAM 中进行。

1989、1990 和 1992 年，Intel 公司相继推出 80486DX、80486SX 和 80486DX2 CPU，其工作主频提高到了 50 MHz 以上。

（5）1993 年，Intel 公司推出了外部数据总线 64 位的 Pentium（俗称 586，奔腾）CPU，进入了 64 位高文件微处理器和微型计算机时代。Pentium 采用了 0.6 μs 的静态 CMOS 工艺，芯片内集成了 310 万只晶体管。其地址线为 32 位，寻址范围是 4 GB，工作主频在 60 MHz 以上。Pentium CPU 芯片在 486 基础上采用了全新的体系，重新设计了增强型的浮点运算器，速度比 486 提高 3~5 倍，将程序 Cache 和资料 Cache 分开（各为 8 KB），以减少等待及移动资料的次数和时间。它还增加了分支目标缓冲器，以预测分支指令结果，提前安排指令执行顺序。最重要的是采用了超标量流水线结构，允许多条指令同时执行，大大提高了效率。具体设置有两条指令流水线和独立的超标量执行单元，在同一时钟内可同时发两条整数指令或一条浮点（某些情况还能再送一条整数）指令，并将常用指令固化以便硬件速度执行。

1995 年，Intel 推出的 Pentium Pro（俗称高能奔腾）也是一种 64 位 CPU，其中集成了 550 万只晶体管。地址线为 36 条，寻址范围为 64GB，其主频已提高到 133 MHz 以上，具有两倍 Pentium 的性能。它的主要改进表现在两个方面：一是采用了动态执行技术。除了 Pentium 具有的转移指令预测功能外，还可通过提前对指令间数据流的相互关系进行分析，对指令流进行优化重排，保证了超标量执行单元能满负荷工作。二是将二级 Cache（以加快内存的操作，PC Pentium 机中除了主芯片内含有 Cache 外，在主板上又安装了 256~512 KB 的二级 Cache）也集成在同一块芯片上，从而在芯片内形成双重独立总线，有效地提高了性能。

随着多媒体技术的融入，在 1996—1997 年，Intel 公司相继推出了基于 Pentium 和 Pentium Pro 芯片，附加多媒体声像处理指令（共 57 条）的 CPU，称为"具有 MMX 技术的 Pentium 和 Pentium Pro"，其型号分别为 P55C 和 PentiumⅡ（简称 PⅡ）。由 P55C 和 PⅡ构成的 PC 机分别称为多能奔腾机和 PⅡ机（即奔腾二代），它们比较适用于多媒体应用领域。

1999 年 2 月，Intel 公司再次推出 64 位的 CPU PentiumⅢ（简称 PⅢ），主频 450 MHz 以上，具有 32 KB 一级 Cache，512 KB 二级 Cache。它针对网络功能进行了优化，并且新增 70 条 SSE（Streaming SIMD Extensions，单指令多数据流扩展）指令，以提高 CPU 处理连接数据流的效率、浮点运算速度并加强多媒体功能。

2000 年 8 月，Intel 公司在 Intel Developer Forum Fall 2000 展示会上，公开了配备 PentiumⅣ的系统（简称 PⅣ），PⅣ系统的主频为 1.3/1.4 GHz。2001 年 2 月，Intel 公司在 Intel Developer，Forum Spring 2001 上又发布了新的 PentiumⅣ的系统。相对于 PⅢ来说，PⅣ在结构性能方面的一个最大的改进就是将指令高速缓存（I-Cache）与数据高速缓存（D-Cache）分开，以加快内部数据的执行速度。

在推出 PⅣ的同时，Intel 公司已经为市场准备了 64 位的新一代微处理器，代号为 Merced 的 Itanium（安腾）。与以往的 64 位 CPU 不同，Itanium 引入了许多新概念和新技术，其目标是带领 CPU 市场跨入新型 64 位新时代。

80X86/Pentium 系列是当今微型计算机世界占绝对优势的 CPU，包括 80X86 系列和 Pentium 系列。80X86 系列：8088、8086、80286、80386、80486 以 Intel 公司 1978 年推出 16 位的 8086，次年推出的外部数据总线为 8 位的 8088（为便于和大部分 8 位外设相连接）为标志。Pentium 系列：Pentium、PentiumPro、PentiumMMX、PentiumⅡ、PentiumⅢ及 PentiumⅣ，俗称 586，中文名奔腾。

1.2 微型计算机系统概述

1.2.1 微型计算机系统

1946 年，美籍匈牙利数学家冯·诺依曼（John Von Nenman）等人在一篇"关于电子计算仪器逻辑设计的初步探讨"论文中，第一次提出了计算机组成和工作方式的基本思想，其主要内容是：

（1）计算机应由运算器、控制器、存储器、输入和输出设备等五部分组成。

（2）存储器不但能存放数据，也能存放程序。数据和程序均以二进制数码形式在机器内存放。计算机能自动识别数据和程序。

（3）编好的程序事先存入存储器中。计算机在指令计数器控制下，自动高速执行。

目前，虽然计算机已取得惊人的进步，但究其本质，仍属冯·诺依曼结构体系。

我们知道，微型计算机系统由硬件和软件两大部分组成。硬件指组成计算机的设备实体；软件是相对于硬件而言的，指计算机运行所需的各种程序，广义地讲还包括各种信息。

硬件和软件系统本身还可细分为更多的子系统，如图 1.1 所示。

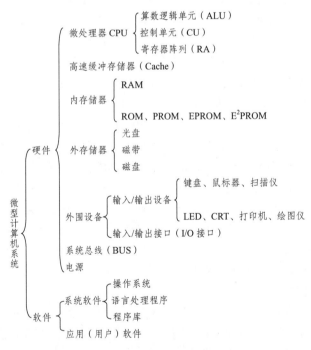

图 1.1 微型计算机系统组成

1.2.2 微型计算机硬件系统

微型计算机的硬件主要由以下五个部分组成：① 微处理器 CPU；② 内存储器（RAM、

ROM）；③ 外存储器（磁盘、磁带、光盘）；④ 输入、输出设备；⑤ 总线（BUS）。其系统结构如图 1.2 所示。

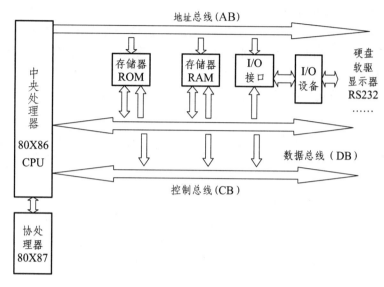

图 1.2　微型计算机硬件系统结构

1. 微处理器 CPU 内部总线

微处理器是整个微型计算机硬件控制指挥中心，不同型号的微型计算机性能的差别首先在于微处理器性能的不同。但无论哪种微处理器，其基本结构、基本部件的作用都是相同的。微处理器的基本组成如图 1.3 所示。

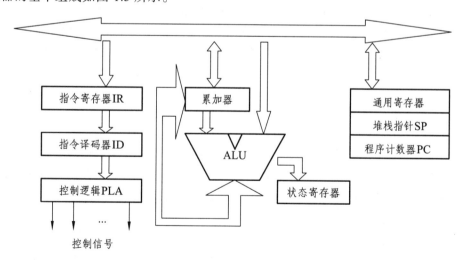

图 1.3　微处理器 CPU 内部组成

微处理器包括运算器和控制器两部分。
（1）运算器部分：
① 算术逻辑单元 ALU（Arithmetic Logic Unit）。

ALU 是微型计算机运算部分核心，在控制信号作用下可完成加、减、乘、除四则运算，还可进行与、或、非和异或等逻辑运算。

② 累加器 ACC（Accumulator）。

ACC 是通用寄存器中的一个，它提供送入 ALU 的两个操作数中的一个，而运算后的结果送回 ACC。因为它跟 ALU 联系特别密切，故常把它划出，而不归在通用寄存器组中。

③ 状态寄存器 FR（Flag Register）。

FR 用来记录计算机运行的某些重要状态，在必要时，根据这些状态控制 CPU 的运行。

④ 寄存器组 RS（Resisters）。

RS 用来加快运算和处理速度。计算机访问存储器要比访问寄存器慢得多。因此，在需要反复使用某些数据或中间结果时，可将其暂时存放在 RS 中，避免反复访问存储器，提高执行速度。

⑤ 堆栈和堆栈指针寄存器 SP。

堆栈是一组寄存器或存储器中某一指定区域，在计算机中广泛使用"堆栈"作为信息的一种存取方式。堆栈中信息的存入（进栈 Push）与取出（弹出 Pop）过程好像仓库中货物的堆放过程，最后存放的货物堆放在顶部，最先取出。这种方式称为"后进先出"或称为"先进后出"。

堆栈指针 SP 用来指示栈顶地址，其初值由程序员设定。向下生长型堆栈，当数据压入堆栈时，SP 自动减 1 指向新的栈顶；当数据从栈中弹出时，SP 自动加 1 同样指向新的栈顶。

（2）控制器部分：

① 程序计数器 PC（Program Counter）。

PC 用来记住当前要执行的指令地址码。

② 指令寄存器 IR（Instructional Register）、指令译码器 ID 及控制信号发生电路。

这部分是整个微处理器的指挥控制中心，它控制和协调整微型计算机有序的工作。它根据用户预先编好的程序，在 PC 指导下，依次从存储器中取出各条指令，放在指令寄存器中，通过指令译码确定应该进行什么操作，然后通过控制逻辑在确定的时间，往确定的地方发出控制信号。

2. 内存储器

微型计算机系统的内存储器由超大规模集成芯片构成，主要用来存储数据和程序。内存储器的工作过程大致如下：计算机在处理前，预先把程序和原始数据存放于内存储器中，在处理过程中，由它向控制器提供指令代码，然后根据处理需要，随时向运算器提供数据，并且把运算结果或中间结果存储起来。

内存储器一般分为随机存取存储器 RAM（Random Access Memory）和只读存储器 ROM（Read Only Memory）。RAM 可以读出数据和重新写上新的数据，ROM 是事先把数据写入，使用时只能读出，不能改写。

无论是 ROM 还是 RAM，都是按字节组成的存储单元，每个字节有一个地址码与之相对应，通过给定地址码可以随意访问该地址所对应的单元。

计算机存储器系统大部分为 RAM。

3. 外存储器

内存储器工作速度较高，和 CPU 的速度基本相匹配，但由于价格的原因，内存储器容量不宜做得太大（通常小于 500 M 字节）；且内存储器上信息易丢失。为此引入了外存储器，外存储器一般属于外部设备，用来存储 CPU 不急用的信息，它不能直接和 CPU 交换数据，要通过接口电路将信息送到内存储器中，CPU 才能使用。

外存储器的种类很多，目前用得最多的是磁盘存储器（包括硬盘和软盘）、光盘存储器等。

4. 输入/输出设备

输入/输出设备是微型计算机与外界通信联系的渠道。常用的输入设备有键盘、卡片、输入机、条形码识别装置、扫描仪等；常用的输出设备有 LED 显示器、CRT、打印机、绘图仪等。

输入/输出设备又称外围设备。

5. 总线（BUS）

微型计算机与小型计算机或大型计算机在结构上最大的区别就是各组成部分之间的连接采用了"总线结构"。

总线实际上是一组导线，一般包括数据总线 DB（Data Bus）、地址总线 AB（Address Bus）和控制总线 CB（Control Bus）三种。

数据总线用来传输数据。8088CPU 与内部各部分的数据总线是 16 位，CPU 与存储器、I/O 端口的数据总线是 8 位，称为准 16 位微处理器。80286CPU 内/外数据总线均是 16 位，是 16 位微处理器。80486CPU 数据总线有 32 位，是 32 位微处理器。

地址总线传输地址信息，用来寻址存储单元和 I/O 端口。地址总线的位数决定了系统内存的最大容量。8088/8086CPU 有 20 根地址线，可寻址 $2^{20}=1$ M 内存；80286CPU 有 24 根地址线，可寻址 $2^{24}=16$ M 内存；80486CPU 有 32 根地址线，可寻址 $2^{32}=4$ G 内存。

控制总线用来传输控制信号，对不同的 CPU，控制总线的条数是不一样的。

地址总线通常是单向的，由 CPU 发出地址信息。数据总线是双向的。大部分控制总线是单向的，它们或是 CPU 发出的操作命令，或是其他部件向 CPU 提出的请求信号。

1.2.3 微型计算机软件系统

计算机软件系统包括计算机运行所需的各种程序、数据、文件等。实际中常狭义地把程序与软件等同起来。

软件系统可分为系统软件和应用软件两大类。

1. 系统软件

管理计算机本身、支持应用软件的开发与运行的软件统称为系统软件，主要包括以下几种类型：面向计算机管理的软件，如操作系统等；各种语言和它们的汇编或解释、编译程序；程序库。

（1）操作系统。

操作系统是管理计算机系统、协调各模块动作的程序系统。规模较大、功能较强和较为复杂的称为操作系统（如 PC 机上运行的系统）；规模较小、功能较弱和较为简单地称为监控程序（如单板机上运行的程序）。

操作系统为用户提供一套功能很强的命令——操作系统语言，用户通过命令调用有关程序就能方便高效地使用计算机。操作系统通常都由生产厂家提供。

操作系统实际上是一个相当大的程序系统，它本身又由许多程序组成，主要包括：

① 管理磁盘的程序。

② 管理输入/输出的程序。

③ 管理 CPU、内存储器的程序

④ 处理中断的程序

⑤ 管理程序库、语言处理程序的程序。

⑥ 管理应用程序的程序。

（2）语言处理程序。

计算机语言是人与计算机通信的工具，计算机只懂得机器语言程序：人们用机器指令码来编写的程序。机器语言无明显特征，不好理解和记忆，编制程序时容易出错。

把机器语言的操作码用助记符代替、地址用符号代替就是汇编语言。汇编语言使指令易于理解和便于交流。当然，用汇编语言编写的程序（称为源程序）必须经过翻译，变成机器码表示的程序（称为目标程序），机器才能识别和执行。这样的翻译过程称为汇编，翻译程序称为汇编程序。对不同的机器，其机器指令是不通用的，即机器语言和汇编语言必须对应机器指令，不能脱离具体的机器，故称为低级语言。

各种高级语言所用语句与实际问题更接近，编写程序更容易，尤其是各种高级语言脱离了具体的机器，具有很强的通用性。目前常用的高级语言有 200 多种，用得最多最广的有：BASIC、FORTRAN、COBOL、PASCAL 和 C 语言。

计算机在执行时，也必须将用高级语言编写的源程序翻译成目标程序，这样的翻译程序称为解释程序或编译程序。

（3）程序库。

为了扩大计算机的功能，便于用户使用，机器中设置了各种标准的子程序，这些子程序的总和就形成了程序库。

2. 应用软件

用户利用计算机以及各种系统软件，在各自领域中为解决各种实际问题而开发使用的软件统称为应用软件。如天气预报中的数据处理、建筑业中的框架设计、企业的财务管理、工厂的仓库管理、学校的辅助教学，等等。

1.2.4 微型计算机的工作过程

计算机之所以能在没有人直接干预的情况下,自动地完成各种信息处理任务,是因为人们事先为它编制了各种工作程序。计算机的工作过程,就是执行程序的过程。程序是由一条条指令组合而成的,而指令是以二进制代码的形式出现的,把执行一项信息处理任务的程序代码,以字节为单位,按顺序存放在存储器的一段连续的存储区域内,这就是程序存储的概念。计算机工作时,CPU 中的控制器部分,按照程序指定的顺序(由码段寄存器 CS 及指令指针寄存器 IP 指引),到存放程序代码的内存区域中去取指令代码,在 CPU 中完成对代码的分析,然后,由 CPU 的控制器部分依据对指令代码的分析结果,适时地向各个部件发出完成该指令功能的所有控制信号,这就是程序控制的概念。程序存储及程序控制的概念是由美籍匈牙利人冯·诺依曼提出的,因此又称为冯·诺依曼概念。

简单地讲,微型计算机系统的工作过程就是取指令(代码)→分析指令(译码)→执行指令的不断循环的过程。

1.2.5 微型计算机的主要性能指标

微型计算机的性能由它的主板与 CPU、外设配置、总线结构以及软件等多种因素决定,应当根据各项性能指标进行综合评价。现将微型计算机的主要性能指标分述如下:

1. CPU 字长

在计算机术语中,通常都不用位来表示基本信息单元,而是用一个计算机字(简称字)来表示。CPU 字长就是计算机内部一次可以处理的二进制代码的位数。

字长标志着计算精度,字长越长,它能表示的数值范围越大,计算出的结果的位数就越多,精度也就越高。但字长越长,制造工艺就越复杂。微机的字长有 1、4、8、16、32 位等多种,相应地就有 1 位机、4 位机、8 位机、16 位机和 32 位机等。

2. CPU 时钟频率(主频)

CPU 时钟频率在很大程度上决定了计算机的运算速度。80486CPU 的时钟频率在 33~66 MHz,Pentium 在 60~133 MHz,Pentium MMX 在 230 MHz 以上,Pentium Ⅱ 的最高主频为 450 MHz,Pentium Ⅲ 的最高主频为 850 MHz。

3. CPU 指令执行时间

CPU 指令执行时间反映了 CPU 运算速度的快慢。当然,执行不同的指令所需的时间不同,这里的"运算速度"是指统计平均速度,即以"百万条指令/秒"(MIPS,Million Instruction

Per Second）作单位，通过运行一个名为 Drytone 的测试程序来测试。8086CPU 的运算速度为 0.4～1.3 MIPS，Pentium Ⅲ 的运算速度高达 300 MIPS 以上。

4. 内存储器容量与速度

内存储器容量是衡量计算机存储二进制信息量大小的一个重要指标。微型机常用字节表示内存储器的容量。1 K 字节 = 2^{10} 字节 = 1 024 字节， 1 M 字节 = 2^{20} 字节 = 1 024 K 字节，1 G 字节 = 2^{30} 字节 = 1 024 M 字节。

内存储器速度用存取周期来衡量，存储器执行一次完整的读/写操作所需的时间称为存取周期。

5. 系统总线的传输速率

系统总线的传输速率直接影响到计算机输入/输出的性能，它与总线中的数据宽度及总线周期有关，以 MB/s 为单位。

6. 外部设备的配备情况

在现代计算机系统中，外部设备占据重要地位。一台计算机配备多少外部设备，或者配有多少外部设备的接口电路，对于程序的研制和系统性能都有重大影响。

允许挂接的外部设备越多，微机的功能就越强。一台功能强大的 8 位机就能直接实现对 256 个输入、输出通道的寻址，也就是说，它允许配置近百台外部设备。

一个基本的微机应用系统通常要配置 3 类常用外设：一类是常规的人机交互设备，如键盘、鼠标、显示器、打印机等；另一类是常用通信设备，如网卡和调制解调器；第三类是扫描仪。对于多媒体计算机来说，还需要配置声卡、视频捕捉卡、数字相机等。

7. 系统软件的配置

软件是计算机系统不可缺少的重要组成部分，它的配备直接关系到计算机的性能好坏、效率高低。软件配备通常包括操作系统、高级语言和汇编语言、应用软件等的配备。

1.3 计算机中数值数据的表示及编码

1.3.1 常用数制

进位计数制（数制）是数的表示方法，指按进位的方法来进行计数。在日常生活中，最常用的是十进制数。由于用电子器件表示两种状态比较容易实现，且运算最简单，因此在计算机中一般采用二进制数。而二进制数书写格式冗长、不便阅读，所以在程序设计中又往往使用十六进制、八进制数等。

在进位计数制中，常常要用基数（或称底数）来区别不同的数制，而某进位计数制的基数就是该进位计数制所用字符或数码的个数。

1. 二进制

二进制数的特点是：具有两个不同的数字符号（基数为二），即 0 和 1；"逢二进一，借一当二。"

显然同一个数字符号在不同的数位所表示的数值是不同的，即每一位都具有其特定的基值（称为位权或简称权），权由基数的 n 次幂（n：位数）来确定。则每一个数字符号所表示的数值等于该数字符号本身的数值与所在数位权的乘积。

二进制的权是 2 的 n 次幂，一个二进制数可以用它的权展开式来表示，如

$$(110.01)_2 = 1\times 2^2 + 1\times 2^1 + 0\times 2^0 + 0\times 2^{-1} + 1\times 2^{-2}$$

一个任意的二进制数 B 可以表示为

$$(B)_2 = B_{n-1}\times 2^{n-1} + B_{n-2}\times 2^{n-2} + \cdots + B_1\times 2^1 + B_0\times 2^0 + B_{-1}\times 2^{-1} + B_{-2}\times 2^{-2} + \cdots + B_{-m}2^{-m}$$
$$= \sum_{i=-m}^{n-1} B_i \times 2^i$$

2. 十六进制

我们知道，在计算机内部，数据均是用二进制数表示的，而大部分微型计算机的字长（计算机一次能够处理的二进制数的位数）是 4 的整数倍，故在程序编制及系统表述中广泛地采用十六进制数。

十六进制数的特点是：具有十六个不同的数字符号（基数为十六），即 0、1~9、A~F；"逢十六进一，借一当十六。"

十六进制的权是 16 的 n 次幂，一个十六进制数可以用它的权展开式来表示，如

$$(5AF.0B)_{16} = 5\times 16^2 + 10\times 16^1 + 15\times 16^0 + 0\times 16^{-1} + 11\times 16^{-2}$$

一个任意的十六进制数 D 可以表示为

$$(D)_{16} = D_{n-1}\times 16^{n-1} + D_{n-2}\times 16^{n-2} + \cdots + D_1\times 16^1 + D_0\times 16^0 + D_{-1}\times 16^{-1} + D_{-2}\times 16^{-2} + \cdots$$
$$= \sum_{i=-m}^{n-1} D_i \times 16^i$$

显然，二进制数和十六进制数之间存在着一种特殊关系：$2^4 = 16$。即一位十六进制数可以用四位二进制数表示，它们之间存在着直接而唯一的对应关系，见表 1.1。

表 1.1 二进制数、十进制数和十六进制数之间的对应关系

十进制	十六进制	二进制	十进制	十六进制	二进制
0	0	0000	9	9	1001
1	1	0001	10	A	1010
2	2	0010	11	B	1011
3	3	0011	12	C	1100
4	4	0100	13	D	1101
5	5	0101	14	E	1110
6	6	0110	15	F	1111
7	7	0111	16	10	10000
8	8	1000			

1.3.2 进位计数制之间的转换

1. 十六进制数转换为二进制数

因为一位十六进制数可以用四位二进制数表示，因此不论是十六进制的整数或小数，只要把每一位十六进制数用相应的四位二进制数代替，就可以转换为二进制数。

例 1.1：$(5AF.0B)_{16} = (0101\ 1010\ 1111.\ 0000\ 1011)_2$
$$\qquad\qquad\quad 5\quad A\quad F\quad\ 0\quad\ B$$
$$\qquad = (010110101111.00001011)_2$$

2. 二进制数转换为十六进制数

二进制数的整数部分由小数点向左每四位一分，最前面不足四位的在前面补 0；小数部分由小数点向右每四位一分，最后面不足四位的在后面补 0。然后把每四位二进制数用相应的十六进制数代替，即可转换为十六进制数。

例 1.2：$(1100111000110.110011)_2$
$$= (0001\ 1001\ 1100\ 0110.\ 1100\ 1100)_2$$
$$\quad\ 1\quad\ 9\quad\ C\quad\ 6\quad\ \ C\quad\ \ C$$
$$= (19C6.CC)_{16}$$

1.3.3 计算机中有关数值数据表示的几个常用术语

1. 位 (bit)

位是计算机所能表示的最小数据单位，它只能有两种状态——"0"和"1"，因此"位"

就是一个二进制位。

2. 字节（byte）

每 8 位二进制数称为一个字节。字节的长度是固定的：1 byte = 8 bit。可以说字节是一种二进制数长度的计量单位。

3. 字（word）

字是计算机进行数据处理的基本单位，即计算机（CPU 通过数据总线）一次能够存取、加工或传送的数据。

4. 字长（word length）

字长就是字的二进制位数。字长是衡量计算机性能的一个重要指标。字长越长，计算机性能越强。

8 位微处理器的字长为 8 位（1 个字节）；16 位微处理器的字长为 16 位（2 个字节）；32 位微处理器的字长是 32 位（4 个字节）；64 位微处理器的字长是 64 位（8 个字节）。

1.3.4 机器数和真值

在计算机中，只能表示 0 和 1 两种数码，为表示正数和负数，专门选择一位（通常选择最高位）来表示数的符号，称为符号位。规定：符号位为"0"时表示正数，为"1"时表示负数。

我们把一个数在机器中的表示形式（连同符号位在一起）称为机器数；而它原来实际的数值叫机器数真值（简称真值）。机器数只用二进制表示，而真值可以用任意进制表示。

机器数具有以下特点：
（1）机器数正负号已经数值化了。
（2）机器数所能表示的数的范围受机器字长的限制。
（3）小数点不能直接标出，需要按一定方式约定小数点的位置。

1.3.5 带符号的二进制数（机器数）的三种表示方法——原码、反码和补码

机器数的数值和符号全都是数码，那么对机器数进行运算时怎样处理呢？这就引出了机器数的三种不同表示方法——原码、反码和补码。为了带符号数的运算方便，目前实际使用的是补码；而研究原码和反码是为了研究补码。

1. 原码、反码和补码

（1）原码$[X]_{原}$。

一个数的原码，就是数值部分不变，最高位为符号位，正数的符号用"0"表示，负数的符号用"1"表示。

例 1.3：$X_1 = 67 = + 1000011B$
$X_2 = -67 = -1000011B$
$[X_1]_{原} = 01000011$
$[X_2]_{原} = 11000011$

显然，数 0 的原码有两种不同形式（设字长为 8 位），即

$[+0]_{原} = 00000000$
$[-0]_{原} = 10000000$

（2）反码$[X]_{反}$。

正数的反码表示与原码相同；负数的反码表示，最高位为符号位，用"1"表示，其余位（数值位）按位取反。

例 1.4：$X_1 = 83 = + 1010011B$
$X_2 = -83 = -1010011B$
$[X_1]_{反} = 01010011$
$[X_2]_{反} = 10101100$

显然，数 0 的反码有两种不同形式（设字长为 8 位），即

$[+0]_{反} = 00000000$
$[-0]_{反} = 11111111$

（3）补码$[X]_{补}$。

正数的补码表示与原码相同；负数的补码表示为反码，且在最后位（最低位）加 1。

例 1.5：$X_1 = 31 = + 0011111B$
$X_2 = -31 = -0011111B$
$[X_1]_{补} = 00011111$
$[X_2]_{反} = 11100000$
$\underline{\qquad + \qquad 1}$
$[X_2]_{补} = 11100001$

显然，数 0 的补码只有一种形式（设字长为 8 位），即$[±0]_{补} = 00000000$。$\{[X]_{补}\}_{补} = [X]_{原}$，即 2 次取补等于原码。利用这一规则，可以方便地求得负数补码的真值。

例 1.6：设$[X]_{补} = 10011011$，求 X 的真值。

解：
$\qquad 11100100$
$\underline{\qquad + \qquad 1}$
$[X_{补}]_{补} = 11100101 = [X]_{原}$

则
$\qquad X = -1100101B = -101$

（4）小结。

① 三种形式的最高位都是符号位。符号位为 0，表示真值为正数，其余位为真值；符号

位为 1 表示真值为负数，其余位除原码外，不再是真值。对于反码，按位取反即是真值；对于补码，则需按位取反再加 1 才是真值。

② 正数的三种形式都是一样的，即[X]原 = [X]反 = [X]补；负数的三种形式各不相同。

③ 8 位二进制数原码、反码和补码所能表示的数值范围是不完全相同的。

原码：-127 ~ +127

反码：-127 ~ +127

补码：-128 ~ +127

④ 数 0 的表示也不尽相同。原码和反码有两种表示方式，补码只有一种表示方式。

2. 补码的加减运算

当负数采用补码表示时，就可以将减法转换为加法。因此，在微型计算机中，带符号的数一般都以补码的形式在机器中存在和进行运算。这也是引入原码、反码和补码的目的。

（1）与补码加减运算有关的几个概念。

① 模。

模是计量器的最大容量。一个 4 位寄存器能够存放 0000 ~ 1111 共计 $2^4 = 16$ 个数，因此它的模为 2^4。一个 8 位寄存器能够存放 00000000 ~ 11111111 共计 $2^8 = 256$ 个数，因此它的模为 2^8。依此类推，16 位寄存器的模为 2^{16}；32 位寄存器的模为 2^{32}。

② 有模的运算。

凡是用器件进行的运算都是有模运算。例如，利用 32 位的运算器进行运算，当运算结果大于或等于 2^{32} 时，超出部分被运算器自动丢弃（保存在进位标志寄存器中）。

③ 求补运算。

求补运算是指对一补码进行按位取反，末位加 1 的操作。

例 1.7：+ X = + 75 = + 1001011　　[+ X]补 = 01001011

　　　　　- X = - 75 = - 1001011　　[- X]补 = 10110101

对[+ X]补按位取反末位加 1，即

$$\begin{array}{r} [+X]补 = 01001011 \\ 10110100 \\ +\underline{\qquad 1} \\ 10110101 = [-X]补 \end{array}$$

对[- X]补按位取反，末位加 1，即

$$\begin{array}{r} [-X]补 = 10110101 \\ 01001010 \\ +\underline{\qquad 1} \\ 01001011 = [+X]补 \end{array}$$

可见，通过"求补运算"可以得到该数负真值的补码。

（2）补码的加减运算。

① 补码加法规则：

两数和的补码等于两数补码的和，即

$$[X + Y]_补 = [X]_补 + [Y]_补$$

其中，X、Y 可为正数或负数，符号位参与运算。

② 补码减法规则：

$$[X - Y]_补 = [X]_补 + [-Y]_补$$

其中 X、Y 可为正数或负数，符号位参与运算。运算时，先求 $[X]_补$，再求 $[-Y]_补$，然后进行补码的加法运算。

可见，当符号数用补码表示时，减法运算可以用加法运算来代替，这样，在计算机中就只需设置加法运算器了；符号位与数字位一起参加运算，且自动获得结果（包括符号位与数字位）。

例 1.8：设 X = 66，Y = 51，以 2^8 为模，求 X ± Y。

解：$[X]_补$ = 01000010

$[Y]_补$ = 00110011

$[-Y]_补$ = 11001101

$[X + Y]_补 = [X]_补 + [Y]_补$

　　　　= 01000010+00110011 = 01110101

X + Y = + 1110101B = + 117

$[X - Y]_补 = [X]_补 + [-Y]_补$ = 01000010+11001101

　　　　= 1 00001111
　　　　　↓

被运算器丢弃，进位值不能统计在运算结果中，因此

X - Y = + 0001111B = + 15

本例虽然进位被丢弃，但 X-Y 不超出补码表示范围，故运算结果为正确的补码。

例 1.9：以 2^8 为模，求 66 + 99，- 66 - 99。

解：$[66]_补$ = 01000010

$[-66]_补$ = 10111110

$[99]_补$ = 01100011

$[-99]_补$ = 10011101

$[66 + 99]_补$ = 01000010 + 01100011

　　　　　= 1 0100101

超出补码表示范围，溢出。

66 + 99 = - 1011011B = - 91

$[-66 - 99]_补$ = 10111110 + 10011101

　　　　　　= 1 01011011

超出补码表示范围，溢出。

$$-66-99 = +1011011B = +91$$

本例 66+99、-66-99 均超出补码表示范围,这种情况称为溢出,结果就不正确了。

（3）小结。

① 补码的加减运算比原码加减运算简单:减法运算可转换为加法运算;运算时符号位与数值位一起参加运算,并能自动获得正确结果(符合位进位不统计在运算结果中,丢弃不管)。

② 补码运算时,参加运算的两个数均为补码,结果也是补码。欲得真值,还需转换。

③ 要得到正确的结果,必须保证运算结果不超过补码所能表示的最大范围,否则将产生"溢出"错误。

3. 溢出及其判断

（1）溢出的概念。

字长为 n 位的带符号数,用最高位表示符号,其余 $n-1$ 位表示数值,它能表示的补码运算范围为 $-2^{n-1} \sim +2^{n-1}-1$,如果运算结果超出此范围,就叫补码溢出,简称溢出。

例如,对于字长为 8 位的二进制带符号数,其补码范围为 $-2^{8-1} \sim +(2^{8-1}-1)$,即 $-128 \sim +127$。如果运算结果超出此范围,就会产生溢出。

例 1.10 已知 X = 01000000,Y = 01000001,进行补码的加法运算。

解:
$$[X]_{补} = 01000000$$
$$+[Y]_{补} = 01000001$$
$$[X]_{补}+[Y]_{补} = 10000001(+129)$$
$$X+Y = -1111111(-127)$$

两正数相加,其结果应为正数(+129),但运算结果为负数(-127),显然是错误的。其原因是数 +129 > +127,超出了 8 位二进制带符号数的补码范围,使数值部分占据了符号位的位置,产生了溢出的错误。

例 1.11 已知 X = -1111111,Y = -0000010,进行补码的加法运算。

解:
$$[X]_{补} = 10000001$$
$$+[Y]_{补} = 11111110$$
$$[X]_{补}+[Y]_{补} = 01111111$$
$$X+Y = +127$$

两负数相加,其结果应为负数(-129),但运算结果为正数(+127),显然是错误的。其原因是和数 -129 < -128,超出了 8 位二进制带符号数的补码范围,产生了溢出的错误。

（2）溢出的判断。

判断溢出的方法很多,部分列举如下:

① 由例 1.10 和例 1.11 可知,根据参加运算的两个数的符号及运算结果的符号可以判断是否溢出。

② 利用双进位的状态,即利用符号位相加和数值部分的最高位相加的进位状态来判断,亦即利用判别式 $V = D_{7C} \oplus D_{6C}$ 来判断。当 $V = 1$,即 D_{7C} 与 D_{6C} "异或"结果为 1 时,则表示有溢出;当 $V = 0$,即 D_{7C} 与 D_{6C} "异或"结果为 0 时,则表示无溢出。

(3)溢出与进位。

进位与溢出是两个不同的概念,两者没有必然的联系,有的运算有进位也有溢出,有的运算无进位却有溢出。

进位是指运算结果的最高位向更高位的进位,如有进位,则 $C_Y = 1$;如无进位,则 $C_Y = 0$。当 $C_Y = 1$ 时,即 $D_{7C} = 1$,若 $D_{6C} = 1$,则 $V = D_{7C} \oplus D_{6C} = 1 \oplus 1 = 0$,无溢出;若 $D_{6C} = 0$,则 $V = D_{7C} D_{6C} = 10 = 1$,有溢出。在例 1.10 中,虽无进位却有溢出;在例 1.11 中,既有进位也有溢出。

1.3.6 定点数和浮点数

在计算机中,不仅要处理整数运算,还要处理小数运算,如何处理小数点位置是十分重要的。经常用定点法和浮点法来表示小数点的位置。

1. 定点表示法

定点表示法就是小数点位置在数中固定不变。一般地说,小数点位置固定在哪个位置上并无限制,但在计算机中有两种定点数是最常用的:定点纯小数和定点纯整数。

(1)定点纯小数。

小数点固定在最高数值位左边,符号位右边;小数点本身不占位。其格式为:

(2)定点纯整数。

小数点固定在最低数值位右边;小数点本身不占位。其格式为:

定点数的这两种表示方法在计算机中均有采用。对一台机器而言,采用哪种方法,需事先约定。

由于这两种表示方法小数点本身均不占位(隐含),因此定点整数和定点小数在形式上毫无差别,但要注意它们的真值是不相同的。

由于定点数小数点的位置固定不变,因此运算起来很不方便。对所有原始数据要用比例因子化成小数或整数,运算结果又要用比例因子折算成真值。而且用定点表示法表示的数范围小、精度低。为此,计算机中往往采用浮点表示法表示小数。

2. 浮点表示法

（1）浮点表示法。

一个二进制带小数的数可以写成多种等价形式，例如：

$$\pm 101110.0011 = \pm 1.011100011 \times 2^{+5}$$
$$= \pm 0.1011100011 \times 2^{+6}$$
$$= \pm 0.01011100011 \times 2^{+7}$$
$$= \pm 1011100011 \times 2^{-4}$$

写成一般形式：$\pm S \times 2^{\pm J}$

这种用阶码（J）和尾数（S）两部分共同表示一个数的表示方法称为数的浮点表示法。

阶码表示了小数点的实际位置，例如：

$$0.01011010101 \times 2^{+7} = 101101.0101$$

阶码为 + 7，表示把尾数的小数点向右移动 7 位，就是小数点的实际位置。

$$1011010101 \times 10^{-4} = 101101.0101$$

阶码为 – 4，表示把小数点向左移动 4 位就是小数点的实际位置。

（2）规格化的浮点数。

尾数为纯小数，且小数点后面是 1 而不是 0，阶码为整数（正整数或负整数）的浮点数称为规格化的浮点数。例如，$\pm 0.1011010101 \times 2^{+6}$ 是规格化的浮点数。

（3）浮点机器数。

计算机存储浮点的格式是唯一的，取决于计算机厂商。常用格式如下（字长 8 位、16 位或 32 位二进制数）：

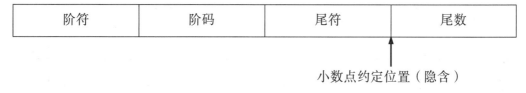

小数点约定位置（隐含）

| 阶符 | 阶码 | 尾符 | 尾数 |

1 位存放阶符　　　若干位存放阶码，　　1 位存放尾符（数符）　　若干位为尾数，尾
0：阶码为正数　　阶码为整数　　　　　　0：尾数为正数　　　　　　数为纯小数
1：阶码为负数　　　　　　　　　　　　　1：尾数为负数

可见，浮点数由带符号的阶码和尾数两部分组成。阶码和尾数可以采用相同的码制，也可以采用不同的码制。

例 1.12：设字长为 16 位，阶符 1 位，阶码 4 位，尾符 1 位，尾数 10 位，把 X = -101101.0101 写成规格化的浮点补码数（阶码和尾数均用补码表示）。

解：X 的浮点真值数为

$$X = -0.1011010101 \times 2^{+6}$$

则其规格化的浮点补码数为：

0	0110	1	0100101011
阶符	阶码	尾符	尾数

1.3.7　BCD 码

数在送入机器之前，习惯采用十进制；运算结果也以十进制输出。这就要求在输入时将十进制转换成二进制，在输出时将二进制转换成十进制，因而产生了二进制编码的十进制数（Binary Coded Decimal），简称 BCD 码，即用 4 位二进制代码来表示 1 位十进制数。

由于 4 位二进制数从 0000~1111 可以表示 16 个数，而十进制数只有 10 个数码，因而 BCD 码的表示方法有很多，通常采用 0~9 各数字所对应的二进制数作为代码，称为 8421BCD 码，简称 BCD 码，见表 1.2。

表 1.2　BCD 码

十进制数	BCD	十进制数	BCD
0	0000	9	1001
1	0001	10	0001　0000
2	0010	11	0001　0001
3	0011	12	0001　0010
4	0100	13	0001　0011
5	0101	14	0001　0100
6	0110	15	0001　0101
7	0111	16	0001　0110
8	1000	17	0001　0111

从表中可以看出，BCD 码与十进制数对应的关系很直观，转换也十分简单和直接，只需将十进制数的各位数字用与之对应的一组 4 位二进制数代替即可。

注意：BCD 码有 10 个不同的数字符号，且逢十进位，即它实质上是十进制数，只是用二进制编码来表示 10 个不同的数字符号而已。

1.3.8　计算机中非数值数据的表示

计算机除了能对数值信息进行处理（主要是进行各种数学运算）之外，对于诸如文字、图画、声音等信息也能进行各种处理，它们在计算机内部也必须表示成二进制形式，通称为非数值数据。

1. 西文信息的表示

西文是由英文字母、数码、标点符号及一些特殊符号所组成,它们统称为字符(Character)。

目前国际上使用的字母、数码和符号的信息编码系统种类很多,微型计算机中普遍采用美国国家信息交换标准代码——ASCII 码（American Standard Code for Information Interchange）,编码表见表 1.3。

表 1.3 ASCII 码字符表

高位\低位	0 0000	1 0001	2 0010	3 0011	4 0100	5 0101	6 0110	7 0111	8 1000	9 1001	A 1010	B 1011	C 1100	D 1101	E 1110	F 1111
0 0000	NUL	SOH	STX	ETX	EOT	ENG	ACK	BEL	BS	HT	LF	VT	FF	CR	SO	SI
1 0001	DLE	DC1	DC2	DC3	DC4	NAK	SYN	ETB	CAN	EM	SUB	ESC	FS	GS	RS	US
2 0010	SP	!	"	#	$	%	&	'	(	)	*	+	,	-	。	/
3 0011	0	1	2	3	4	5	6	7	8	9	:	;	<	=	>	?
4 0100	@	A	B	C	D	E	F	G	H	I	J	K	L	M	N	O
5 0101	P	Q	R	S	T	U	V	W	X	Y	Z	[	\	]	↑	←
6 0110	`	a	b	c	d	e	f	g	h	i	j	k	l	m	n	o
7 0111	p	q	r	s	t	u	v	w	x	y	z	{	|	}	~	DEL

ASCII 码是一种 8 位代码,最高位用于奇偶校验,另外 7 位用来代表字符信息,共可表示 $2^7 = 128$ 个字符,其中 32 个起控制作用的称为"功能码",其余 94 个符号（10 个十进制数码、52 个英文大小写字母和 34 个专用符号）供书写程序和描述命令用,称为"信息码"。

94 个"信息码"是可打印（或显示）的字符,所以又称为图形字符。32 个"功能码"因在传输、打印或显示输出时起控制作用,所以又称为控制字符。

我国于 1980 制订的"信息处理交换器的七位编码字符集",即 GB1988-80,除用人民币符号"￥"代替美元符号"$"外,其余含义都与 ASCII 码相同。

2. 中文信息的表示

中文的基本组成单位是汉字,汉字也是字符。西文字符集的字符总数不过几百个,使用 7 位或 8 位二进制编码就可表示。但目前汉字总数超过 6 万个,用 8 位编码来表示远远不够。我国于 1981 年公布了"国家标准信息交换用汉字编码基本字符集（GB2312-80）",该标准定出了一级和二级汉字字符集,并规定了编码。

该标准字符集共收录汉字和图形符号 7445 个，其中包括：

（1）一般符号 202 个，包括间隔符、标点符、运算符、单位符和制表符等。

（2）序号 60 个。

（3）数字 22 个（0~9，I~XII）。

（4）英文字母 52 个。

（5）日文假名 169 个。

（6）希腊字母 48 个。

（7）俄文字母 66 个。

（8）汉语拼音符号 26 个。

（9）汉语拼音字母 37 个。

（10）汉字 6 763 个（其中一级 3 755 个，二级 3 008 个）。

该标准还规定：该字符集中任何一个图形、符号及汉字都用两个 7 位字节表示（计算机中用两个 8 位字节，最高位为 0）。

为了使汉字的编码与 ASCII 码相区别，在机器中，汉字都是以汉字机内码（内码）的形式存储和传输的。内码就是将汉字国标码两字节的最高位置 1。一种机器常用若干种汉字输入方式（若干种输入码），但其内码是统一的。

3. 计算机中图、声、像的表示

计算机除了能处理汉字、字符、数据以外，还能处理声音、图形和图像等各种信息。能处理声音、图形和图像等多种感觉媒体的计算机称为多媒体计算机。

在多媒体计算机中，声音、图形和图像等多种感觉媒体，也是采用二进制编码来表示的。首先，声音、图形和图像等各种模拟信号经过采样、量化和编码转换成数字信息（模数转换）；由于数字化后信息量非常大，为了节省存储空间、提高处理速度，往往要经过压缩后再存储到计算机中。这些数字化信息经过计算机处理后，还需经过还原（解压缩）、数模转换（把数字化信息转化为声音、图形和图像等模拟信息）才能再现原来的信息，如通过扬声器播放声音，通过显示器显示画面等。

习 题

1. 微型计算机经过了哪些主要发展阶段？
2. 如何判断一个微处理器是 8 位的、16 位的还是 32 位的？
3. 80X86/Pentium CPU 系列具体是哪些？它们的主要特点是什么？
4. 什么是微处理器？什么是微型计算机？什么是微型计算机系统？
5. 什么是位、字节、字和字长？
6. 通用微型计算机硬件系统结构是怎样的？请用示意图表示并说明各部分的作用。
7. 通用微型计算机软件包括哪些内容？
8. 什么是指令？什么是程序？

9. 什么是数据？什么是信息？

10. 什么是数值数据？什么是非数值数据？

11. 写出下列二进制数的原码、反码和补码（设字长为8位）。
（1）+011001　　（2）-100100　　（3）-111111

12. 当下列二进制数分别代表原码、反码和补码时，其等效的十进制数值为多少？
（1）00110101　　（2）10010011　　（3）11111111

13. 已知 $X_1 = +0011011$，$Y_1 = +0100100$，$X_2 = -0010110$，$Y_2 = -0100101$，试计算下列各式（设字长8位）。
（1）$[X_1+Y_1]_补$　　（2）$[X_1-Y_1]_补$　　（3）$[X_2-Y_2]_补$

14. 用补码完成下列运算（设字长为8位）。
（1）70+65　　（2）70-65　　（3）-70-65

15. 将下列各数转换成BCD码
（1）$(20)_{10}$　　（2）0100110B　　（3）26H

16. 设字长16位，阶符1位，阶码占4位，尾符1位，尾数10位。试按下列要求写出浮点数的真值范围。

（1）阶码、尾数均用原码表示；

（2）阶码、尾数均用补码表示。

2 微处理器

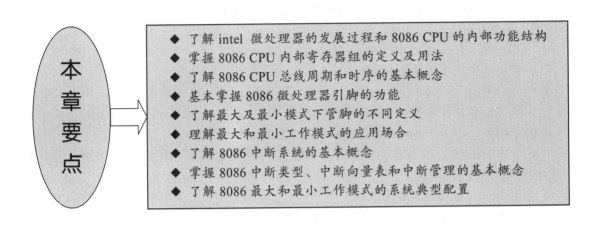

- ◆ 了解 intel 微处理器的发展过程和 8086 CPU 的内部功能结构
- ◆ 掌握 8086 CPU 内部寄存器组的定义及用法
- ◆ 了解 8086 CPU 总线周期和时序的基本概念
- ◆ 基本掌握 8086 微处理器引脚的功能
- ◆ 了解最大及最小模式下管脚的不同定义
- ◆ 理解最大和最小工作模式的应用场合
- ◆ 了解 8086 中断系统的基本概念
- ◆ 掌握 8086 中断类型、中断向量表和中断管理的基本概念
- ◆ 了解 8086 最大和最小工作模式的系统典型配置

2.1 8086/8088CPU 结构

8086/8088CPU 是 Intel 公司推出的第三代 CPU 芯片，它们的内部结构基本相同，都采用 16 位结构进行操作及存储器寻址，但外部性能有所差异，两种处理器都封装在相同的 40 脚双列直插组件（DIP）中。其中 8088CPU 是一种准 16 位微处理器，其内部寄存器、内部操作等均按 16 位处理器设计，与 Intel 8086 微处理器不同的是，其对外的数据线只有 8 位，目的是为了方便与 8 位 I/O 接口芯片相兼容。与上一代微处理器相比，8088CPU 具有如下特点：

1. 建立 4 字节的指令预取队列

在以前的 8 位微处理器中，CPU 的工作过程是这样的：通过总线从存储器中取出一条指令，然后执行该指令。在这种工作方式中，总线的利用率是很低的。例如，CPU 执行一条 INC A 指令。CPU 从存储器中取出 INC A 指令操作码之后，在该指令执行过程中，只对内部寄存器进行操作，外部的总线是空闲的。为此，在 8088CPU 中设置了一个 4 字节的指令预取队列，CPU 要执行的指令是从队列中取得的，而取指令的操作是由总线接口单元承担的。以此将取指令和执行指令这两个操作分别由两个独立的功能单元来完成。一旦总线接口单元发现队列中有两个字节以上的空位置时，就会自动地到存储器中去取两个指令代码填充到指令预取阶队列中。这样，8088CPU 取指令和执行指令就可以并行进行，从而提高了微处理器的指令执行速度，并使得总线利用率有了明显的提高。

2. 设立地址段寄存器

8088CPU 内部的地址线只有 16 位,因此能够由 ALU 提供的最大地址空间只能为 64 KB。为了扩大 8088 CPU 的地址宽度,人们将存储器的空间分成若干段,每段为 64 KB。另外,在微处理器中还设立一些段寄存器,用来存放段的直始地址(16 位)。8088CPU 实际地址是由段地址和 CPU 提供的 16 位偏移地址按一定规律相加而形成的 20 位地址($A_0 \sim A_{19}$),从而使 8088CPU 的地址空间扩大到 1 MB。

3. 在结构上和指令设置方面支持多微处理器系统

众所周知,利用 8088CPU 的指令系统进行复杂的运算,如多字节的浮点运算、超越函数的运算等,往往是很费时间的。为了弥补这一缺陷,人们开发了专门用于浮点运算的协处理器 8087。将 8088CPU 和 8087 协处理器结合起来,就可以组成运算速度很高的处理单元。为此,8088CPU 在结构上和指令方面都已考虑了能与 8087 协处理器相连接的措施。

2.1.1 8086/8088CPU 内部结构

8086 CPU 内部分为两个部分:执行单元(EU)和总线接口单元(BIU)。EU 单元负责指令的执行,它包括 ALU(运算器)、通用寄存器和状态寄存器等,主要进行 16 位的各种运算及有效地址的计算;BIU 单元负责与存储器和 I/O 设备的接口,它由段寄存器、指令指针、地址加法器和指令队列缓冲器组成。地址加法器将段和偏移地址相加,生成 20 位的物理地址。两个单元相互独立,分别完成各自的操作,两个单元可以并行执行,实现指令取指和执行的流水线操作,如图 2.1 所示。

1. 总线接口部件

总线接口单元 BIU(Bus Interface Unit)由 1 个 20 位地址加法器、4 个 16 位段寄存器、1 个 16 位指令指针 IP、指令队列缓冲器和总线控制逻辑电路等组成。8086 CPU 的指令队列由 6 个字节构成。

① 地址加法器和段寄存器。

地址加法器将 16 位的段寄存器内容左移 4 位,与 16 位偏移地址相加,形成 20 位的物理地址。

② 指令指针 IP。

指令指针 IP 用来存放下一条要执行指令在代码段中的偏移地址。

③ 指令队列缓冲器。

当 EU 正在执行指令中,且不需占用总线时,BIU 会自动地进行预取指令操作,将所取得的指令按先后次序存入 1 个 6 字节的指令队列寄存器,该队列寄存器按"先进先出"的方式工作,并按顺序取到 EU 中执行。

④ 总线控制逻辑电路。

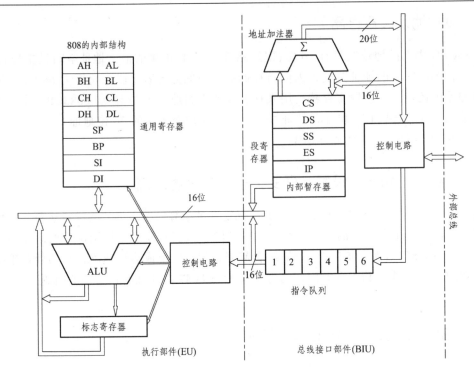

图 2.1 8086 的内部功能结构

2. 执行部件

① 算术逻辑运算单元。

它是 1 个 16 位的运算器,可用于 8 位、16 位二进制算术和逻辑运算,也可按指令的寻址方式计算寻址存储器所需的 16 位偏移量。

② 通用寄存器组。

它包括 4 个 16 位的数据寄存器 AX、BX、CX、DX 和 4 个 16 位指针与变址寄存器 SP 堆栈指针、BP 基数指针、SI、DI。

③ 标志寄存器。

它是 1 个 16 位的寄存器,用来反映 CPU 运算的状态特征和存放某些控制标志。

④ 数据暂存寄存器。

它协助 ALU 完成运算,暂存参加运算的数据。

⑤ EU 控制电路。

它负责从 BIU 的指令队列缓冲器中取指令,并对指令译码,根据指令要求向 EU 内部各部件发出控制命令,以完成各条指令规定的功能。

2.1.2 8086/8088CPU 的内部寄存器结构

在 8086/8088CPU 中,内部寄存器可以分成以下几种:

（1）数据寄存器。

数据寄存器用来存放计算的结果和操作数,8086/8088CPU 有 4 个 16 位的数据寄存器,可以存放 16 位的操作数。其中 AX 为累加器,其他 3 个尽管也可以存放 16 位操作数,但它们的用途都有区别。4 个 16 位的寄存器在需要时,可分为 8 个 8 位寄存器来使用,这样就大大增加了使用的灵活性。每个寄存器又有它们各自的专用目的:

AX——16 位累加器,使用频度最高,用于算术、逻辑运算以及与外设传送信息等;AL 为 8 位累加器。

BX——基址寄存器,常用来做基址指针,指向一批连续存放操作数的基地址。

CX——计数器,作为循环和串操作等指令中的隐含计数器。

DX——数据寄存器,用来存放外设端口的 16 位地址,或双字长数据的高 16 位。

（2）指针寄存器。

指针寄存器用于寻址内存堆栈内的数据,8086/8088CPU 的指针寄存器有两个:SP 和 BP。SP 是堆栈指针寄存器,指示栈顶的偏移地址,由它和堆栈段寄存器一起来确定堆栈在内存中的位置。SP 不能再用于其他目的,具有专用性。BP 是基数指针寄存器,表示数据在堆栈段中的基地址,存放位于堆栈段中的一个数据区基地址的偏移地址。SP/BP 寄存器与 SS 段寄存器联合使用可以确定堆栈段中的存储单元地址。

（3）变址寄存器。

变址寄存器常用于在存储器寻址时提供地址。SI 是源变址寄存器,DI 是目的变址寄存器,都用于指令的变址寻址。顾名思义,SI 通常指向源操作数,DI 通常指向目的操作数。在串操作类指令中,SI 和 DI 具有特别的功能。

（4）控制寄存器。

8086/8088CPU 的控制寄存器有两个：IP 和 PSW。IP 是指令指针寄存器,指示代码段中指令的偏移地址,用来控制 CPU 的指令执行顺序。它与代码段寄存器 CS 联用,确定下一条指令的物理地址,计算机通过 CS:IP 寄存器来取指,从而控制指令序列的执行流程。顺序执行程序时,CPU 每取一个指令字节,IP 自动加 1,指向下一个要读取的字节。当 IP 单独改变时,会发生段内转移。当 CS 和 IP 同时改变时,会产生段间的程序转移。IP 寄存器是一个专用寄存器,用户不能直接访问。PSW 是处理机状态字,也有人叫它为状态寄存器或标志寄存器,用来存放 8088CPU 在工作过程中的状态,用于反映指令执行结果或控制指令执行形式。PSW 各位标志如图 2.2 所示。

图 2.2 状态寄存器

状态标志寄存器是一个 16 位的寄存器,空着的各位暂未使用。8086/8088CPU 中所用的 9 位对我们了解 8086/8088CPU 的工作和用汇编语言编写程序是很重要的。这些标志位的含义如下:

C——进位标志位。做加法时出现进位或做减法时出现借位,该标志位置 1;否则清 0。

P——奇偶标志位。当结果的低 8 位中 1 的个数为偶数时,该标志位置 1;否则清 0。

A——半加标志位。在加法时,当位 3 需向位 4 进位,或在减法中位 3 需向位 4 借位时,该标志位就置 1；否则清 0。该标志位通常用于对 BCD 算术逻辑结果的调整。

Z——零标志位。运算结果各位都为 0 时，该标志位置 1；否则清 0。

S——符号标志位。当运算结果的最高位为 1 时，该标志位置 1；否则清 0。

T——陷阱标志位(单步标志位)。当该位置 1 时，将使 8088CPU 进入单步指令工作方式。在每条指令开始执行以前，CPU 总是先测试 T 标志位是否为 1。如果为 1，那么在本指令执行后将产生陷阱中断，从而执行陷阱中断处理程序。该程序的首地址由内存的 00004H～00007H 4 个单元提供。该标志通常用于程序的调试。例如，系统调试软件 DEBUG 中的 T 命令，就是利用它来进行程序的单步跟踪的。

I——中断允许标志位。如果该位置 1，则处理器可以响应可屏蔽中断；否则就不能响应可屏蔽中断。

D——方向标志位。当该位置 1 时，串操作指令为自动减量指令，即从高地址到低地址处理字符串；否则串操作指令为自动增量指令。

O——溢出标志位。在算术运算中，带符号的数的运算结果超出了 8 位或 16 位带符号数所能表达的范围，即字节运算大于 +127 或小于 -128 以及字运算大于 +32767 或小于 -32768 时，该标志位置 1。

（5）段寄存器。

8086/8088CPU 具有 4 个段寄存器：代码段寄存器 CS、数据寄存器 DS、堆栈段寄存器 SS 和附加段寄存器 ES。这些段寄存器的内容与有效的地址偏移量一起可确定内存的物理地址。通常 CS 划定并控制程序区，DS 和 ES 控制数据区，SS 控制堆栈区。寄存器的特殊用途见表 2.1。

表 2.1 寄存器的特殊用途

寄存器名	特殊用途	隐含性质
AX、AL	在 I/O 指令中作数据寄存器 在乘法指令中被乘数或乘积，在除法指令中存放被除数或商	不能隐含 隐含
AH	在 LAHF 指令中作目的操作数寄存器	隐含
AL	在 XLAT 指令中作累加器	隐含
BX	在间接寻址中作基址寄存器 在 XLAT 指令中作基址寄存器	不能隐含 隐含
CX	在循环指令和串操作指令中作计数器	隐含
CL	在移位指令中作移位次数寄存器	不能隐含
DX	在字乘法/除法指令中存放乘积高位/被除数高位或余数 在 I/O 指令中作间接寻址寄存器	隐含 不能隐含
SI	在间接寻址中作变址寄存器 在串操作指令中作为源变址寄存器	不能隐含 隐含
DI	在间接寻址中作变址寄存器 在串操作指令中作为目的变址寄存器	不能隐含 隐含
BP	在间接寻址中作基址指针	不能隐含
SP	在堆栈操作中作堆栈指针	隐含

（6）标志的作用。

指令的执行与标志有很大关系，标志分成两类：

状态标志——用来记录程序运行结果的状态信息，许多指令的执行都将自动地改变它。它包括 CF、OF、AF、SF、ZF 和 PF。

控制标志——可由用户根据需要用指令进行设置，用于控制处理器的具体工作方式。它包括 DF、IF 和 TF。

① 进位标志 CF（Carry Flag）。

当运算结果的最高有效位有进位（加法）或借位（减法）时，进位标志置 1，即 CF = 1；否则 CF = 0。

例如，（以 8 位运算为例，8086 CPU 中为 16 位）：

3AH + 7CH = B6H   没有进位：CF = 0
AAH + 7CH = 26H   有进位：CF = 1

② 符号标志 SF（Sign Flag）。

运算结果最高位为 1，则 SF = 1；否则 SF = 0。

例如：

3AH + 7CH = B6H   最高位 D_7 = 1：SF = 1
86H + 7CH = 00H   最高位 D_7 = 0：SF = 0

有符号数利用最高有效位（MSB）来表示它的符号。所以，运算结果的 MSB 与符号标志 SF 相一致。

③ 奇偶标志 PF（Parity Flag）。

当运算结果最低字节中"1"的个数为零或偶数时，PF = 1；否则 PF = 0（奇校验）。

例如：

3AH + 7CH = B6H = 10110110B   结果中有 5 个 1，是奇数，则 PF = 0。

注意：PF 标志仅反映最低 8 位中"1"的个数是偶或奇，即使是进行 16 位字操作。

④ 溢出标志 OF（Overflow Flag）。

若算术运算的结果有溢出，则 OF = 1；否则 OF = 0。

例如：

3AH + 7CH = B6H   产生溢出：OF = 1
AAH + 7CH = 26H   没有溢出：OF = 0

处理器内部以补码表示有符号数，8 位补码表达的整数范围是：+ 127 ~ - 128。16 位补码表达的范围是：+ 32767 ~ - 32768。如果运算结果超出这个范围，就产生了溢出，有溢出，说明有符号数的运算结果不正确。49H + 6DH = B6H，就是 73 + 109 = 182，已经超出 - 128 ~ + 127 范围，会产生溢出，故 OF = 1；另一方面，补码 B6H 表达的真值是 - 74，显然运算结果也不正确。溢出标志 OF 和进位标志 CF 是两个意义不同的标志。进位标志表示无符号数运算结果是否超出范围，运算结果仍然正确。溢出标志表示有符号数运算结果是否超出范围，运算结果已经不正确。下面是溢出和进位的对比：

49H + 6DH = B6H

无符号数运算：   73 + 109 = 182   范围内，无进位
有符号数运算：   73 + 109 = 182   范围外，有溢出

BBH + 6AH =（1）25H

无符号数运算： 187 + 106 = 293　　　　　范围外，有进位

有符号数运算： −69 + 106 = 37　　　　　范围内，无溢出

判断运算结果是否溢出有一个简单的规则：只有当两个相同符号数相加（包括不同符号数相减），而运算结果的符号与原数据符号相反时，产生溢出，因为，此时的运算结果显然不正确。在其他情况下，则不会产生溢出。

⑤ 辅助进位标志 AF（Auxiliary Carry Flag）。

运算中 D3 位（低半字节）有进位或借位时，AF = 1；否则 AF = 0。

例如：

3AH + 7CH = B6H　　　D3 向前有进位：AF = 1

这个标志主要在处理器内部使用，用于十进制算术运算的调整，用户一般不必深究。

⑥ 方向标志 DF（Direction Flag）。

用于串操作指令中，控制地址的变化方向：设置 DF = 0 时，串操作后存储器地址自动增量（增址）；设置 DF = 1 时，串操作后存储器地址自动减量（减址）。

CLD 指令复位方向标志：DF = 0，STD 指令置位方向标志：DF = 1。

⑦ 中断允许标志 IF（Interrupt-enable Flag）。

用于控制外部可屏蔽中断是否可以被处理器响应：设置 IF = 1，则允许中断；设置 IF = 0，则禁止中断。

CLI 指令复位中断标志：IF = 0，STI 指令置位中断标志：IF = 1。

⑧ 陷阱标志 TF（Trap Flag）。

用于控制处理器是否进入单步执行方式：设置 TF = 0 时，处理器正常工作；设置 TF = 1 时，处理器每执行一条指令就中断一次，中断编号为 1（称单步中断）。TF 也被称为单步标志。利用单步中断可对程序进行逐条指令的调试。这种逐条指令调试程序的方法就是单步调试。

DEBUG 中各标志位的符号表示见表 2.2。

表 2.2　DEBUG 中各标志位的符号表示

标志位名	置位符号（= 1）	复位符号（= 0）
溢出标志 OF	OV	NV
方向标志 DF	DN	UP
中断标志 IF	EI	DI
符号标志 SF	NG	PL
零标志 ZF	ZR	NZ
辅助标志 AF	AC	NA
奇偶标志 PF	PE	PO
进位标志 CF	CY	NC

8086 CPU 中可供编程使用的有 14 个 16 位寄存器，按其用途可分为 3 类：通用寄存器、段寄存器、控制寄存器，如图 2.3 所示。

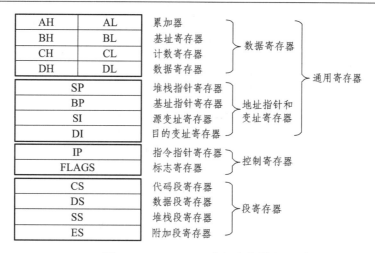

图 2.3　8086 CPU 内部寄存器

2.1.3　8086/8088 CPU 存储器与 I/O 组织

1. 存储器地址空间和数据存储方式

物理存储器：指实际存在的具体的存储器芯片。
存储器地址空间（寻址空间）：存储器地址的范围。
规则字：字的地址为偶地址。
非规则字：字的地址为奇地址。

2. 存储器的分段结构和物理地址的形成

8086 CPU 有 20 条地址线，最大可寻址空间为 $2^{20}=1\text{MB}$，可寻址的地址范围为 00000H～FFFFFH，该地址称物理地址，硬件用 20 位的物理地址来对存储单元进行寻址。由于 8086 CPU 中的地址寄存器都是 16 位的，用户不能直接使用 20 位的物理地址，所以编程时需要使用逻辑地址来寻址存储单元。逻辑地址由两个 16 位数构成，其形式为：段的起始地址（16 位段地址）：段内的偏移地址：（16 位偏移量）。8086 CPU 物理地址的形成如图 2.4 所示。

8088 CPU 将存储空间分为多个逻辑段（Segment）来进行管理，要求：段的 20 位起始地址（xxxxxH）的低 4 位必须为 0（xxxx0H），所以可以将它们省略，然后用 1 个 16 位数来表示表示段的首地址。每段长度限 $2^{16}=64\text{ KB}$，所以段内偏移地址可以用 1 个 16 位数来表示（xxxxH）；所以其形式为：段的起始地址（16 位段地址）：段内的偏移地址（16 位偏移量）。

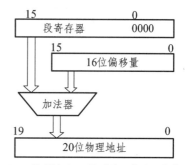

8086物理地址PA的形成，其中16位偏移量也称为有效地址（出现在指令中）

图 2.4　8086 CPU 物理地址的形成

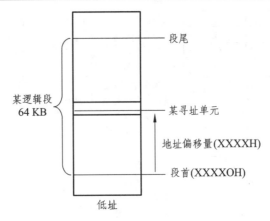

图 2.5　逻辑地址的表示——段地址：偏移地址

1MB 最多可分为 16 个不重叠的段。实际上，两个不同的逻辑段可以交叠，或者完全重叠。一个存储单元可以拥有多个逻辑地址，但只可能拥有一个唯一的物理地址。例如，物理地址"00200H"的逻辑地址可以是 0000H：0200H 或 0020H：0000H。每个存储单元都有一个唯一物理地址（00000H～FFFFFH），20 位，该地址在指令执行时由地址加法器形成，并进行硬件寻址。地址加法器的具体做法：段地址左移 4 位，然后加上偏移地址就得到 20 位物理地址。用户编程时采用逻辑地址，其形式为：段的起始地址：段内偏移地址，它们由两个 16 位的无符号数构成。逻辑地址"1460H：100H" = 物理地址 14700H。一个具体的存储单元可以只属于一个逻辑段，也可以同时属于几个逻辑段。只要给出它的段基址和段内的偏移地址就可以对它进行访问。图 2.6 所示为这种分段的一个例子。

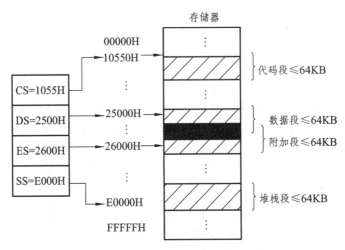

图 2.6　存储器分段示意图

3. 数据的存储格式

计算机中信息的单位有位（bit）、字节（byte）、字（word）、双字（double word）等。在存储器中，信息的存储单元是字节。存储的数据如果对齐边界，则存取速度较快，多字节的数据采取小端方式存储。8086 CPU 的存储格式如图 2.7 所示。

信息的表示单位，位（bit）：存储一位二进制数 0 或 1。字节（byte）：8 位二进制，$D_7 \sim D_0$。字（word）：16 位/2 个字节，$D_{15} \sim D_0$。双字（double word）：32 位/4 个字节，$D_{31} \sim D_0$。最低有效位 LSB（Least Significant Bit）：指数据的最低位，即 D_0 位。最高有效位 MSB（Most Significant Bit）：指数据的最高位，对应字节、字、双字分别指 D_7、D_{15}、D_{31} 位。每个存储单元都有一个编号——存储器地址，每个存储单元存放一个字节的内容。例如，0002H 单元存放有一个数据 34H，[0002H] = 34H。

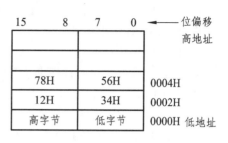

图 2.7　8086 CPU 的存储格式

小端方式：多字节数据在存储器中占据多个连续的存储单元。存放时，低字节存于低地址，高字节存于高地址；多字节数据占据的地址空间用它的低地址来表示。例如，2 号"字"单元：[0002H] = 1234H；2 号"双字"单元：[0002H] = 78561234H。80X86 处理器的"低对低、高对高"的存储形式，被称为"小端方式"；相对应还存在"大端方式（big endian）"。数据的地址对齐，同一个存储器地址可以表示为：字节单元地址、字单元地址、双字单元地址，等等（视指令的具体情况）。将字单元安排在偶地址（xx……xx0 B），将双字单元安排在模 4 地址（xx……xx00 B）的做法，被称为"地址对齐（Align）"。对于地址不对齐的数据，处理器访问时，需要付出额外的访问时间。要取得较高的存取速度，应该将数据的地址对齐。

4. I/O 端口组织

I/O 端口地址：80X86 系统和外部设备之间进行数据传输时，各类信息在接口中将进入不同的寄存器，一般称这些寄存器为 I/O 端口。每个端口分配一个地址号，称为端口地址，CPU 通过指令对它们进行访问。I/O 端口分为数据端口、状态端口和命令端口。接口电路占用的 I/O 端口有两类编址形式：I/O 端口独立编址和 I/O 端口与存储器统一编址。I/O 端口独立编址，如 8086/8088 CPU，其优点是：I/O 端口的地址空间独立，不占用内存空间，指令的执行速度快。缺点是：I/O 指令没有存储器指令丰富，指令功能比较弱。I/O 端口与存储器统一编址，它们共享一个地址空间，如 MC6800 CPU，其优点是：不需要专门的 I/O 指令，I/O 数据存取与存储器数据存取一样灵活。缺点是：I/O 端口要占去部分存储器地址空间，寻址速度比专用的 I/O 指令慢。

2.1.4　8086 CPU 总线周期的概念

（1）时钟周期(Clock Cycle)：执行指令的一系列操作都是在时钟脉冲 CLK 的统一控制下逐步进行的，一个时钟脉冲时间称为一个时钟周期(Clock Cycle)。时钟周期由计算机的主频决定，是 CPU 的定时基准。例如，8086 CPU 的主频为 5 MHz，则 1 个时钟周期为 200 ns。

（2）8086 CPU 与外部交换信息总是通过总线进行的。CPU 从存储器或外设存或取一个字节或字所需的时间称为总线周期(Bus Cycle)。一个基本的总线周期由四个时钟周期组成，分别称为 T_1、T_2、T_3 和 T_4 时钟周期，或 T 状态(State)。

- 一个总线周期完成一次数据传输；
- T_1 由 CPU 输出地址；
- $T_2 \sim T_4$ 传送数据；
- 慢速设备在 3 个时钟周期（T）内无法完成数据传输，则在 T_3 与 T_4 之间插入一个或多个等待周期 T_W；
- 若总线上无数据传输操作，系统总线处于空闲状态，则执行空闲周期 T_i。

（3）指令周期：一条指令的执行包括取指令、分析指令和执行指令。一条指令从开始取指令到最后执行完毕所需的时间称为一个指令周期。一个指令周期由一个或若干个总线周期组成。

2.2 8086/8088 CPU 引脚功能

8086/8088 CPU 芯片都是双列直插式集成电路芯片，都有 40 个引脚，其中 32 个引脚在两种工作模式下的名称和功能是相同的；还有 8 个引脚在不同的工作模式下，具有不同的名称和功能。下面，我们主要通过 8086 CPU 芯片来介绍这些引脚的输入/输出信号及其功能。

8086 CPU 的外部基本引脚如图 2.8 所示。

图 2.8　8086 CPU 芯片图片

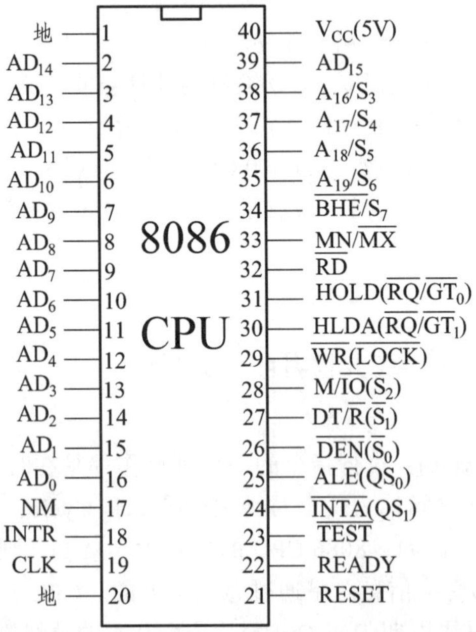

8086 CPU 是 40 引脚双列直插式（DIP）封装，其具体引脚如图 2.9 所示。

图 2.9　8086 芯片引脚图（括号中为最大模式时的引脚名）

8086 CPU 有两种组态可以构成两种不同规模的应用系统：最小组态模式——构成小规模的应用系统，8086 CPU 本身提供所有的系统总线信号；最大组态模式——构成较大规模的应用系统。例如，可以接入数值协处理器 8087，8086 CPU 和总线控制器 8288 共同形成系统总线信号。两种组态利用 MN/$\overline{\text{MX}}$ 引脚区别，MN/$\overline{\text{MX}}$ 接高电平为最小组态模式，MN/$\overline{\text{MX}}$ 接低电平为最大组态模式，两种组态下的内部操作并没有区别。

2.2.1 8086 CPU 最小模式下的引脚定义

最小模式：系统中只有一个 8086/8088 CPU，所有总线控制信号均由 CPU 直接产生，最小模式用在规模较小的 8086/8088 系统中。引脚分为以下几类：数据和地址引脚、读写控制引脚、中断请求和响应引脚、总线请求和响应引脚、其他引脚。

1. 数据和地址引脚

$AD_{15} \sim AD_0$（Address/Data）地址/数据分时复用引脚，双向、三态，在访问存储器或外设的总线操作周期中，这些引脚在第一个时钟周期输出存储器或 I/O 端口的低 16 位地址 $A_{15} \sim A_0$，其他时间用于传送 16 位数据 $D_{15} \sim D_0$。$A_{19}/S_6 \sim A_{16}/S_3$（Address/Status）地址/状态分时复用引脚，输出、三态，这些引脚在访问存储器的第一个时钟周期输出高 4 位地址 $A_{19} \sim A_{16}$，在访问外设的第一个时钟周期 T_1 全部输出低电平无效，其他时间输出状态信号 $S_6 \sim S_3$。$S_6 \sim S_3$：地址/状态复用引脚，输出。其中，S_6 用于表示当前 8086 CPU 是否与总线相连，$S_6 =$ "0" 就表示当前 8086 CPU 连在总线上，由于在 8086 CPU 总线操作期间，它总是与总线相连的，故在每个总线周期的 T_2、T_3、T_w 和 T_4 状态 $S_6 \equiv$ "0"。S_5 表明中断允许标志的当前设置，若 $S_5 =$ "0"，则表示当前禁止响应可屏蔽中断请求；若 $S_5 =$ "1"，则表示当前允许响应可屏蔽中断请求。S_4、S_3 的组合指出当前正在使用哪个段寄存器，见表 2.3。

表 2.3 S_4、S_3 的代码组合及对应的含义

S4	S3	含　义
0	0	当前正在使用 ES
0	1	当前正在使用 SS
1	0	当前正在使用 CS 或未使用任何段寄存器
1	1	当前正在使用 DS

$\overline{\text{BHE}}/S_7$（Bus High Enable/Status）：高 8 位数据总线允许/状态复用引脚，输出。$\overline{\text{BHE}}$ 信号和 AD_0 组合起来指出当前数据总线上的数据将以何种格式出现，这两个信号的代码组合及对应的数据格式见表 2.4。

表 2.4　$\overline{BHE}$ 和 AD_0 的代码组合及对应的存取操作

$\overline{BHE}$	AD_0	数据格式	所用数据线
0	0	从偶地址开始读/写一个字	$AD_{15} \sim AD_0$
1	0	从偶地址单元或端口读/写一个字节	$AD_7 \sim AD_0$
0	1	从奇地址单元或端口读/写一个字节	$AD_{15} \sim AD_8$
0	1	从奇地址开始读/写一个字（共占用两个总线周期，第一个总	$AD_{15} \sim AD_8$
1	0	线周期将低 8 位数据送 $AD_{15} \sim AD_8$，第二个总线周期将高 8 位数据送 $AD_7 \sim AD_0$）	$AD_7 \sim AD_0$

2. 读写控制引脚

ALE（Address Latch Enable）地址锁存允许，输出、三态、高电平有效。ALE 引脚高电平有效时，表示复用引脚：AD19～A D$_0$ 正在传送地址信息，由于地址信息在这些复用引脚上出现的时间很短暂，所以系统可以利用 ALE 引脚将地址锁存在锁存器中，通常使用的锁存器为 Intel 8282/8283。

M/$\overline{IO}$（Memory / Input and Output）I/O 或存储器访问，输出、三态。该引脚输出低电平时，表示 CPU 将访问 I/O 端口，这时地址总线 $A_{15} \sim A_0$ 提供 16 位 I/O 口地址。该引脚输出高电平时，表示 CPU 将访问存储器，这时地址总线 $A_{19} \sim A_0$ 提供 20 位存储器地址。

$\overline{WR}$（Write）写控制，输出、三态、低电平有效。有效时，表示 CPU 正在写出数据给存储器或 I/O 端口。

$\overline{RD}$（Read）读控制，输出、三态、低电平有效。有效时，表示 CPU 正在从存储器或 I/O 端口读入数据。M/$\overline{IO}$、$\overline{WR}$ 和 $\overline{RD}$ 是最基本的控制信号，组合后，控制 4 种基本的总线周期。

I/O 接口及存储器读写与总线周期操作见表 2.5。

表 2.5　I/O 接口及存储器读写与总线周期操作

总线周期	$\overline{IO}$/M	$\overline{WR}$	$\overline{RD}$
I/O 读	低	高	低
I/O 写	低	低	高
存储器读	高	高	低
存储器写	高	低	高

READY 存储器或 I/O 口就绪，输入、高电平有效。在总线操作周期中，8086 CPU 会在第 3 个时钟周期的前沿测试该引脚，如果测到高电平有效，CPU 直接进入第 4 个时钟周期。如果测到高电平无效，则 CPU 将插入等待周期 Tw。CPU 在等待周期中仍然要监测 READY 信号，若有效则进入第 4 个时钟周期，否则继续插入等待周期 Tw。

$\overline{DEN}$（Data Enable）数据允许，输出、三态、低电平有效。有效时，表示当前数据总线上正在传送数据，可利用它来控制对数据总线的驱动。

DT/$\overline{R}$（Data Transmit/Receive）数据发送/接收，输出、三态。该信号表明当前总线上数据的流向，高电平时数据自 CPU 输出（发送），低电平时数据输入 CPU（接收）。

3. 中断请求和响应引脚

INTR（Interrupt Request）可屏蔽中断请求，输入、高电平有效。有效时，表示请求设备向 CPU 申请可屏蔽中断，该请求的优先级别较低，并可通过关中断指令 CLI 清除标志寄存器中的 IF 标志，从而对中断请求进行屏蔽。

$\overline{\text{INTA}}$（Interrupt Acknowledge）可屏蔽中断响应，输出、低电平有效。有效时，表示来自 INTR 引脚的中断请求已被 CPU 响应，CPU 进入中断响应周期。中断响应周期是连续的两个，每个都发出有效响应信号，以便显示外设的中断请求已被响应，并令有关设备将中断向量号送到数据总线。

NMI（Non-Maskable Interrupt）不可屏蔽中断请求，输入、上升沿有效。有效时，表示外界向 CPU 申请不可屏蔽中断，该请求的优先级别高于 INTR，并且不能在 CPU 内被屏蔽。当系统发生紧急情况时，可通过它向 CPU 申请不可屏蔽中断服务。

4. 总线请求和响应引脚

HOLD 总线保持（即总线请求），输入、高电平有效。有效时，表示总线请求设备向 CPU 申请占有总线；该信号从有效回到无效时，表示总线请求设备对总线的使用已经结束，通知 CPU 收回对总线的控制权。

HLDA（HOLD Acknowledge）总线保持响应（即总线响应），输出、高电平有效。有效时，表示 CPU 已响应总线请求并已将总线释放，此时 CPU 的地址总线、数据总线及具有三态输出能力的控制总线将全面呈现高阻，使总线请求设备可以顺利接管总线，待到总线请求信号 HOLD 无效，总线响应信号 HLDA 也转为无效，CPU 重新获得总线控制权。

5. 其他引脚

RESET 复位请求，输入、高电平有效。该信号有效时，将使 CPU 回到其初始状态；当它再度返回无效时，CPU 将重新开始工作。8088 CPU 复位后 CS = FFFFH、IP = 0000H，所以程序入口在物理地址 FFFF0H。CPU 复位时，各内部寄存器的初值见表 2.6。

表 2.6 复位时各内部寄存器的初值

寄存器名称	初 值
标志寄存器（PSW）	清零
指令指针（IP）	0000H
CS 寄存器	FFFFH
DS 寄存器	0000H
SS 寄存器	0000H
ES 寄存器	0000H
其他寄存器	0000H
指令队列	空

由表 2.6 可以看出，复位时，代码段寄存器 CS 和指令指针 IP 的值分别被初始化成 FFFFH

和 0000H。因此，8086/8088 CPU 启动后从内存的 FFFF0H 处开始执行指令。一般在 FFFF0H 处放一条无条件转移指令，转移到系统程序的入口处。复位时，标志寄存器被清零。在时序上，RESET 信号从高到低的跳变会触发 CPU 内部一个复位逻辑电路，经过 7 个时钟周期之后，CPU 就被启动而进入正常工作，即从 FFFF0H 处开始执行程序。

CLK（Clock）时钟输入。系统通过该引脚给 CPU 提供内部定时信号。8086 CPU 的标准工作时钟为 5 MHz。要求时钟信号的占空比（正脉冲与整个周期的比值）为 33%，即 1/3 周期高电平，2/3 周期低电平。

Vcc 电源输入，向 CPU 提供 +5 V 电源。

GND 接地，向 CPU 提供参考地电平。

MN/$\overline{\text{MX}}$（Minimum/Maximum）组态选择，输入。接高电平时，8086 CPU 引脚工作在最小组态；反之，8086 CPU 引脚工作在最大组态。

$\overline{\text{TEST}}$ 测试，输入、低电平有效。该引脚与 WAIT 指令配合使用，当 CPU 执行 WAIT 指令时，他将在每个时钟周期对该引脚进行测试：如果无效，则程序踏步并继续测试；如果有效，则程序恢复运行。也就是说，WAIT 指令使 CPU 产生等待，直到引脚有效为止。在使用协处理器 8087 时，通过引脚和 WAIT 指令，可使 8086 CPU 与 8087 协处理器的操作保持同步。

2.2.2 8086 CPU 最大模式下的引脚定义

最大模式：系统中包含两个或多个微处理器，其中主处理器是 8086 CPU，其余处理器称为协处理器，系统的总线控制信号主要由总线控制器产生，最大模式用于中、大型的 8086 CPU 系统。8086 CPU 的数据/地址等引脚在最大组态与最小组态时相同，有些控制信号不相同，主要是用于输出操作编码信号，由总线控制器 8288 译码产生系统控制信号：$\overline{S_2}$、$\overline{S_1}$、$\overline{S_0}$ 3 个状态信号。$\overline{\text{LOCK}}$——总线封锁信号，为 "0" 时表示 CPU 不允许其它总线主控部件占用总线。QS_1、QS_0——指令队列状态信号。$\overline{\text{RQ}}/\overline{\text{GT}_0}$、$\overline{\text{RQ}}/\overline{\text{GT}_1}$——2 个总线请求/同意信号，每个引脚可以代替最小模式下的 HOLD/HLDA 两个引脚功能。$\overline{\text{RQ}}/\overline{\text{GT}_0}$ 优先级高于 $\overline{\text{RQ}}/\overline{\text{GT}_1}$，用于多处理机对总线控制权的请求和应答。

8086 CPU 工作在最大组态时，其 24～31 引脚需重新定义，见表 2.7。

表 2.7 两种模式下 8086CPU 的 24～31 引脚信号

引脚信号	最小模式	最大模式
24	$\overline{\text{INTA}}$	QS_1
25	ALE	QS_0
26	$\overline{\text{DEN}}$	$\overline{S_0}$
27	DT/$\overline{\text{R}}$	$\overline{S_1}$
28	M/$\overline{\text{IO}}$	$\overline{S_2}$
29	$\overline{\text{WR}}$	$\overline{\text{LOCK}}$
30	HLDA	$\overline{\text{RQ}}/\overline{\text{GT}_1}$
31	HOLD	$\overline{\text{RQ}}/\overline{\text{GT}_0}$

$\overline{S_2}$、$\overline{S_1}$、$\overline{S_0}$：总线周期状态信息（用于最大模式），输出。这三个信号的不同组合经总线控制器 8288 译码后，指出本总线周期所进行的数据传输过程的类型；其代码组合及对应的总线操作典型见表 2.8。

表 2.8 $\overline{S_2}$、$\overline{S_1}$、$\overline{S_0}$ 的代码组合及对应的总线操作类型

$\overline{S_2}$	$\overline{S_1}$	$\overline{S_0}$	总线操作类型
0	0	0	发中断响应信号
0	0	1	读 I/O 端口
0	1	0	写 I/O 端口
0	1	1	暂停
1	0	0	取指令
1	0	1	读内存
1	1	0	写内存
1	1	1	无效

QS_1、QS_0：指令队列状态信息（用于最大模式），输出。这两个信号的不同组合指出了本总线周期的前一个时钟周期中指令队列的状态，以便外部对 CPU 内部指令队列动作的跟踪。QS_1、QS_0 的代码组合及对应的含义见表 2.9。

表 2.9 QS_1、QS_0 的代码组合及对应的总线操作类型

QS_1	QS_0	含义
0	0	无操作
0	1	从指令队列的第一个字节取走代码
1	0	队列空
1	1	除第一字节外，还取走了后读字节的代码

2.2.3 8088CPU 的引脚与 8086CPU 的区别

8088CPU 是准十六位的，是继 8086 之后推出的，被畅销全球的 IBM-PC 机选作 CPU，它与 8086 CPU 具有类似的体系结构。两者的执行部件 EU 完全相同，其指令系统、寻址能力及程序设计方法都相同，所以两种 CPU 完全兼容。这两种 CPU 的主要区别，归纳起来有以下几方面：

（1）外部数据总线位数的差别：8086 CPU 的外部数据总线有 16 位，在一个总线周期内可输入/输出一个字（16 位数据），使系统处理数据和对中断响应的速度得以加快；而 8088 CPU 的外部数据总线为 8 位，在一个总线周期内只能输入/输出一个字节（8 位数据）。也正因为如此，8088 被称为准 16 位处理器。

（2）指令队列容量的差别：8086 CPU 的指令队列可容纳 6 个字节，且在每个总线周期中

从存储器中取出 2 个字节的指令代码填入指令队列,这可提高取指操作和其他操作的并行率,从而提高系统工作速度;而 8088 CPU 的指令队列只能容纳 4 个字节,且在每个总线周期中只能取一个字节的指令代码,从而增长了总线取指令的时间,在一定条件下可能影响取指操作和其他操作的并行率。

(3) 引脚特性的差别:两种 CPU 的引脚功能是相同的,但有以下几点不同:

① $AD_{15} \sim AD_0$ 的定义不同:在 8086 CPU 中都定义为地址/数据复用总线;而在 8088 CPU 中,由于只需用 8 条数据总线,因此,对应予 8086 CPU 的 $AD_{15} \sim AD_8$ 这 8 条引脚,只作地址线使用。

② 34 号引脚的定义不同:在 8086 CPU 中定义为 BHE 信号;而在 8088 CPU 中定义为 S_0,它与 DT/R、IO/M 一起用作最小方式下的周期状态信号。

③ 28 号引脚的相位不同:在 8086 CPU 中为 M/IO;而在 8088 CPU 中被倒相,改为 IO/M,以便与 8080/8085 CPU 系统的总线结构兼容。

2.3 8086/8088 CPU 中断系统

1. 中断的概念及其作用

CPU 在执行程序中,被内部或外部的事件所打断时,会转去执行一段预先安排好的中断服务程序;服务结束后,又返回原来的断点,继续执行原来的程序。由此可以得出中断的概念:

中断:计算机在执行正常程序的过程中出现内部或外部某些事件的请求时,CPU 暂时停止当前程序的正常执行,转去执行请求事件的处理操作;在事件处理结束后再回到被暂时中断的程序继续往下执行,如图 2.10 所示。

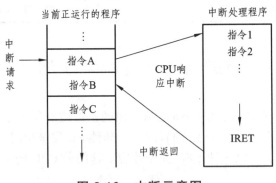

图 2.10 中断示意图

2. 中断系统的作用

中断的主要作用有:① 能实现并行处理;② 能实现实时处理;③ 能实现故障处理。一个完整的中断处理系统必须实现以下功能:中断源识别、中断优先级判断、中断嵌套管理以及 CPU 的中断响应、中断服务和中断返回。

2.3.1 计算机的中断类型

8086 CPU 的中断系统采用向量中断机制，一共可处理 256 个中断，采用中断向量编号 0~255，对 256 个中断加以区别。256 种中断可分为两大类：外部中断和内部中断。8086 CPU 的中断源如图 2.11 所示。

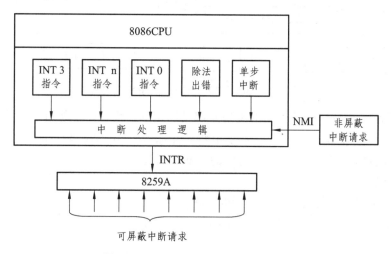

图 2.11 8086 CPU 系统的中断源

1. 8086 CPU 中断类型

8086 CPU 的中断分为硬件中断和软件中断。
（1）硬件中断（外部中断）。
硬件中断是由处理器外部的硬件、外围设备的请求而引起的中断。8086 CPU 有两条硬件中断请求信号线：NMI（非屏蔽中断）和 INTR（可屏蔽中断），如图 2.12 所示。
（2）软件中断（内部中断）。
内部中断由内部机制产生，主要有以下几种情况：
除法错中断（0 号）——除运算结果溢出时产生。
指令中断（n 号）——执行 INT n 指令后产生（操作码 CDH）。
断点中断（3 号）——执行 INT 3 指令（单字节指令操作码 CCH），用于在调试中设置断点，程序遇断点则中断。
溢出中断（4 号）——执行 INTO 指令，且前面运算有溢出（OF = 1）时产生。
单步中断（1 号）——TF 标志置 1 后，每执行一条子指令将发生一次中断。
外部中断——由外部引脚触发。
可屏蔽中断（外设提供向量号）——触发 INTR 引脚产生。
非屏蔽中断（2 号）——触发 NMI 引脚产生。

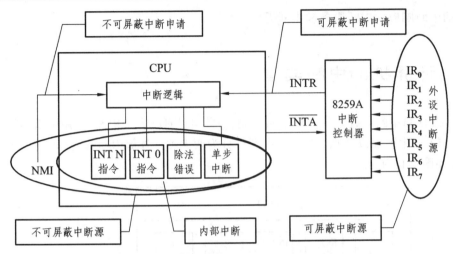

图 2.12 8086/8088 CPU 的中断类型图

内部中断的特点：① 内部中断的类型号都是固定的，或是在中断指令中给定的，不需要进入 $\overline{INTA}$ 总线周期获取类型号；② 不受中断允许标志位 IF 的影响；③ 用一条指令或由某个标志位启动而进入中断处理程序，这样的中断没有随机性。

（3）中断优先权。

8086 CPU 规定中断优先权从高到低的顺序为：

① 除法错、溢出中断指令 INTO、中断指令 INT n 。
② 非屏蔽中断 NMI。
③ 可屏蔽中断 INTR。
④ 单步中断。

2.3.2 计算机的中断向量表

中断向量：指示中断服务程序的入口地址，该地址包括：偏移地址 IP、段地址 CS（共 32 位）。每个中断向量的低字是偏移地址、高字是段地址，需占用 4 个字节（低对低，高对高）。8086/8088 CPU 为每个中断源指定的一个编号。8088 CPU 从物理地址 000H 开始到 3FFH（1KB），依次安排各个中断向量，向量号从 0 到 255。256 个中断向量用的 1 KB 区域，称为中断向量表。中断向量地址与中断类型号之间的关系可表示为：中断向量地址 = 中断类型号×4。中断向量表——把系统中所有的中断向量按中断类型码从小到大的顺序放到存储器的某一个区域所形成的一个表。8086 CPU 的中断向量表如图 2.13 所示。每个中断向量占用 4 个存储单元，8086/8088CPU 的中断系统最多能处理 256 个中断源。8086/8088CPU 以存储器的 00000H ~ 003FFH 共 1024 个单元作为中断向量存储表。由于中断向量在中断向量表中是按中断类型号顺序存放的，所以每个中断向量的地址可由中断类型号乘以 4 计算出来。CPU 响应中断时，需把中断类型号 N 乘以 4，得到中断向量的对应地址 4N（该中断向量所占 4 个字节单元的第一个字节单元的地址），然后把由此地址开始的两个低字节单元的内容装入 IP 寄存器：IP(4N,4N + 1)，再把两个高字节单元的内容装入 CS 寄存器：CS(4N + 2，4N + 3)，这就是转入中断类型号为 N 的中断服务程序的控制过程。N 的来源，对于不同的中断类型（内部、外部：NMI、INTR）情况有所不同。

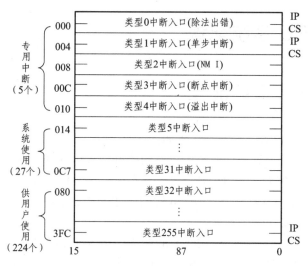

图 2.13　8086 CPU 的中断向量表

例 2.1：若中断类型号为 3，则由中断类型号取得中断服务入口地址的过程如图 2.14 所示。

内部中断是由于 8086 CPU 内部执行程序出现特殊情况而引起的中断，内部中断都是非屏蔽型的，中断向量号已由 Intel 公司确定。外部中断是由于 8086 CPU 外部通过 CPU 引脚提出中断请求而引起的中断，外部通过可屏蔽中断 INTR 请求，由标志位 IF 控制是否响应；响应时将产生有效的 $\overline{\text{INTA}}$ 信号。可屏蔽中断主要用于外设中断请求（请求交换数据等服务），标志位 IF 控制可屏蔽中断的响应。IF = 0：可屏蔽中断不会被响应（禁止中断、关中断或中断屏蔽）。系统复位，使 IF = 0；任何一个中断被响应，使 IF = 0；执行指令 CLI，使 IF = 0。IF = 1：可屏蔽中断会被响应（允许中断、开中断或中断开放），执行指令 STI，使 IF = 1；执行指令 IRET 后 IF 将恢复为中断前的状态。

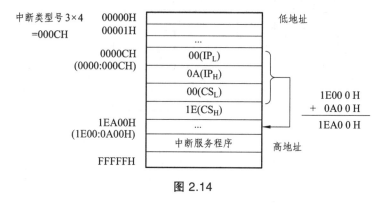

图 2.14

2.3.3　微机的中断管理

可屏蔽中断需借助专用的中断控制器 Intel 8259A 对系统中的可屏蔽中断资源进行管理：

扩充系统的可屏蔽中断资源，并管理它们——实现中断优先权比较，实现中断源的识别。

2.4 8086 CPU 系统配置

2.4.1 最小模式系统配置

8086 CPU 最小工作模式下的典型配置如图 2.15 所示。

在最小工作模式系统配置中，系统中所有的控制信号由 8086 CPU 本身提供，它的基本配置为：除使用 8086/8088 作为微处理器外，还需配有一片时钟发生器 8284A、三片地址锁存器（8282/8283）、两片总线驱动器（8286/8287）才能构成系统总线。

（1）20 位地址总线的形成。

采用 3 个 8282 进行锁存和驱动，Intel 8282 是三态透明锁存器，类似的有 Intel 8283 和通用数字集成电路芯片 373。具有三态输出功能：输出控制信号有效时，允许数据输出；无效时，不允许数据输出，呈高阻状态；透明：锁存器的输出能够随输入变化。

（2）8 位数据总线的形成。

采用数据收发器 8286 进行双向驱动，Intel 8286 是 8 位三态双向缓冲器，类似功能的器件还有 Intel 8287、通用数字集成电路 245 等。另外，接口电路中也经常使用三态单向缓冲器，例如，通用数字集成电路 244 就是一个常用的双 4 位三态单向缓冲器。

（3）系统控制信号的形成。

由 8086 CPU 引脚直接提供，因为基本的控制信号在 8086 CPU 引脚中都含有，如 $M/\overline{IO}$、$\overline{WR}$、$\overline{RD}$ 等。

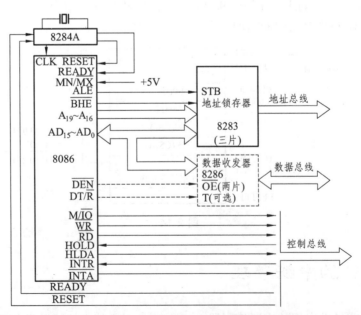

图 2.15　8086 CPU 在最小工作模式下的典型配置

2.4.2 最大模式系统配置

8086 CPU 最大工作模式下的典型配置如图 2.16 所示。

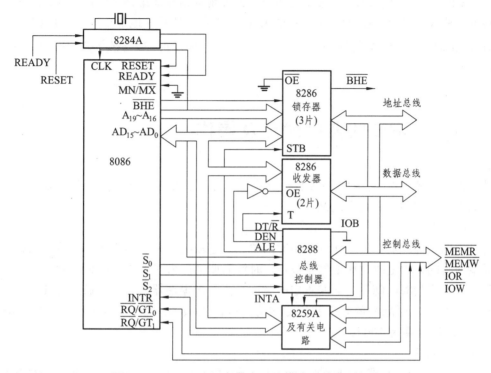

图 2.16　8086 CPU 在最大工作模式下的典型配置

除最小模式配置外,需外加总线控制器 8288 对 CPU 发出的控制信号进行变换和组合,以获得对存储器、I/O 端口的读写信号和对锁存器 8282、总线驱动器 8286 的控制信号,另外,在多处理器中还需加入总线仲裁器 8289,解决主处理器和协处理器之间协调工作和对总线的共享控制等问题。

从图 2.15 和图 2.16 中可以看出,8086 CPU 在最大模式和最小模式之间的主要区别是:在最大模式下,需要增加一个转换控制信号的电路,用来对 CPU 发出的控制信号进行变换和组合,即 8288 总线控制器。8288 接受 8086 CPU 的状态信号 S_2、S_1 和 S_0,经过变换和组合,由 8288 产生并发出对存储器或 I/O 端口的读/写信号,产生和发出对地址锁存器 8282 及总线收发器 8286 的控制信号等。

2.4.3 最小系统配置与最大系统配置的比较

(1) 不同之处。

最小模式下系统控制信号直接由 8086 CPU 提供;最大模式下因系统复杂,芯片数量较多,为提高驱动能力和改善总线控制能力,系统的控制信号由总线控制器 8288 提供。最小模式下 8086

CPU 的 31、30 脚提供一组总线请求/响应信号（HOLD、HLDA），而最大模式下 8086 CPU 的 31、30 脚将提供两组总线请求/响应信号（$\overline{RQ/GT_0}$、$\overline{RQ/GT_1}$）。

（2）相同之处。

8086 CPU 的低位地址线与数据线复用，为保证地址信号能维持足够的时间，需使用 ALE 信号将低位地址线锁存（通过锁存器 8282），以形成真正的系统地址总线；8086 CPU 的数据线通过数据收发器 8286 后形成系统数据总线，以增大驱动能力，数据收发器主要由 $\overline{DEN}$ 和 $DT/\overline{R}$ 两个信号控制。

2.5 8086 CPU 的典型时序及操作

计算机系统的工作，必须严格按照一定的时间关系来进行，CPU 定时所用的周期有三种，即时钟周期、总线周期和指令周期。

（1）时钟周期。

时钟周期是计算机系统工作的最小时间单元，它取决于系统的主频率，系统完成任何操作所需要的时间，均是时钟周期的整数倍。时钟周期又称为 T 状态。时钟周期是基本定时脉冲的两个沿之间的时间间隔，而基本定时脉冲是由外部振荡器产生的，通过 CPU 的 CLK 输入端输入，基本定时脉冲的频率我们称之为系统的主频率。例如，8088 CPU 的主频率是 5 MHz，其时钟周期为 200 ns。

（2）总线周期。

我们把 CPU 通过总线与内存或 I/O 端口之间进行的一个字节数据交换所进行的操作，称为一次总线操作，相应于某个总线操作的时间即为总线周期。虽然每条指令的功能不同，所需要进行的操作不同，指令周期的长度也不相同，但是，我们可以对不同指令所需进行的操作进行分解，它们又都是由一些基本的操作组合而成的。如存储器的读/写操作、I/O 端口的读/写操作、中断响应等，这些基本的操作都要通过系统总线实现对内存或 I/O 端口的访问。不同的指令所要完成的操作，是由一系列的总线操作组合而成的，而线操作的数量及排列顺序因指令的不同而不同。8088 CPU 的总线操作就是利用总线（AB、DB、CB）与内存及 I/O 端口进行信息交换的过程，与这些过程相对应的总线上的信号变化相对时间关系，就是相应总线操作的时序。

执行一个总线操作所需要的时间称为总线周期，一个基本的总线周期通常包含 4 个 T 状态，4 个时钟周期编号为 T_1、T_2、T_3 和 T_4，如图 2.17 所示。总线周期中的时钟周期也被称作"T 状态"，时钟周期的时间长度就是时钟频率的倒数，要延长总线周期时需要插入等待状态 Tw。

（3）指令周期。

一条指令从其代码被从内存单元中取出到其所规定的操作执行完毕，所用的时间，称为相应指令的指令周期。由于指令的类型、功能不同，不同指令所要完成的操作也不同，相应地，其所需的时间也不相同。也就是说，指令周期的长度因指令的不同而不同。

指令所执行的操作，可以分为内部操作和外部操作。不同的指令其内、外部操作是不相

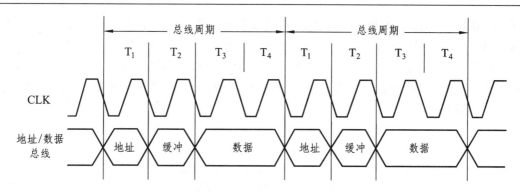

图 2.17 典型总线周期示意图

同的,但这些操作可以分解为一个个总线操作。即总线操作的不同组合,就构成了不同指令的操作,而总线操作的类型是有限的,因此可以根据不同指令的功能,把它们分解为不同总线操作的组合,明确了不同种类总线操作的时序关系,就可以确定任何指令的时序关系。

2.5.1 系统的复位和启动

8086/8088 CPU 的复位和启动操作是通过 RESET 引脚上的触发信号来执行的,当 RESET 引脚上有高电平时,CPU 就结束当前操作,进入初始化(复位)过程,包括把各内部寄存器(除 CS)清 0,标志寄存器清 0,指令队列清 0,将 FFFFH 送 CS。重新启动后,系统从 FFFF0H 开始执行指令。重新启动的动作是当 RESET 从高到低跳变时触发 CPU 内部的一个复位逻辑电路,经过 7 个 T 状态,CPU 即自动启动。要注意的是,由于在复位操作时,标志寄存器被清 0,因此其中的中断标志 IF 也被清 0,这样就阻止了所有的可屏蔽中断请求,都不能响应,即复位以后,若需要,则必须用中断指令来重新设置 IF 标志。复位操作的时序图如图 2.18 所示。

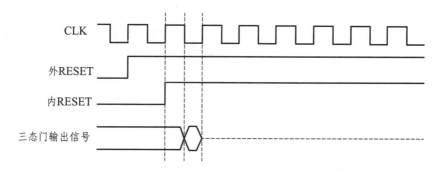

图 2.18 系统复位时序图

2.5.2 空闲周期

基本总线周期由 4 个 T 状态组成:T_1、T_2、T_3、T_4。等待时钟周期 Tw 在总线周期的 T_3

和 T_4 之间插入，如图 2.19 所示。若 CPU 不执行总线周期（不进行存储器或 I/O 操作），则总线接口执行空闲周期（一系列的 T_i 状态）。空闲时钟周期 T_i 在两个总线周期之间插入，在这些空闲周期，CPU 在高位地址线上仍然驱动上一个机器周期的状态信息。若上一个总线周期是写周期，则在空转状态，CPU 在 $AD_{15} \sim AD_0$ 上仍输出上一个总线周期要写的数据，直至下一个总线周期开始。

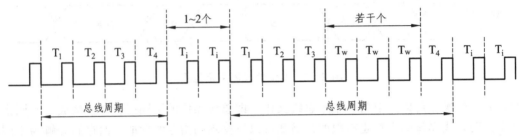

图 2.19 总线周期示意图

2.5.3 CPU 进入和退出保持状态的时序

当系统中有别的总线主设备请求总线时，总线主设备向 CPU 输送请求信号 HOLD，HOLD 信号与时钟异步，则在下一个时钟的上升沿同步 HOLD 信号。CPU 接收同步的 HOLD 信号后，在当前总线周期的 T_4，或下一个总线周期的 T_1 的后沿输出保持响应信号 HLDA，紧接着从下一个时钟开始 CPU 就让出总线。当外设的 DMA 传送结束，使 HOLD 信号变低，HOLD 信号也是与时钟异步，则在下一个时钟的上升沿同步，在紧接着的下降沿使 HLDA 信号变为无效，其时序如图 2.20 所示。

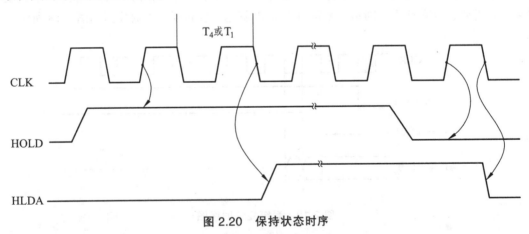

图 2.20 保持状态时序

2.5.4 最小模式下的总线操作

CPU 为了与存储器或 I/O 端口进行一个字节的数据交换，需要执行一次总线操作，按数据传输的方向来分，可将总线操作分为读操作和写操作两种类型；按照读/写的不同对象，总线操作又可分为存储器读/写与 I/O 读/写操作，下面以最小模式下的总线读/写操作时序来进行具体分析。

（1）最小模式下的总线读操作时序。

一个最基本的读周期包含有 4 个状态，即 T_1、T_2、T_3、T_4，必要时可插入 1 个或几个 T_w，时序如图 2.21 和图 2.22 所示。

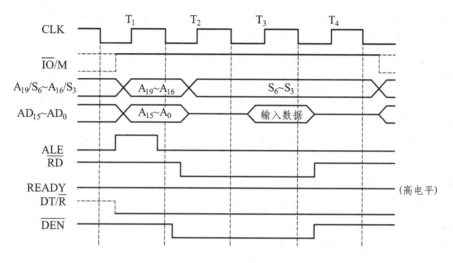

图 2.21 存储器读总线周期

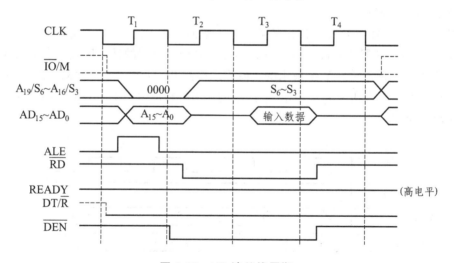

图 2.22 I/O 读总线周期

T_1 状态：① M/$\overline{\text{IO}}$ 有效，用来指出本次读周期是存储器读还是 I/O 读，它一直保持到 T_4 有效。② 地址线信号有效，高 4 位通过地址/状态线送出，低 16 位通过地址/数据线送出，用来指出操作对象的地址，即存储器单元地址或 I/O 端口地址。③ ALE 有效，在最小模式的系统配置中我们讲过，地址信号通过地址锁存器 8282 锁存，ALE 即为 8282 的锁存信号，下降沿有效。④ $\overline{\text{BHE}}$（对 8088 CPU 无用）有效，用来表示高 8 位数据总线上的信息有效，现在

通过 $A_{15} \sim A_8$ 传送的是有效地址信息，$\overline{BHE}$ 常作为奇地址存贮体的选通信号，因为奇地址存贮体中的信息总是通过高 8 位数据线来传输，而偶地址的选通则用 A_0。⑤ 当系统中配有总线驱动器时，T_1 使 $DT/\overline{R}$ 变低，用来表示本周期为读周期，并通知总线驱动器接收数据（$DT/\overline{R} \xleftarrow{接收} T$）。

T_2 状态：① 高四位地址/状态线送出状态信息，$S_3 \sim S_6$。② 低 16 位地址/数据线浮空，为下面传送数据准备。③ $\overline{BHE}/S_7$ 引脚成为 S_7（无定义）。④ $\overline{RD}$ 有效，表示要对存储器/I/O 端口进行读。⑤ $\overline{DEN}$ 有效，使得总线收发器（驱动器）可以传输数据（$\overline{DEN} \xleftarrow{接收} \overline{OE}$）。

T_3 状态：从存储器 I/O 端口读出的数据送上数据总线（通过 $A_{15} \sim A_0$）。

T_w 状态：若存储器或外设速度较慢，不能及时送上数据的话，则通过 READY 线通知 CPU，CPU 在 T_3 的前沿（即 T_2 结束末的下降沿）检测 READY，若发现 READY = 0，则在 T_3 结束后自动插入 1 个或几个 T_w，并在每个 T_w 的前沿处检测 READY，等到 READY 变高后，则自动脱离 T_w 进入 T_4。

T_4 状态：在 T_4 与 T_3（或 T_w）的交界处（下降沿），采集数据，使各控制及状态线进入无效。

（2）最小模式下的总线写操作时序。

一个最基本的总线写周期也包括四个状态：$T_1 \sim T_4$，必要时插入 T_w，时序如图 2.23 和图 2.24 所示。

T_1 状态：基本上同读周期，但此时 $DT/\overline{R}$ 是高不是低。

T_2 状态：与读周期有两点不同：① $\overline{RD}$ 变成 $\overline{WR}$；② $A_{15} \sim A_0$ 不是浮空，而是发出要写入存储器 I/O 端口的数据。

T_3 状态：从存储器 I/O 端口读出的数据送上数据总线（通过 $A_{15} \sim A_0$）。

T_w 状态：若存储器或外设速度较慢，不能及时送上数据的话，则通过 READY 线通知 CPU，CPU 在 T_3 的前沿（即 T_2 结束末的下降沿）检测 READY，若发现 READY = 0，则在 T_3 结束后自动插入 1 个或几个 T_w，并在每个 T_w 的前沿处检测 READY，等到 READY 变高后，则自动脱离 T_w 进入 T_4。

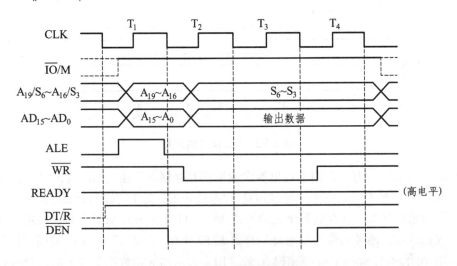

图 2.23 存储器写总线周期

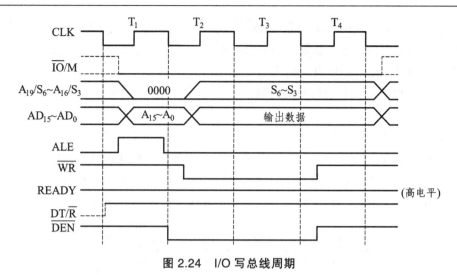

图 2.24 I/O 写总线周期

T_4 状态：在 T_4 与 T_3（或 T_w）的交界处（下降沿），采集数据，使各控制及状态线进入无效。已完成 CPU→存储器/I/O 端口的数据传送，使数据线上的数据无效，同时，使各控制与状态信号无效。

2.5.5 最大模式下的总线操作

（1）最大模式下的总线读周期。

时序图如图 2.25 所示，与最小模式下的读周期相比，不同的就是读信号考虑加入总线控制器后，它可以由 $\overline{S_2}$、$\overline{S_1}$、$\overline{S_0}$ 状态信号来产生 $\overline{MRDC}$ 和 $\overline{IORC}$，这两个信号与原 $\overline{RD}$ 相比，不仅明确指出了操作对象，而且信号的交流特性也好，所以我们下面就考虑用它们不用 $\overline{RD}$，若用 $\overline{RD}$ 信号的话，则最大模式与最小模式相同。

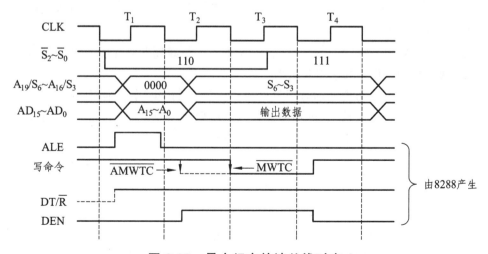

图 2.25 最大组态的读总线时序

T_1 状态：基本同最小模式，不同的是 ALE、DT/$\overline{R}$ 是由总线控制器发出的。

T_2 状态：不同的是此时 $\overline{RD}$ 变成 $\overline{MRDC}$ 或 $\overline{IORC}$，送到存储器或 I/O 端口。

T_3 状态：数据已读出送上数据总线，这时 $\overline{S_2}$、$\overline{S_1}$、$\overline{S_0}$ = 111 进入无源状态。若数据没能及时读出，则同最小模式一样自动插入 T_w。

T_4 状态：数据消失，状态信号进入高阻，$\overline{S_2}$、$\overline{S_1}$、$\overline{S_0}$ 根据下一个总线周期的类型进行变化。

（2）最大模式下的总线写周期。

时序图如图 2.26 所示，与上述最大模式下的总线读周期相比，就是 $\overline{MRDC}$ 和 $\overline{IORC}$ 成为 $\overline{MWTC}$ 和 $\overline{IOWC}$，另外还有一组 $\overline{AMWC}$ 或 $\overline{AIOWC}$（比 $\overline{MWTC}$ 和 $\overline{IOWC}$ 提前一个 T 有效），这时，$\overline{MWTC}$（$\overline{AMWC}$）或 $\overline{IOWC}$（$\overline{AIOWC}$）取代最小模式下的 $\overline{WR}$。

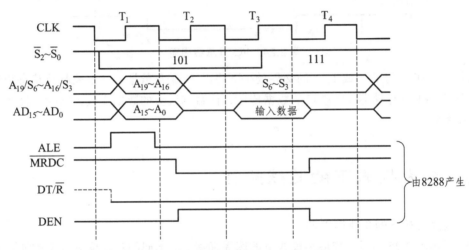

图 2.26 最大组态的写总线时序

T_1 状态：同读周期。

T_2 状态：$\overline{AMWC}$ 或 $\overline{AIOWC}$ 有效，要写入的数据送上 DB，$\overline{DEN}$ 有效。

T_3 状态：$\overline{MWTC}$ 或 $\overline{IOWC}$ 有效，比 $\overline{AMWC}$ 等慢一个 T，$\overline{S_2}$、$\overline{S_1}$、$\overline{S_0}$ 进入无源状态。若需要的话，自动插入 T_w。

T_4 状态：$\overline{AMWC}$ 等被撤消，$\overline{S_2}$、$\overline{S_1}$、$\overline{S_0}$ 根据下一总线周期的性质变化，$\overline{DEN}$ 失效，从而停止总线收发器的工作，其它引脚高阻。

在最大模式下 I/O 读/写周期的时序与存储器读/写周期的时序基本相同。不同之处在于：① 一般 I/O 接口的工作速度较慢，因而需插入等待周期 T_w；② T_1 期间只发出 16 位地址信号，A_{19-16} 为 0；③ 8288 发出的读/写命令为 $\overline{IORC}$ / $\overline{AIOWC}$。

习 题

1. 8086 CPU 向奇地址存储单元送一个字节数据时，须执行一个总线周期，$M/\overline{IO}$ 为（　　），在第一个 T 状态中，ALE 为（　　），A_0 为（　　）；在第三个 T 状态中，$\overline{WR}$ 为（　　），$\overline{RD}$ 为（　　）。

2. 设当前的 SP = 2000H，执行 PUSH AX 指令后，SP =（   ）H；若改为执行 IRET 指令后，则 SP =（   ）H。

3. 8086 CPU 向偶地址存储单元 0 送一个字节数据时，须执行一个总线周期，在第一个 T 状态中，ALE 为（   ），A_0 为（   ），$\overline{WR}$ 为（   ）。

4. 根据 8086 CPU 数据总线的宽度，其可表示的无符号数的范围是（   ）。

5. 微型计算机主要由哪几部分组成？各部分的功能是什么？

6. 说明总线接口部件的作用。

7. 8086 CPU 读/写总线周期各包含多少个时钟周期？什么情况下需要插入 Tw 周期？应插入 Tw 的个数取决于什么因素？

8. 8086 CPU 复位后，各寄存器的状态如何？复位后，执行的第一条指令的地址是多少？

9. 简述 8086 CPU 最小模式系统与最大模式系统之间的主要区别。

10. 8086 CPU 由哪两部分组成？它们的主要功能各是什么？它们之间是如何协调工作的？

11. 8086 CPU 中有哪些寄存器？各有什么用途？标志寄存器 PSW 有哪些标志位？各在什么情况下置位？

12. 8086 系统中储存器的逻辑地址和物理地址之间有什么关系？表示的范围各为多少？

13. 已知当前数据段位于储存器的 A1000H 到 B0FFFH 范围内，则 DS 为多少？

14. 某程序数据段中存有两个数据字 1234H 和 5A6BH，若已知 DS = 5AA0H，它们的偏移地址分别为 245AH 和 3245H，试画出它们在储存器中的存放情况。

15. 8086 系统中为什么一定要有地址锁存器？需要锁存哪些信息？

16. 若 8086 CPU 工作于最小模式，试指出当 CPU 完成将 AH 的内容送到物理地址为 91001H 的存储单元操作时，以下哪些信号应为低电平：M/$\overline{IO}$、$\overline{RD}$、$\overline{WR}$、$\overline{BHE}/S_7$、DT/$\overline{R}$。若 CPU 完成的是将物理地址 91000H 单元的内容送到 AL 中，则上述哪些信号应为低电平？

17. 什么是引脚的分时复用？请说出 8086 CPU 有哪些引脚是分时复用引脚？其要解决的问题是什么？

18. 试说明 8086/8088CPU 工作在最大和最小模式下系统基本配置的差异。

19. 什么是指令周期？什么是总线周期？什么是时钟周期？它们之间的关系如何？

20. 试简述 8086 系统最小模式时从储存器读数据的时序过程。

3 8086 指令系统

3.1 8086 CPU 的指令格式

指令是指挥 CPU 执行某一基本操作的命令。指令由操作码和操作数组成,其中操作码规定指令所要完成的操作,操作数则指出参加操作的数据或其地址。

对于一条指令,操作码是不可缺少的组成部分,而操作数却可以没有,也可以有一个或两个等。

3.1.1 8086 指令的机器码格式

机器码是 CPU 能够直接识别并执行的、由二进制数 0 和 1 组成的代码。指令的长度就是指该指令用机器码表达时所占的字节数。

微处理器指令的长度一般是可变的,这有利于节省存储空间。8086 指令的长度从 1 个字节到 6 个字节不等,其通用的机器码格式如下:

(1) 字节 1 为指令的操作码即操作功能,其中:

Opcode:指令的操作码。

D：操作数的传送方向。

当 D = 0 时，REG 字段为源操作数；

当 D = 1 时，REG 字段为目的操作数。

W：操作数的长度。

当 W = 0 时，操作数为字节；

当 W = 1 时，操作数为字。

（2）字节 2 表示采用的寻址方式，即如何寻找操作数，其中：

MOD 字段：表示寻址方式。

当 MOD = 00 时，为存储器寻址方式，指令中无位移量；

当 MOD = 01 时，为存储器寻址方式，指令中有 8 位位移量；

当 MOD = 10 时，为存储器寻址方式，指令中有 16 位位移量；

当 MOD = 11 时，为寄存器寻址方式，指令中没有位移量。

REG 字段：寄存器的编码。

当 REG = 000 时，为 AL/AX；

当 REG = 001 时，为 CL/CX；

当 REG = 010 时，为 DL/DX；

当 REG = 011 时，为 BL/BX；

当 REG = 100 时，为 AH/SP；

当 REG = 101 时，为 CH/BP；

当 REG = 110 时，为 DH/SI；

当 REG = 111 时，为 BH/DI。

注意："/"前者是当 W = 0 时的编码，"/"后者是当 W = 1 时的编码。

R/M 字段：寄存器/存储器。

当 MOD = 11（寄存器方式）时，R/M 字段给出的是作为第二个操作数的寄存器的编码；

当 MOD ≠ 11（存储器方式）时，R/M 字段给出计算位移量的方法。

例如：

当 R/M = 000，MOD = 00 时，EA = BX + SI；

当 R/M = 001，MOD = 01 时，EA = BX + DI + Data8。

可见，REG 字段给出一个操作数，而 MOD 和 R/M 字段则给出另一个操作数。

（3）字节 3、字节 4 表示存储器操作数地址的位移量（Disp）。

（4）字节 5、字节 6 表示存放在指令中的立即操作数（Data）。

3.1.2　8086 指令的汇编格式

用助记符和标识符来分别表示指令的操作码和操作数，即得指令的汇编形式。例如，用"MOV"表示"数据传送"等。但是，用汇编形式表达的指令必须翻译成机器码，CPU 才能识别和执行。

8086 指令的汇编格式如下：

[标号：] 指令助记符 [操作数 1][,操作数 2] [；注释]

格式中方括号里的内容可选。可见，一条汇编格式的指令由标号、指令助记符、操作数、注释四部分组成，其中，只有指令助记符是必不可少的。

一条指令必须写在一行，每条指令以回车键结束。

（1）标号：给该指令所在地址取的名字，其后须跟冒号。标号（标识符）必须是以字母开头的字母、数字串且有效长度不超过 31 个字符。

（2）指令助记符：代表指令操作类型的符号。它是指令中的关键字，不可缺少。

（3）操作数：参加指令操作的数据或其地址。操作数可以是 0、1 或 2 个。

若指令中有两个操作数，则须用逗号将它们分开，并且约定前者为目的操作数，后者为源操作数。

（4）注释：以分号开头的文字，用来说明相应指令的操作功能，以方便阅读程序。

3.2　8086 寻址方式

寻址方式就是寻找指令或操作数存放地址的方法。根据寻址地址的类型，寻址方式分为两类：一种是用来对操作数进行寻址，另一种是用来对转移地址或调用地址进行寻址，即对指令地址进行寻址。

在 8086 CPU 中，根据指令中操作数的存放位置，操作数的寻址方式可分为 4 种：立即寻址、寄存器寻址、存储器寻址和 I/O 端口寻址。

3.2.1　立即寻址方式

立即寻址就是操作数直接包含在指令字节中，此时的操作数也叫立即数，它紧跟在操作码的后面，与操作码一起放在代码段区域中。

采用立即寻址方式的指令执行速度快。因为在该寻址方式下，指令中含有立即数，CPU 不必执行总线周期，在指令队列中就可以直接取得立即数。

例如：MOV　AX，7856H

该指令的功能是将立即数 7856H 送入 AX 中，如图 3.1 所示，16 位的立即数作为指令码一部分存入代码段存储区时，立即数的低 8 位字节紧靠操作码，立即数的高 8 位字节在其后面。

注意：

（1）在所有的指令中，立即数只能做源操作数，不能做目的操作数；

（2）以字母开头的 16 进制数前必须以数字 0 做前缀；

（3）立即数还可以是用 +、-、*、/表示的算术表达式，也可以用圆括号改变运算顺序；

（4）立即数只能是整数，不能是小数、变量或者其他类型的数据。

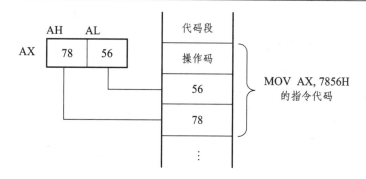

图 3.1 立即数寻址过程

3.2.2 寄存器寻址方式

采用寄存器寻址方式的指令，其操作数放在寄存器中，用寄存器符号来表示。如果是 16 位操作数，用寄存器 AX、BX、CX、DX、SI、DI、SP 或者 BP 等；如果是 8 位操作数，则用寄存器 AH、AL、BH、BL、CH、CL、DH 或者 DL。

例如：MOV AX，BX；源操作数和目的操作数都是寄存器寻址方式。

注意：

（1）采用寄存器寻址方式的指令，其机器码字节最少，另外，由于操作就在 CPU 内部进行，不必执行访问存储器的总线周期，故执行速度快。

（2）在同一条指令中，不仅源操作数可以采用寄存器寻址方式，而且目的操作数也可采用寄存器寻址方式。

（3）源操作数的长度必须与目的操作数一致，否则会出错。如不能将 BH 寄存器的内容传送到 DX 中去，尽管 DX 寄存器放得下 BH 的内容，但汇编程序不知道将它放到 DH 还是 DL 中。

（4）寄存器寻址方式常用于 CPU 内部传送数据。

3.2.3 直接寻址方式

直接寻址方式就是操作数放在存储器的数据段中，其有效地址 EA 由指令以具体数值的形式直接给出。

例如：MOV AX，[5634H]

该指令将有效地址 EA = 5634H 存储单元中的内容传送到 AX 寄存器中。若（DS）= 2000H，则该指令源操作数的存储单元的物理地址为 20000H + 5634H = 25634H。其寻址过程如图 3.2 所示。

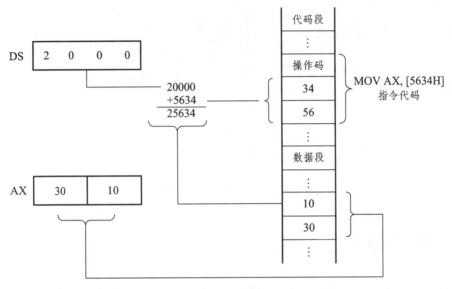

图 3.2 直接寻址方式寻址过程

注意：

（1）在直接寻址方式中，指令中的有效地址必须加一个方括号，以便与立即数相区别。

（2）如果指令前面没有前缀指明操作数在哪一段，则默认的段寄存器是 DS。

（3）8086/8088 系统允许操作数存放在以 CS、SS、ES 为基准的存储区域中，此时只要在指令中指明是段超越即可。

例如：MOV　BX，ES：[4000H]

（4）对于操作数为 16 位的指令，应该首先对 EA 进行存取操作，实现低字节存取，然后再对 EA+1 单元进行存取操作，实现高字节存取。

例如：MOV [1002H]，AX

该指令先将 AL（低字节）的内容传送到当前数据段的 1002H 单元中，再将 AH（高字节）的内容传送到 1003H 单元中。

（5）直接寻址一般适用于处理单个变量。

3.2.4　寄存器间接寻址方式

寄存器间接寻址方式就是将操作数存放在存储器中，而把操作数所在存储单元的有效地址放在基址寄存器 BX、BP 或变址寄存器 SI、DI 中。

例如：

MOV AX，[BX]　　　　　；物理地址 = DS × 10H+BX

MOV AL，[BP]　　　　　；物理地址 = SS × 10H+BP

MOV AX，CS：[DI]　　　；物理地址 = CS × 10H+DI

其中，[BX]、[BP]、[DI]都是寄存器间接寻址方式。

例如：MOV　AX，[BX]

该指令将 BX 中的内容作为有效地址，对该有效地址进行字的读写操作，并传送到 AX 中。在指令中，采用方括号"[ ]"和寄存器来表示寄存器间接寻址，注意与寄存器寻址的区别。寄存器间接寻址的操作过程如图 3.3 所示。

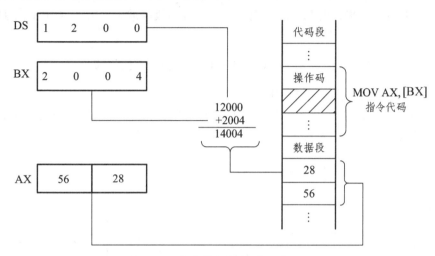

图 3.3 寄存器间接寻址示意图

注意：

（1）用 SI、DI、BX、BP 作为间接寻址时允许使用段跨越前缀，以实现对其他段中数据的存取。

（2）寄存器间接寻址方式适用于数组、字符串、表格的处理。

（3）寄存器中的内容是操作数的有效地址，而不是操作数本身。

（4）只能用 CPU 中的基址寄存器 BX、BP 或变址寄存器 DI、SI 来间接寻址。

（5）如果指令前面没有用前缀指令指明操作数在哪一段，则当用 BP 来间接寻址时，其段寄存器默认为 SS；用 BX、DI、SI 来间接寻址时，默认段寄存器为 DS。即

物理地址 = [DS] × 10H + EA = [DS] × 10H + [BX 或 DI 或 SI]

或　　　　　物理地址 = [SS] × 10H + [BP]

3.2.5 寄存器相对寻址方式

若操作数在存储器中，存储单元的有效地址由一个基址或变址寄存器与指令中指定的 8 位或 16 位位移量组成，则称为寄存器相对寻址。该寻址方式在汇编格式中表示为以下两种形式之一：

（1）位移量[基址寄存器名或变址寄存器名]

（2）[位移量 + 基址寄存器名或变址寄存器名]

例如：

MOV　AX，20H[SI]；物理地址 = DS × 10H + SI + 20H（8 位位移量）

MOV　CL，[BP + 2000H]；物理地址 = SS × 10H + BP + 2000H（16 位位移量）

若选择 BX、SI 或 DI 寄存器提供的基地址或变地址,则操作数一般在 DS 区域中,用 DS 提供段基址。即

物理地址 = [DS] × 10H + EA = [DS] × 10H + [BX 或 SI 或 DI] + [8 位或 16 位位移量]

若选择 BP 寄存器提供的基地址,则操作数在堆栈段区域中,用 SS 提供段基址,即操作数物理地址为:

物理地址 = [SS] × 10H + [BP] + [8 位或 16 位位移量]

例如:MOV　AX,[BX + 3814H]

该指令将 BX 中的内容与偏移量 3814H 相加后作为有效地址,根据该有效地址进行字的读操作,并传送到 AX 中。寄存器相对寻址的操作过程如图 3.4 所示。

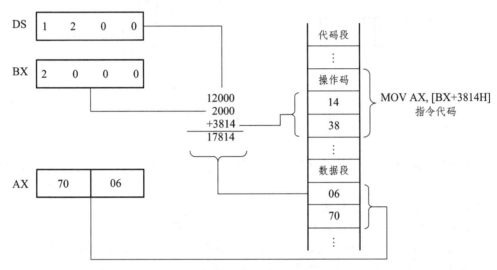

图 3.4　寄存器相对寻址操作过程

注意:

(1)存器相对寻址方式允许使用段跨越前缀,例如:MOV　AL,ES:TABLE[SI]。

(2)由于 BX、BP 为基址寄存器,因此用它们进行的寻址叫做基址寻址;而 SI、DI 为变址寄存器,用它们进行的寻址叫做变址寻址。

3.2.6　基址变址寻址方式

操作数在存储器中,存储单元的有效地址由一个基址寄存器和一个变址寄存器的内容之和确定,这种寻址方式就是基址变址寻址方式。该寻址方式在汇编格式中表示为以下两种形式之一:

(1)[基址寄存器名][变址寄存器名]

(2)[基址寄存器名 + 变址寄存器名]

例如:

MOV　AX,[BX][SI]　　　　　　　;物理地址 = DS × 10H + BX + SI

MOV　AX，[BX + SI]　　　　　　;物理地址 = DS × 10H + BX + SI
MOV　CX，CS：[BX + DI]　　　　;物理地址 = CS × 10H + BX + DI

其中，[BX][SI]、[BX + DI]都是基址变址寻址方式。

若选择 BX 寄存器提供的基地址，则操作数一般在 DS 区域中，用 DS 提供段基址，即操作数物理地址为：

物理地址 = [DS] × 10H + EA = [DS] × 10H + [BX] + [SI 或 DI]

若选择 BP 寄存器提供的基地址，则操作数在堆栈段区域中，用 SS 提供段基址，即操作数物理地址为：

物理地址 = [SS] × 10H+[BP]+[SI 或 DI]

例如：MOV　AX，[BX + SI]

基址变址寻址方式操作过程如图 3.5 所示。

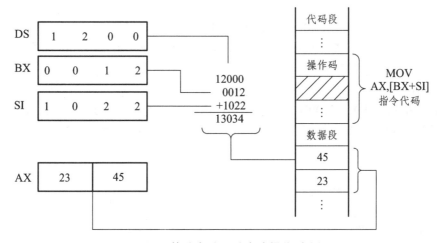

图 3.5　基址变址寻址方式操作过程

注意：

（1）基址变址寻址方式也可用段跨越前缀重新指定段寄存器。例如：MOV　AX，ES：[BX][SI]

（2）由于基址变址寻址方式中两个寄存器内容都可修改，因此它比寄存器相对寻址更灵活。

（3）基址变址寻址方式也可用于表格或数组数据的访问。将表格或数组首地址存入基址寄存器，通过修改变址寄存器内容可访问到表格或数组的任一数据项的存储单元。

3.2.7　相对基址变址寻址方式

操作数在存储器中，存储单元的有效地址由一个基址寄存器和变址寄存器的内容及指令中指定的 8 位或 16 位位移量的和构成，这种寻址方式就叫相对基址变址寻址方式，其地址表达式可以书写为以下两种形式之一：

（1）位移量[基址寄存器][变址寄存器]

（2）[基址寄存器 + 变址寄存器 + 位移量]

例如：
MOV AX，[BX+DI+10H]　　　；指令中给出 8 位位移量 10H。
MOV AX，ES：1002H[BP][SI]　；访问 ES 段字存储单元。
以下三条语句是等价的：
MOV　　AX，TABLE[BX][SI]
MOV　　AX，TABLE[BX+SI]
MOV　　AX，[TABLE+BX+SI]

若选择 BX 寄存器提供基地址，SI 或 DI 寄存器提供变地址，则操作数一般在数据段区域中，用 DS 提供段基址，则

物理地址 = [DS] × 10H + EA = [DS] × 10H + [BX] + [SI 或 DI] + [8 位或 16 位位移量]

若选择 BP 寄存器提供基地址，SI 或 DI 寄存器提供变地址，则操作数在堆栈段区域中，用 SS 提供段基址，则

物理地址 = [SS] × 10H + [BP] + [SI 或 DI] + [8 位或 16 位位移量]

相对基址变址寻址方式为处理堆栈中的数组提供了方便：用 BP 可指向栈顶，位移量表示数组第一个元素到栈顶的距离，变址寄存器指向数组元素。

例如：MOV　　AH，[BX + SI + 1234H]

若 DS = 1000H，BX = 0200H，SI = 0020H，则该指令的有效地址 EA 为 1454H，操作数的物理地址为 11454H，指令执行完后，将 11454H 单元中的内容送到 AH 寄存器中，如图 3.6 所示。

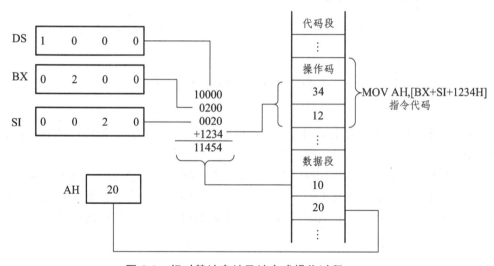

图 3.6　相对基址变址寻址方式操作过程

3.2.8　隐含寻址方式

除了上述常见的寻址方式以外，还有一类特殊的寻址方式，即隐含寻址。隐含寻址就是指令中不出现操作数，但指令本身隐含指示了操作数的来源。

如串操作指令 MOVS，其源操作数隐含由 DS：SI 寄存器间接寻址，而目的操作数则隐含由 ES：DI 寄存器间接寻址。

3.3　8086 指令系统的种类

指令系统反映了 CPU 所能完成的操作功能。不同的 CPU，其指令系统一般不同。某一 CPU 的指令系统是指该 CPU 所有指令组成的集合。

8086CPU 指令系统按功能分为数据传送类、算术运算类、逻辑运算与移位类、字符串、控制转移类和处理器控制类等六类指令。

学习指令时需要注意以下几点：
（1）指令的功能，即指令完成什么操作。
（2）指令执行后对标志位的影响。因为有些指令的操作是由上一条指令执行后的状态来决定。
（3）指令的长度，即指令所占用的字节数。
（4）指令的执行时间，常用时钟周期数来表示。
（1）、（2）项是保证程序逻辑正确的前提条件，（3）、（4）项决定着程序在时、空上的质量。

3.3.1　数据传送指令

数据传送类指令用于实现 CPU 内部寄存器之间、CPU 与存储器之间、CPU 与 I/O 端口之间的字节或字的传送，主要有通用数据传送、累加器专用传送、地址传送和标志传送 4 类指令。

（1）通用数据传送指令。

通用数据传送指令包括最基本的传送指令 MOV、堆栈指令 PUSH 和 POP、数据交换指令 XCHG。

① MOV 指令。

MOV 指令可以实现 CPU 内部寄存器之间、寄存器和内存之间的数据传送，还可以把一个立即数送给 CPU 的内部寄存器或者内存单元。

格式：MOV　目的操作数，源操作数
功能：将源操作数传送给目的操作数。
例如：
a. 立即数传送给通用寄存器或存储器。
MOV　AL,12H
MOV　AX,3456H
MOV　BYTE　PTR [BX], 34H
MOV　WORD　PTR [BP], 2345H

b. 通用寄存器之间传送。

MOV　AX,BX　　;将 BX 中的数据传送到 AX 中。

MOV　CL,BH　　;将 BH 中的数据传送到 CL 中。

c. 通用寄存器和存储器之间传送。

MOV　AX,[BX] ;将以 BX 为有效地址的 2 个连续内存单元中的数据传送到 AX 中。

MOV　[SI],DH ;将 DH 中的数据传送到 SI 指定的内存单元中。

d. 段寄存器与通用寄存器、存储器之间的传送。

MOV　DS,AX

MOV　ES,[SI]

MOV　[DI],SS

MOV　BX,ES

注意：

a. 立即数、代码段寄存器 CS 只能作源操作数，不能作为目的操作数。

例如：MOV CS，AX ；此指令错误。

b. IP 寄存器不能作源操作数或目的操作数。

c. 指令中两个操作数不能同为存储器操作数，也不能同为立即数。即 MOV [2000H]，[1000H]和 MOV 11.12 都是错误的。

d. 段寄存器之间不能互相传送，立即数不能直接送入段寄存器。

e. MOV 指令不影响标志位。

f. 两个操作数的类型属性要一致，即同时为 8 位数据传送或同时为 16 位数据传送。

例如：MOV AX，BL；类型不一致，错误。

g. 用 BP 来间接寻址时，默认的段寄存器是 SS，其余寄存器间接寻址时，其默认的段寄存器是 DS。

② 堆栈操作指令。

堆栈（Stack）是主存中一个特殊的区域。它采用先进后出 FILO（First In Last Out）或后进先出 LIFO（Last In First Out）的原则进行存取操作。堆栈段中的栈底由堆栈段寄存器 SS 来确定，堆栈段中的栈顶由段寄存器 SS 和堆栈指针 SP 来寻址。显然，栈顶是移动的,而栈底是固定不变的。堆栈操作有入栈 PUSH 和出栈 POP 两种。

a. 入栈指令 PUSH。

格式：PUSH　源操作数

功能：先修改指针：SP←SP 2；然后源操作数进栈：（SP + 1，SP）←src。

b. 出栈指令 POP。

格式：POP　目的操作数

功能：先将 SP 所指向的一个字送到指定的目的操作数中：(dest)←((SP)+1,(SP))；然后修改指针：(SP)←(SP)+2。

两条指令的操作过程如图 3.7 所示：

例如，下面的程序交换了 AX 与 CX 的值：

push ax

push cx

pop ax

pop cx

注意：

a. 堆栈操作都按字操作，如 PUSH AL 和 POP AL 均为非法。每次 PUSH 操作栈顶向低地址移动两个字节，而 POP 操作栈顶向高地址移动两个字节。

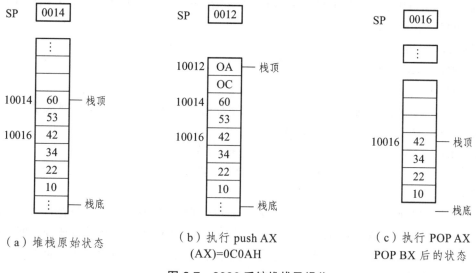

图 3.7 8086 系统堆栈及操作

b. PUSH、POP 指令的操作数可能有三种：通用寄存器（数据寄存器、地址指针、变址寄存器）、段寄存器、存储器。不能用立即数。CS 只能做源操作数，即 PUSH CS 合法，POP CS 非法。

c. 当字数据进栈时，将它的低字节放到低地址，将它的高字节放到高地址；当字数据出栈时，应注意它的低字节在低地址，它的高字节在高地址。

d. 堆栈工作原则是"后进先出"。因此，在保存和恢复字数据时，PUSH、POP 指令应该成对使用，以保证数据的正确性和保持堆栈原有状态。

e. PUSH 和 POP 指令不影响标志位。

f. 为了使子程序被调用后能正常返回、中断结束后能回到断点地址以及使在子程序或中断处理程序返回后所用寄存器的原始值不变，需要用堆栈来实现。

③ 数据交换指令 XCHG。

格式：XCHG 目的操作数，源操作数

功能：把目的操作数和源操作数相互交换。

注意：

a. 目的操作数、源操作数不允许是段寄存器、立即数和 IP 寄存器。

b. 目的操作数和源操作数中，必须有一个是寄存器寻址，即两个存储单元之间不能直换互换数据。

c. XCHG 指令不影响标志位。

例如：XCHG　BX，[BP+SI]

假设该指令执行前：（BX）= 1234H，（BP）= 0100H，（SI）= 0020H，（SS）= 1F00H，（1F120H）= 0000H，即源操作数物理地址 = 1F00H：0100+0020 = 1F00H：0120H = 1F120H，交换前源操作数为 0000H，目标操作数为 1234H；则指令执行后，（BX）= 0000H，（1F120H）= 1234H。

（2）累加器专用传送指令。

累加器是 8086CPU 进行数据传输的核心。8086 指令系统中有两类累加器专用传送指令，即输入/输出指令、换码指令。

① 输入/输出指令。

格式：IN　　AC，port

　　　OUT　port，AC

功能：IN 指令是将数据从端口 port 传送到累加器中，OUT 指令是将数据从累加器传送到端口 port 中，AC 表示累加器 AL 或 AX。

例如：IN　　AL，20H；将 20H 端口中的一个字节送 AL。

　　　OUT　DX，AX；将 AL 的内容送 DX 所指端口，AH 的内容送 DX+1 所指端口。

注意：

a. 外设的端口地址可以是 8 位立即数表示的直接地址，即直接端口寻址范围为 0 ~ 255，例如，指令 OUT 378H，AL 是错误的。也可以用 DX 寄存器的内容作为端口地址，即寄存器间接寻址方式，寻址范围为 0 ~ 65535。当端口地址超过 256 时，必须用 DX，而当端口地址小于 256 时，也可用 DX。

例如：IN　AL，3FH

　　　MOV DX，3FH

　　　OUT DX，AX

b. IN、OUT 指令可以实现字节数据传送，也可以实现字数据传送，但只能实现累加器与端口之间的数据传送，其他寄存器是不能代替累加器的。例如，指令 IN BL,20H 是错误的。

c. 当 I/O 端口与内存统一编址时，不能用输入/输出指令。此时采用访问存储器的指令来访问 I/O 端口。

② 换码指令。

格式：XLAT

功能：在以 BX 内容为首址的表格中,取出以 AL 内容为位移量之处的数据,并送入 AL 寄存器。常用于代码转换。

代码转换的方法如下：

a. 建立一个字节表格，该表的最大容量为 256 个字节,表格的内容就是所要换取的代码；

b. 将表格首地址存入 BX；

c. 将需要换取的代码的序号（即相对于表格首地址的位移量）存入 AL；

d. 执行 XLAT 指令，则转换后的代码就在 AL 中。

例如，若要将十进制数 0 ~ 9 转换成共阳极 LED 显示的字型代码，其列表见表 3.1。

假设字型代码表存放在偏移地址为 200H 开始的数据段中,取出"5"所对应的代码，则

MOV BX，200H

MOV　AL，5
XLAT

（3）地址传送指令。

地址传送指令包括 3 条，即取有效地址指令 LEA、将地址指针装入 DS 指令 LDS 和将地址指针装入 ES 指令 LES。

① 取有效地址指令 LEA。

格式：LEA　寄存器，源操作数

表 3.1　十进制数 0~9 转换成 LED 显示的字形代码

十进制数（BCD 码）	字形代码
0	40H
1	79H
2	24H
3	30H
4	19H
5	12H
6	02H
7	78H
8	00H
9	18H

功能：把源操作数的偏移地址送入指定的寄存器中。通常用来建立串操作指令所需的寄存器指针。

例如：LEA　BX，BUFFER；把变量 BUFFER 的有效地址 EA 送到 BX。

注意：

a. 格式中的"寄存器"必须是一个 16 位的通用寄存器。

b. 源操作数必须是一个内存单元地址，即必须采用存储器寻址方式。

c. LEA 指令不影响标志位。

d. 注意 LEA 与 MOV 的区别：

LEA　AX，[3721H]　　；此指令执行后，AX = 3721H。

MOV　AX，[3721H]　　；此指令执行后，AX 的值是 DS：3721H 内存单元中的内容。

② 将地址指针装入 DS 指令 LDS。

格式：LDS　寄存器,源操作数

功能：完成一个地址指针的传送。地址指针包括偏移地址和段地址，它们已经分别存放在由源操作数给出最低地址的四个连续存储单元中（即存放了一个 32 位的双字数据），该指令将该数据的高 16 位（段地址）送入 DS，低 16 位（偏移地址）送入目的操作数所指出的一个 16 位通用寄存器或者变址寄存器中。

例如：LDS　BX，[2100H]

将地址为 2100H 和 2101H 的内存单元中的 16 位数据作为偏移量，送入 BX 寄存器；将地址为 2102H 和 2103H 的内存单元中的 16 位数据作为段值，送入 DS 寄存器。

③ 将地址指针装入 ES 指令 LES。

格式：LES　　寄存器，源操作数

功能：完成一个地址指针的传送。地址指针包括偏移地址和段地址，它们已经分别存放在由源操作数给出最低地址的四个连续存储单元中（即存放了一个 32 位的双字数据），该指令将该数据的高 16 位（段地址）送入 ES，低 16 位（偏移地址）送入目的操作数所指出的一个 16 位通用寄存器或者变址寄存器中。

注意：

a. LDS 和 LES 指令中的寄存器不允许是段寄存器。

b. LDS 和 LES 指令均指令不影响标志位。

（4）标志传送指令。

标志传送指令包括 4 条指令，即标志读取指令 LAHF、标志设置指令 SAHF、标志寄存器压入堆栈指令 PUSHF 和标志寄存器从堆栈弹出指令 POPF。

① 标志读取指令 LAHF。

格式：LAHF

功能：将标志寄存器 FLAGS 中的低 8 位，传送至 AH 中。

② 标志设置指令 SAHF。

格式：SAHF

功能：把 AH 的内容传送至标志寄存器 FLAGS 的低 8 位。

SAHF 指令可能会改变 SF、ZF、AF、PF 和 CF 标志位，但不影响位于高字节的 OF、DF、IF 和 TF 标志。

③ 标志寄存器压入堆栈指令 PUSHF。

格式：PUSHF

功能：将标志寄存器的内容压入堆栈顶部，同时修改堆栈指针，但不影响标志位。即（SP）←（SP）-2，((SP)+1,(SP))←(PSW)

④ 标志寄存器从堆栈弹出指令 POPF。

格式：POPF

功能：把当前堆栈顶部的一个字，传送到标志寄存器，同时修改堆栈指针，影响标志位。即（PSW）←((SP)+1,(SP))，(SP)←(SP)+2。

注意：

a. LAHF、PUSHF 不影响标志位，SAHF、POPF 由装入的值确定标志位的值，即影响标志位。

b. PUSHF 和 POPF 一般分别用于子程序或中断服务程序的首尾，起保护主程序标志和恢复主程序标志的作用。

3.3.2　算术运算指令

算术运算类指令涉及无符号数和有符号数两种类型数据。该类指令分为加、减、乘、除 4 种类别的指令。

（1）加法指令。

① 不带进位加法指令 ADD。

格式：ADD 目的操作数，源操作数

功能：完成两个操作数求和运算，并把结果送到目的操作数中。

注意：

a. ADD 指令影响 CF、OF、AF、SF、ZF 和 PF 标志位。

b. 源操作数和目的操作数不能同时为存储器操作数。

例如：MOV　AL，46H　；AL = 46H

ADD　AL，0C5H　；(AL)+0C5H→AL

c. 对于有符号数和无符号数，虽然减法、加法采用同一套指令，但运算结果是否溢出的判别方法不一样：对有符号数，采用双高位判别法；对无符号数，则看运算结果是否超过了最大表示范围，即有进位就是有溢出。

② 带进位加法指令 ADC。

格式：ADC 目的操作数，源操作数

功能：两个操作数相加时，还要加上进位标志 CF，结果送到目的操作数中。

例：

MOV　AX，[0100H]

ADD　AX，[0200H]

MOV　[0300H]，AX　　　；低字之和存入 C 单元。

MOV　AX，[0100H] + 2　；装入高字。

ADC　AX，[0200H] + 2　；高字求和，考虑低字的进位。

MOV　[0300H] + 2，AX　；存入高字之和。

注意：

a. ADC 主要用来实现多字节、多精度加法，因为它能加上低位来的进位。

b. ADC 对标志位的影响与 ADD 相同。

③ 自增指令 INC。

格式：INC 目的操作数

功能：将目的操作数加 1，结果再送回目的操作数。

注意：

a. 该指令影响 SF、ZF、AF、PF、OF，不影响 CF；

b. 主要用于在循环程序中修改地址指针和循环次数；

c. 目的操作数可以是寄存器操作数、存储器操作数。

例如：INC　SI　；将 SI 内容加 1，结果送回 SI。

（2）减法指令。

① 不带借位的减法指令操作数。

格式：SUB 目的操作数，源操作数

功能：（目的操作数）←（目的操作数）-（源操作数）

例如：MOV　DL，41H

　　　SUB　DL，5AH

注意：

a. 可以进行 8 位、16 位的无符号数和带符号数的减法运算；

b. 源操作数和目的操作数不能同时为存储器操作数，且目的操作数不能是立即数、CS、IP。

c. 该指令影响标志位 SF、ZF、AF、PF、OF、CF。

② 带借位的减法指令 SBB。

格式：SBB　目的操作数，源操作数

功能：在两个操作数相减时，还要再减去借位标志 CF，结果送到目的操作数中。

注意：

a. SBB 指令对状态标志位的影响与 SUB 指令相同。

b. 它的用法与 ADC 指令相似，主要用来做多字节、多精度减法，因为它能够减去低位产生的借位。

③ 自减指令 DEC。

格式：　DEC　目的操作数

功能：将目的操作数减 1，并将结果再送回目的操作数。

例如：DEC　　[BX+SI]　　；DS 段有效地址为 BX+SI 的存储单元内容减 1。

注意：

a. 在相减时，把操作数作为一个无符号二进制数来对待。

b. DEC 指令执行结果影响 OF、AF、SF、ZF 和 PF 标志位，但不影响进位标志 CF。

④ 取负指令 NEG（即求补指令）。

格式：　NEG　目的操作数

功能：用 0 减去目的操作数，再将结果送回目的操作数。

例如：NEG AL

若(AL) = 03H，则 CPU 执行完该指令后，(AL) = 0FDH。

注意：

a. 无论目的操作数是正数还是负数，执行完该指令后，都相当于对目的操作数按位取反，末位加 1。

b. 该指令影响 CF、OF、AF、SF、ZF 和 PF 标志位。只有当目的操作数为 0 时，CF 才为 0，否则 CF 为 1。

⑤ 比较指令 CMP（Compare）。

格式：CMP　目的操作数，源操作数

功能：将目的操作数减去源操作数，结果不回送目的操作数，按照定义设置相应的状态标志。

(3) 乘法指令。

① 无符号数乘法指令 MUL。

格式：MUL 源操作数

功能：AL 乘以源操作数，16 位乘积存放在 AX 中；或 AX 乘以源操作数，32 位乘积存放在 DX、AX 中。

② 符号数乘法 IMUL。

格式：IMUL　源操作数

功能：AL 乘以源操作数，16 位乘积存放在 AX 中；或 AX 乘以源操作数，32 位乘积存放在 DX、AX 中。

例如：MUL　DL　；DL 中的内容与 AL 中的内容相乘，结果放在 AX 中。
　　　IMUL BX　；AX 和 BX 中的两个 16 位有符号数相乘，结果放在 DX 和 AX 中。

注意：

a. 乘法指令中只给出一个源操作数，它作为乘数，另一个乘数隐含给出。当源操作数是 8 位时，另一个乘数放在 AL 中；当源操作数是 16 位时，则另一个乘数放在 AX 中。

b. 存放乘法指令积的寄存器也是隐含给出，当源操作数是 8 位时，则存放乘积的寄存器是 AX；当源操作数是 16 位时，则存放乘积的低 16 位寄存器是 AX，高 16 位寄存器是 DX。

c. 乘法指令会影响标志位 CF、OF，对 MUL 指令来说，若乘积的高一半（AH 或 DX）为 0，则 OF = CF = 0；否则 OF = CF = 1。对 IMUL 指令来说，若乘积的高一半是低一半的符号扩展，则 OF = CF = 0；否则均为 1。

（4）除法指令。

① 无符号数除法指令 DIV。

格式：DIV　源操作数

功能：

a. 无符号字除法：DX 和 AX 表示的 32 位数除以源操作数，得到 16 位的商放在 AX 中，16 位的余数放在 DX 中。

b. 无符号字节除法：AX 表示的 16 位数除以 8 位的源操作数，得到 8 位的商放在 AL 中，8 位的余数放在 AH 中。

② 整数除法指令 IDIV 即有符号数的除法。

格式：IDIV　源操作数

功能：

a. 有符号字除法：DX 和 AX 表示的 32 位数除以源操作数，得到 16 位的商放在 AX 中，16 位的余数放在 DX 中。

b. 有符号字节除法：AX 表示的 16 位数除以 8 位的源操作数，得到 8 位的商放在 AL 中，8 位的余数放在 AH 中。

③ 扩展指令。

格式：CBW
　　　CWD

功能：CBW 将字节扩展成字，即将 AL 寄存器中的符号位扩展到 AH 中；CWD 将 AX 中的被除数扩展成双字，即把 AX 中的符号位扩展到 DX 中。

注意：

a. 除法指令中的源操作数作除数，被除数隐含给出，当源操作数是 8 位时，被除数一定是 16 位数且被放在 AX 中；当源操作数是 16 位时，则被除数一定是 32 位数且低 16 位放在 AX 中，高 16 位放在 DX 中。

b. 除法指令对标志位没有定义。

c. 除法指令会产生结果溢出。

当被除数远大于除数时，所得的商就有可能超出它所能表达的范围。如果存放商的寄存器 AL/AX 不能表达，便产生溢出，8086CPU 中就产生编号为 0 的内部中断——除法错中断：

对 DIV 指令，除数为 0，或者在字节除时商不在 0～255 范围内，或者在字除时商不在 0～65535 范围内，则发生除法溢出。

对 IDIV 指令，除数为 0，或者在字节除时商不在 –128～127 范围内，或者在字除时商不在 –32768～32767 范围内，则发生除法溢出。

d. 由于除法指令中的字节运算要求被除数为 16 位数，而字运算要求被除数是 32 位数，因此在 8086 系统中常常需要用符号扩展的方法取得被除数所要的格式。例如，当被除数与除数位数相同时，必须进行扩展处理，即用 CBW 进行字扩展，用 CWD 进行双字扩展。

3.3.3 逻辑运算指令和移位指令

为了处理字节或字中各位的信息，8086CPU 指令系统提供了两组处理指令，即逻辑运算指令和移位指令。

（1）逻辑运算指令。

① 逻辑"与"运算。

格式：AND 目的操作数，源操作数

功能：将目的操作数与源操作数按位进行"与"运算，结果送回目的操作数。

注意：

a. AND 指令中操作数不能同时为存储器，目的操作数不能为立即数；

b. AND 指令执行后 CF = OF = 0，AF 未定义，SF、ZF、PF 根据运算结果设置；

c. AND 指令一般用来对一个数据的指定位清 0，而其余位保持不变。

② 逻辑"或"运算。

格式：OR 目的操作数，源操作数

功能：将目的操作数与源操作数按位进行"或"运算，结果送回目的操作数。

注意：

a. OR 指令中操作数不能同时为存储器，且目的操作数不能为立即数；

b. OR 指令执行后 CF = OF = 0，AF 未定义，SF、ZF、PF 根据运算结果设置；

c. OR 指令一般用来对一个数据的指定位置 1，而其余位保持不变。

③ 逻辑"异或"运算。

格式：XOR 目的操作数，源操作数

功能：将目的操作数与源操作数按位进行"异或"运算，结果送回目的操作数。

注意：

a. XOR 指令是使操作数初值清 0 的有效方法；

b. XOR 指令执行后 CF = OF = 0，AF 未定义，SF、ZF、PF 根据运算结果设置；

c. XOR 指令一般用来对一个数据的指定位变反，而其余位保持不变。

④ 逻辑"非"运算。

格式：NOT 目的操作数

功能：将目的操作数按位进行"非"运算，结果送回目的操作数。

注意：

a. NOT 指令属于单操作数指令。

b. NOT 指令不影响标志位。

c. NOT 易与 NEG 指令混淆。

⑤ 测试指令。

格式：TEST 目的操作数，源操作数

功能：将目的操作数与源操作数按位进行"与"运算，结果不送回目的操作数，仅改变标志位。

注意：

a. TEST 指令完成 AND 指令同样的操作，但不送回"与"操作结果，只是使结果反映在标志位上。

b. TEST 指令常常用来检测指定位是 1 还是 0。

⑥ 逻辑运算举例。

a. AND 指令可用于复位某些位（同 0 相与），不影响其他位。

例如：AND BL,11110110B ;将 BL 中 D3 和 D0 位清 0，其他位不变。

b. OR 指令可用于置位某些位（同 1 相或），不影响其他位。

例如：OR BL,00001001B ;将 BL 中 D3 和 D0 位置 1，其他位不变。

c. XOR 指令可用于求反某些位（与 1 相"异或"的结果取反），不影响其他位。

例如：XOR BL,00001001B ;将 BL 中 D3 和 D0 位求反，其他位不变。

（2）移位指令。

8086CPU 有两大类移位指令，即非循环移位指令和循环移位指令。通过移位指令可以对寄存器或内存单元中的 8 位或 16 位操作数进行移位。

① 非循环移位指令。

格式：SHL 目的操作数，计数值
　　　SHR 目的操作数，计数值
　　　SAL 目的操作数，计数值
　　　SAR 目的操作数，计数值

功能：逻辑左移指令 SHL 和算术左移指令 SAL 的操作功能完全相同，即依次左移，最低位补 0，最高位移入 CF；

逻辑右移指令 SHR：依次右移，最低位移入 CF，最高位补 0；

算术右移指令 SAR：依次右移，最低位移入 CF，最高位不变。

非循环移位指令所执行的操作如图 3.8 所示。

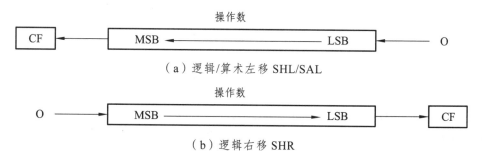

（a）逻辑/算术左移 SHL/SAL

（b）逻辑右移 SHR

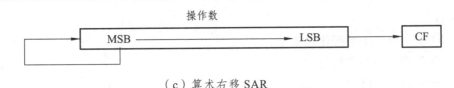

(c) 算术右移 SAR

图 3.8 非循环移位指令操作示意图

例如：

SAL BX, 1 ; 将 BX 中的值算术左移 1 位，最低位补 0，相当于 BX 内容乘以 2。

SHL BX, CL ; 将 BX 中的值逻辑左移 n 次，CL 给出 n 的值，每移一次，最低位补 0 一次。

注意：

a. 算术左移 SAL 与逻辑左移 SHL 实为同一条指令，它们是一条机器指令的两种汇编指令表示。

b. 目标操作数可以是通用寄存器或存储器操作数，计数值为移位次数，如果移位次数是 1 次，则可以直接出现在指令中；如果移位次数大于 1 次，则由 CL 寄存器间接给出。最多可移位 255 位。

c. 算术右移保持目的操作数的符号位(即最高位)不变。算术左移或右移 n 位，相当于把二进制数乘以或除以 2^n。

d. 移位指令影响标志位 CF、PF、SF、ZF、OF：

＊CF 总是等于目的操作数最后移出的那一位的值。

＊OF 的设置方法：若只左移一位，若最高位和 CF 不同，则 OF = 1，否则 OF = 0。

e. 对 SAL 或 SHL 指令，若目标操作数为无符号数，且移位后值小于 255（字节移位）或小于 65535（字移位），则左移一位相当于数值乘以 2；若目标操作数是带符号数，移位后不溢出，则执行一次 SAL 指令相当于带符号数乘以 2。

f. SAR 指令可用于用补码表示的带符号数的除 2 运算。

g. SHR 指令可用于无符号数的除 2 运算。

② 循环移位指令。

格式： ROL 目的操作数，计数值
　　　 ROR 目的操作数，计数值
　　　 RCL 目的操作数，计数值
　　　 RCR 目的操作数，计数值

功能：

a. 不带进位位的循环左移指令 ROL：每移一次，最高位进入 CF 和最低位，其余依次向左移；

b. 不带进位位的循环右移指令 ROR：每移一次，最低位进入 CF 和最高位，其余依次向右移；

c. 带进位位的循环左移指令 RCL：每移一次，最高位进入 CF，原来的 CF 进入最低位，其余依次向左移；

d. 带进位位的循环右移指令 RCR：每移一次，最低位进入 CF，原来的 CF 进入最高位，其余依次向右移。

循环移位指令所执行的操作如图 3.9 所示。

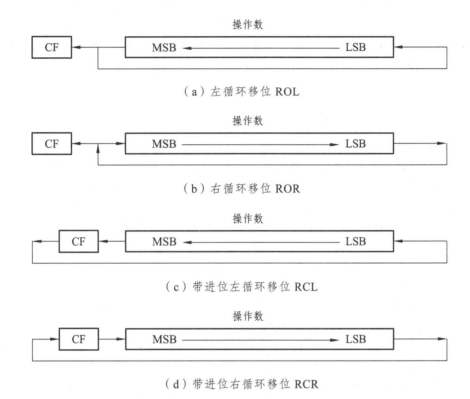

(a) 左循环移位 ROL

(b) 右循环移位 ROR

(c) 带进位左循环移位 RCL

(d) 带进位右循环移位 RCR

图 3.9 循环移位指令操作示意图

例如，计算 a×3+b×7 的指令如下：

MOV　　SI,a
SHL　　SI,1
ADD　　SI,a
MOV　　DX,b
MOV　　CL,03h
SHL　　DX,CL
SUB　　DX,b
ADD　　DX,SI

注意：

a. 指令中的目的操作数可以是字节或字，且只能是寄存器或存储器操作数，计数值可以是 1 或 CL，最多可移位 255 位。

b. 循环移位指令只影响标志位 CF 和 OF，不影响其他标志位：CF 中总是保存着从一端移出的那一位信息。当移位后操作数的最高位和次高位不等时，OF = 1；否则 OF = 0。

c. 循环移位指令与移位指令的最大区别是：循环移位指令移位后，操作数中原来各数位的信息不会丢失，只是移动了位置。

3.3.4 串操作指令

8086CPU 提供了串操作指令,使长字符串的处理更快速、方便。共有 5 条串操作指令和 3 条重复前缀指令。

(1)串操作指令。

① 串传送指令。

格式:MOVSB

　　　MOVSW

功能:MOVSB 是将 DS:SI 逻辑地址所指存储单元的字节传送到 ES:DI 逻辑地址所指的存储单元中,当 DF = 0 时,SI 和 DI 均增 1;当 DF = 1 时,SI 和 DI 均减 1。

MOVSW 是将 DS:SI 逻辑地址所指存储单元的字传送到 ES:DI 逻辑地址所指的存储单元中,当 DF = 0 时,SI 和 DI 均增 2;当 DF = 1 时,SI 和 DI 均减 2。

例如:

```
         MOV SI, 2000H
         MOV DI, 3000H
         MOV CX, 100        ;CX←传送次数
         CLD                ;设置 DF=0,实现地址增加
again:   MOVSB              ;传送一个字节
         DEC CX             ;传送次数减 1
         JNZ  again         ;判断传送次数 CX 是否为 0,若不为 0,则转移 again 处执行;
         …                  否则,继续。
```

② 串比较指令。

格式:CMPSB

　　　CMPSW

功能:CMPSB 是将 DS:SI 逻辑地址所指存储单元的字节与 ES:DI 逻辑地址所指的存储单元中的字节相比较,当 DF = 0,SI 和 DI 均增 1;当 DF = 1,SI 和 DI 均减 1。CMPSW 是将 DS:SI 逻辑地址所指存储单元的字与 ES:DI 逻辑地址所指的存储单元中的字相比较,当 DF = 0,SI 和 DI 均增 2;当 DF = 1,SI 和 DI 均减 2。

例如:比较从逻辑地址 2000H:100H 开始的 10 个字节与逻辑地址 4000H:200H 开始的 10 个字节是否对应相等,相等则设置 00h 标记,否则设置 FFH 标记。

```
         MOV AX, 2000H
         MOV DS, AX
         MOV AX, 4000H
         MOV ES, AX
         MOV SI, 100H
         MOV DI, 200H
         MOV CX, 10
         CLD
again:   CMPSB              ;比较两个字符
         JNZ unmat          ;有不同字符,转移到 unmat
```

```
        DEC CX
        JNZ    again           ;进行下一个字符的比较
        MOV AL,0                ;字符串相等,设置 00h 标记
        JMP output              ;转向 output
unmat:  MOV AL,0FFH             ;设置 FFH 标记
output: MOV result,AL           ;输出结果标记
```

③ 串检索指令。

格式：SCASW

　　　SCASB

功能：SCASB /SCASW 在字符串中查找一个与已知数值相同或不同的元素。SCASB 将 AL 中的字节与逻辑地址 ES：DI 所指单元中的字节相比较。当 DF = 0 时，DI 增 1；当 DF = 1 时，DI 减 1。SCASW 将 AX 中的字与逻辑地址 ES：DI 所指单元中的字相比较，当 DF = 0 时，DI 增 2；当 DF = 1 时，DI 减 2。该两条指令都是通过影响标志位 AF、CF、OF、PF、SF 和 ZF 来反映比较结果，不改变被比较的两个操作数。

例如，从逻辑地址 9000H：100H 开始的 10 个单元中寻找空格，遇到第一个空格即跳转到 found。程序如下：

```
        MOV AX，9000H
        MOV ES，AX
        MOV DI，100H
        MOV AL，20H             ;空格的 ASCII 码 0x20H
        MOV CX，10
        CLD                     ; DF = 0,增址
again:  SCASB                   ;搜索,即 AL – ES:[DI]
        JZ   found              ;为 0（ZF = 1）,发现空格
        DEC CX                  ;不是空格
        JNZ again               ;搜索下一个字符
        ...                     ;若不含空格，则继续执行。
found: ...
```

④ 取字符串指令。

格式：LODSB

　　　LODSW

功能：LODSB 将逻辑地址 DS：SI 所指单元中的字节取到 AL 中，当 DF = 0 时，SI 增 1；当 DF = 1 时，SI 减 1。LODSW 将逻辑地址 DS：SI 所指单元中的字取到 AX 中，当 DF = 0 时，SI 增 2；当 DF = 1 时，SI 减 2。

例如，将 100H：20H 单元开始 10 个字节的内容均加 6。程序如下：

```
        CLD                     ;方向标志清 0, SI 递增
        MOV   CX，10            ;置计数初值 10
        MOV   AX，100H          ;置 DS 为 100H
        MOV   DS，AX
        MOV   SI，20H           ;置 SI 为 20,作为初始地址指针
again:  LODSB                   ;取 1 个字节到 AL 中,并使 SI 增 1
```

```
        ADD    AL, 6            ;加 6
        DEC    SI
        MOV    [SI], AL         ;处理结果送回
        INC    SI
        DEC    CX               ;计数值减 1
        JNZ    again            ;如未处理完, 转 again
        ...
```

⑤ 串存储指令。

格式：STOSB

　　　　STOSW

功能：STOSB 把 AL 中的值存到逻辑地址 ES：DI 所指单元中，当 DF = 0 时，DI 增 1；当 DF = 1 时，DI 减 1。STOSW 把 AX 中的值存到逻辑地址 ES：DI 所指单元中，当 DF = 0 时，DI 增 2；当 DF = 1 时，DI 减 2。

例如，将 100H：20H 开始的 128 个单元清 0。程序如下：

```
        CLD                     ;清除方向标志, DI 递增
        MOV    CX, 0080H        ;置计数初值 128
        MOV    ES, 100H         ;置 ES 为 100H
        MOV    DI, 20H          ;置 DI 为 20H, 作为初始地址指针
        XOR    AL, AL           ;AL 清 0
again:  STOSB                   ;将 128 个字节清 0
        DEC    CX
        JNZ again
        ...
```

（2）重复前缀。

串操作指令每执行一次，仅对数据串中的一个字节或字进行操作。如果在串操作指令前加一个重复前缀，则可实现串操作的重复执行。重复次数隐含在 CX 寄存器中。

配合影响标志的 CMPS 和 SCAS 指令有 REPZ 和 REPNZ 前缀。

① REP 前缀。

REP 前缀配合不影响标志位的 MOVS、STOS 和 LODS 指令使用。

格式：REP　　串操作指令

功能：在串未结束（CX≠0）的情况下操作重复，即 CX 减 1，并判断 CX，若 CX≠0，则操作重复。当 CX = 0 退出。

例如，下列程序可改用重复前缀：

```
        MOV SI, 2000H
        MOV DI, 3000H
        MOV CX, 100             ;CX←传送次数
        CLD                     ;设置 DF = 0, 实现地址增加
again:  MOVSB                   ;传送一个字节
        DEC CX                  ;传送次数减 1
        JNZ   again             ;判断传送次数 CX 是否为 0, 若不为 0, 则转移 again 处执行;
        ...                     否则, 继续。
```

使用重复前缀后，程序如下：
MOV SI，2000H
MOV DI，3000H
MOV CX，100   ;CX←传送次数
CLD   ;设置 DF = 0，实现地址增加
REP MOVSB   ;传送一个字节

② REPZ 和 REPNZ 前缀。
REPZ/REPE 前缀和 REPNZ/REPNE 前缀配合影响标志位的 CMPS 和 SCAS 指令使用。
格式：REPE   串操作指令   或 REPZ   串操作指令
      REPNE   串操作指令   或 REPNZ   串操作指令
功能：REPE/REPZ 在串未结束且串相等的情况下操作重复，即 CX 减 1，并判断 CX 和 ZF，若 CX≠0，且 ZF = 1（比较相等），则操作重复。REPNE/REPNZ 在串未结束且串不等的情况下操作重复，即 CX 减 1，并判断 CX 和 ZF，若 CX≠0，且 ZF = 0（比较不等），则操作重复。

注意：
REPZ/REPNZ 的退出有两种情况：a. 因 CX = 0 退出；b. 因当 ZF 标志位条件不满足而退出。

因此，在实际使用中必须安排 ZF 标志位检测指令 JZ 判断究竟是哪一种退出。

例如，从逻辑地址 9000H：100H 开始的 10 个单元中寻找空格，遇到第一个空格即跳转到 found。程序如下：

```
        MOV ES，9000H
        MOV DI，100H
        MOV AL，20H    ;空格的 ASCII 码 0x20H
        MOV CX，10
        CLD           ; DF = 0,增址
        REPNE SCASB   ;搜索，即 AL – ES:[DI]
        JZ   found    ;为 0（ZF = 1），发现空格
        ...           ;不含空格，则继续执行
found: ...
```

3.3.5 控制转移指令

从 CPU 的基本工作原理可以知道，指令的执行分为两种情况：一是按顺序逐条执行指令，二是按需要改变程序执行的正常顺序并转移到所要求的程序地址执行。后者由控制转移类指令来实现。

8086CPU 有 5 种转移指令：无条件跳转指令、条件跳转指令、循环控制指令、子程序调用和返回指令及中断指令。

（1）无条件跳转指令。

格式: JMP　目标地址

功能: 使程序无条件地转移到指定的目标地址处。

目标地址的寻址方式分为直接寻址和间接寻址两种方式, 而目标地址的分布范围则分为段内转移和段间转移, 因此, JMP 指令可分 4 种类型: ① 段内转移、直接寻址; ② 段内转移、间接寻址; ③ 段间转移、直接寻址; ④ 段间转移、间接寻址。

转移地址直接在指令的机器代码中, 就是直接寻址。转移地址在寄存器或主存单元中, 并通过它们来间接寻址, 就是间接寻址方式。

段内转移或近转移 (near jump) 是指在当前代码段 64 KB 范围内转移, 不需要更改 CS 段地址, 只要改变 IP 偏移地址。如果转移距离可用一个字节 (-128 ~ +127) 来表示, 就形成了所谓的 "短转移 (short jump)"。段间转移或远转移 (far jump) 就是指从当前代码段跳转到另一个代码段, 需要更改 CS 段地址和 IP 偏移地址。

实际编程时, 汇编程序会根据目标地址的距离, 自动处理成短转移、近转移或远转移。程序员也可以用操作符 short、near ptr 或 far ptr 进行强制约定。

① 段内转移、直接寻址。

格式: JMP　label

功能: IP←IP+位移量, 而位移量是紧接着 JMP 指令后的那条指令的偏移地址到目标指令的偏移地址的地址位移。当向地址增大方向转移时, 位移量为正; 当向地址减小方向转移时, 位移量为负。该指令不修改 CS 寄存器的内容。

例如: 　JMP　again　　　　　　　　;转移到 again 处继续执行
　　　　…
　again: DEC CX　　　　　　　　　　;标号 again 的指令
　　　　…
　　　　JMP　output　　　　　　　　;转向 output
　　　　…
　output: MOV　result,AL　　　　　　;标号 output 的指令

② 段内转移、间接寻址。

格式: JMP　寄存器/mem

功能: 将一个 16 位寄存器或主存字单元内容送入 IP 寄存器, 作为新的指令指针, 但不修改 CS 寄存器的内容。

例如: 　JMP　AX　　　　　　　　　;IP←AX
　　　　JMP　word ptr [2000h]　　　　;IP←[2000h]

③ 段间转移、直接寻址。

格式: JMP　far ptr label

功能: 将标号所在段的段地址作为新的 CS 值, 标号在该段内的偏移地址作为新的 IP 值。

④ 段间转移、间接寻址。

格式: JMP　far ptr mem

功能: 用一个双字存储单元表示要跳转的目标地址。这个目标地址存放在主存中连续的两个字单元中, 低位字送 IP 寄存器, 高位字送 CS 寄存器。

例 3.1: MOV　word ptr [BX],0

```
MOV    word ptr [BX+2],1000h
JMP    far [BX]            ;转移到 1000h:0h
```

例 3.2：

a. JMP   SHORT   M1   ；SHORT 为短程属性算符，属于段内直接转移
b. JMP   NEAR   PRT   M2   ；NEAR 为近程属性算符，属于段内直接转移
c. JMP   CX   ；转移地址的偏移量由 CX 指出，属于段内间接转移
d. JMP   FAR   PTR   M3   ；FAR 为远程属性算符，属于段间直接转移
e. JMP   DWORD PTR [SI]   ；DWORD 为双字属性算符，段地址和偏移量放在 SI、SI+1、SI+2、SI+3 这 4 个单元中，前两个单元的内容作为偏移量，后两个单元的内容作为段地址；属于段间间接转移。

注意：

a. 如果目标地址在 JMP 指令所在的代码段内，属段内跳转，指令只需修改 IP 内容，如例 3.2 中的 a、b、c。如果目标地址在 JMP 指令所在的代码段外，属段间跳转，需要修改 CS、IP，如例 3.2 中的 d、e。

b. 无条件跳转指令不影响标志位。

（2）条件跳转指令。

格式：Jcc   label

功能：指令中指定的条件 cc 如果成立，则程序转移到由标号 label 指定的目标地址去执行指令；如果条件不成立，则程序将顺序执行下一条指令。

注意：

① 操作数 label 是一个 8 位的偏移量，表示 Jcc 指令后那条指令的地址到目标指令地址的偏移量。8 位偏移量是相对于当前 IP 的，即距当前 IP 为 -128～+127 个单元的范围内，属于段内短距离转移。因而，Jcc 目标地址采用的寻址方式为相对寻址方式。

② Jcc 指令本身为 2 个字节，条件不满足时将顺序执行，即当前指令偏移指针 IP 加 2。

③ 条件转移指令中的条件 cc 见表 3.2。

表 3.2 条件转移指令中的条件 cc

助记符	标志位	说明	助记符	标志位	说明
JZ/JE	ZF=1	等于零/相等	JC/JB/JNAE	CF=1	进位/低于/不高于等于
JNZ/JNE	ZF=0	不等于零/不相等	JNC/JNB/JAE	CF=0	无进位/不低于/高于等于
JS	SF=1	符号为负	JBE/JNA	CF=1 或 ZF=1	低于等于/不高于
JNS	SF=0	符号为正	JNBE/JA	CF=0 且 ZF=0	不低于等于/高于
JP/JPE	PF=1	"1"的个数为偶	JL/JNGE	SF≠OF	小于/不大于等于
JNP/JPO	PF=0	"1"的个数为奇	JNL/JGE	SF=OF	不小于/不大于等于
JO	OF=1	溢出	JLE/JNG	ZF≠OF 且 ZF=1	小于等于/不大于
JNO	OF=0	无溢出	JNLE/JG	SF=OF 且 ZF=0	不小于等于/大于

④ Jcc 指令不影响标志，但要利用标志位。据此将 JCC 指令分成以下 3 种情况：

a. 判断单个标志位状态的 Jcc 指令。

这组指令单独判断 5 个状态标志之一：

JZ/JE 和 JNZ/JNE：利用零标志 ZF，判断结果是否为零（或相等）。

JS 和 JNS：利用符号标志 SF，判断结果是正还是负。

JO 和 JNO：利用溢出标志 OF，判断结果是否产生溢出。

JP/JPE 和 JNP/JPO：利用奇偶标志 PF，判断结果中"1"的个数是偶还是奇。

JC/JB/JNAE 和 JNC/JNB/JAE：利用进位标志 CF，判断结果是否进位或借位。

例如，用条件跳转指令实现程序的循环：

```
        MOV   SI, 2000H
        MOV   DI, 3000H
        MOV   CX, 50
again:  MOVSB
        DEC   CX
        JNZ   again
        …
```

b. 比较无符号数高低。

无符号数的大小用高（Above）、低（Below）表示，利用 CF 确定高低，利用 ZF 标志确定是否相等（Equal）。

两数的高、低可分为 4 种关系：

低于（不高于或等于）：JB（JNAE）

不低于（高于或等于）：JNB（JAE）

低于等于（不高于）：JBE（JNA）

不低于等于（高于）：JNBE（JA）

例如，设有 2 个无符号字节数存放在以 010H 单元为首地址的数据缓冲区中，试编程把较高的数送至 060H 单元中。程序如下：

```
        MOV   SI, 010H      ;首址 010H 送 SI
        MOV   AL, [SI]      ;取第一个数据
        CMP   AL, [SI+1]    ;与第二个数相比较
        JA resu             ;如果高于第二个数，转 resu
        MOV   AL, [SI+1]    ;取第二个数
resu:   MOV   SI, 060H      ;将较高的数送至 060H
        MOV   [SI], AL
```

c. 比较有符号数大小。

比较有符号数的大（Greater）、小（Less），需组合 OF、SF 标志，并利用 ZF 标志确定是否相等（Equal）。

两数的大、小分成 4 种关系：

小于（不大于或等于）：JL（JNGE）

不小于（大于或等于）：JNL（JGE）

小于等于（不大于）：JLE（JNG）

不小于等于（大于）：JNLE（JG ）

例如，设有 2 个有符号字节数存放在以 010H 单元为首地址的数据缓冲区中，试编程把较高的数送至 060H 单元中。程序如下：

```
        MOV   SI, 010H      ;首址 010H 送 SI
        MOV   AL, [SI]      ;取第一个数据
        CMP   AL, [SI+1]    ;与第二个数相比较
        JG    resu          ;如果高于第二个数，转 resu
        MOV   AL, [SI+1]    ;取第二个数
resu:   MOV   SI, 060H      ;将较高的数送至 060H
        MOV   [SI], AL
```

（3）循环控制指令。

格式： LOOP 目标地址

LOOPZ/LOOPE 目标地址

LOOPNZ/LOOPNE 目标地址

功能：对 LOOP 来说，先将 CX 减 1，如果 CX≠0，则转目标地址继续，否则跳出循环；对 LOOPZ/LOOPE 来说，先将 CX 减 1，若 CX≠0，且 ZF = 1，则转目标地址继续，否则跳出循环；对 LOOPNZ/LOOPNE 来说，先将 CX 减 1，若 CX≠0，且 ZF = 0，则转目标地址继续，否则跳出循环。

例 3.3：编程求 $1 + 2 + 3 + 4 + \cdots + 50$。程序如下：

```
        MOV   CX, 50        ;置循环计数初值 50
        MOV   AX, 0         ;求和寄存器 AX 清 0,
SUM:    ADD   AX, CX        ;把 CX 计数值累加入 AX
        LOOP  SUM           ;CX = CX - 1, 当 CX≠0 时再循环
        RET                 ;返回, 结果在 AX 中
```

注意：

① 循环控制指令是一种相对转移，所控制的目标地址范围与条件转移指令一样。

② 使用循环控制指令前，必须对 CX 寄存器设置初值。

③ LOOP 退出循环的条件是（CX）= 0。

④ LOOPZ 和 LOOPNZ 提供了提前结束循环的可能，不一定要等到（CX）= 0 才退出循环。

⑤ 循环指令不影响状态标志。执行 LOOPZ 和 LOOPNZ 指令时，标志位 OF 不受 CX 值是否为 0 的影响，而是受前面其他指令影响。

（4）子程序调用和返回指令。

子程序是完成特定功能的一段程序。当主程序（调用程序）需要执行这个功能时，采用 CALL 调用指令转移到该子程序的起始处执行；当运行完子程序功能后，采用 RET 返回指令回到主程序继续执行。

① CALL 指令。

与 JMP 指令类似，CALL 指令可分为 4 种类型：

a. 段内调用、直接寻址：CALL label。
b. 段内调用、间接寻址：CALL r16/m16。
c. 段间调用、直接寻址：CALL far ptr label。
d. 段间调用、间接寻址：CALL far ptr mem。

但与 JMP 指令不同的是，CALL 指令需要保存返回地址（即 CALL 指令后的第一条指令地址），具体过程如下：

若属于段内调用，则入栈偏移地址 IP，即 SP←SP−2，SS：[SP]←IP；若属于段间调用，则入栈偏移地址 IP 和段地址 CS，即 SP←SP−2，SS：[SP]←IP；SP←SP−2，SS：[SP]←CS。

② RET 指令。

根据段内和段间、有无参数，RET 指令分为 4 种类型：
a. 无参数段内返回：RET。
b. 有参数段内返回：RET i16。
c. 无参数段间返回：RET
d. 有参数段间返回：RET i16

对于不同的类型，RET 指令弹出的 CALL 指令压入堆栈的返回地址也不同。若是段内返回，则出栈偏移地址 IP，即 IP←SSL：[SP]，SP←SP+2；若是段间返回，则出栈偏移地址 IP 和段地址 CS，即 IP←SS：[SP]，SP←SP+2；CS←SS：[SP]，SP←SP+2。

RET 指令可以带有一个立即数 i16，即 RET i16，i16 为 0~FFFFH 范围中的任何一个 16 位偶数。返回时堆栈指针 SP 将增加，即 SP←SP+i16，作用相当于一批参数出栈。该特点使得程序可以方便地废除若干执行 CALL 指令以前入栈的参数。

（5）中断指令。

8086CPU 的中断指令包括软中断指令 INT n、溢出中断指令 INTO 和中断返回指令 IRET 等。这些中断指令涉及中断概念，因此将在第 7 章中详细说明。

3.3.6 处理器控制指令

处理器控制类指令包括三类：标志操作指令、8086CPU 与外部事件同步指令和空操作指令。
（1）标志操作指令。
① 进位标志操作指令。
CLC   ;复位进位标志：CF←0。
STC   ;置位进位标志：CF←1。
CMC   ;求反进位标志：CF← ~CF。
② 方向标志操作指令。
CLD   ;复位方向标志：DF←0。
STD   ;置位方向标志：DF←1。
方向标志操作指令在串操作指令中使用。
③ 中断标志操作指令。
CLI   ;复位中断标志：IF←0。

STI　　　　　　;置位中断标志：IF←1。

（2）8086CPU 与外部事件同步指令。

① 封锁前缀指令 LOCK。

格式：LOCK　指令。

功能：总线封锁。

注意：

a. 这是一个指令前缀，可放在任何指令前。

b. 这个前缀使得在这个指令执行时间内，8086 CPU 的封锁输出引脚有效，即把总线封锁，使别的控制器不能控制总线；直到该指令执行完后，总线封锁解除。

② 暂停指令 HLT。

格式：HLT

功能：暂停指令使 CPU 进入暂停状态，这时 CPU 不进行任何操作。当 CPU 发生复位或来自外部的中断时，CPU 脱离暂停状态。

HLT 指令可用于程序中等待中断。当程序中必须等待中断时，可用 HLT，而不必用软件死循环。中断使 CPU 脱离暂停状态，返回执行 HLT 的下一条指令。

③ 交权指令 ESC。

格式：ESC　外部操作码，源操作数

功能：这条指令主要用在 8086CPU 的最大模式下，CPU 与外部处理器（如协处理器 8087）配合工作，指示协处理器完成外部操作码指定的功能。

④ 等待指令 WAIT。

格式：WAIT

功能：进入等待状态，直到 CPU 的 TEST 引脚上的信号变低为止。

WAIT 指令一般是和 ESC 指令配合使用。

（3）空操作指令。

格式：NOP

功能：该指令不执行任何操作，但占用一个字节存储单元，占有 3 个时钟周期。

该指令常用于程序调试。例如，在需要预留指令空间时用 NOP 填充，代码空间多余时也可以用 NOP 填充，还可以用 NOP 实现软件延时。

习　题

1. 什么叫零地址指令？一地址指令呢？二地址指令呢？
2. 举例说明与数据有关的 7 种寻址方式。
3. 寄存器间接寻址方式中可以使用哪些寄存器作为间址寄存器？
4. 立即寻址方式和寄存器寻址方式的操作数有物理地址吗？
5. 已知(BX)＝1290H，(SI)＝348AH，(DI)＝2976H，(BP)＝6756H，(DS)＝2E92H，(ES)＝4D82H，(SS)＝2030H，请指出下列指令的寻址方式，并求出有效地址 EA 和物理地址。

MOV AX,BX

MOV AX,1290H

MOV AX,[BX]

MOV AX,DS:[1290H]

MOV AX,[BP]

MOV [DI][BX],AX

MOV ES:[SI],AX

6. 请指出下列指令的错误。

MOV AX,[CX]

MOV AL,1200H

MOV AL,BX

MOV [SI][DI],AX

MOV ES:[DX],CX

MOV [AX],VALUE

MOV COUNT,[SI]

7. 根据题目要求，写出相应的汇编指令：

（1）把 BX 寄存器的值传送给 AX。

（2）将立即数 15 送入 CL 寄存器。

（3）用 BX 寄存器间接寻址方式将存储单元中的字与 AX 寄存器的值相加，结果存在 AX 中。

（4）把 AL 中的字节写入用基址变址寻址的存储单元中。

（5）用 SI 寄存器和位移量 VALUE 的寄存器相对寻址方式，从存储单元中读出一个字送入寄存器 AX。

（6）将 AX 中的数与偏移地址为 2000H 存储单元的数相减，结果存在 AX 中。

8. 将存储单元 X 中的第 3 个字取出，AX 与其相加再放入 Y 单元。分别写出用下列寻址方式实现的指令序列：（1）直接寻址；（2）寄存器相对寻址；（3）基址变址。

9. 根据下列要求，写出相应的汇编指令。

（1）把 BX 寄存器和 DX 寄存器的内容相加，结果存入 DX 寄存器中。

（2）用寄存器 BX 和 SI 基地址变址寻址方式把存储器中的一个字节与 AL 寄存器的内容相加，并把结果送到 AL 寄存器中。

（3）用寄存器 BX 和位移量为 0B2H 的寄存器相对寻址方式把存储器中的一个字和（CX）相加，并把结果送回存储器中。

（4）用位移量为 0524H 的直接寻址方式把存储器中的一个字与数 2A59H 相加，并把结果送回该存储单元中。

（5）把数 0B5H 与（AL）相加，并把结果送回 AL 中。

10. 写出把首地址为 BLOCK 的字数组的第 6 个字送回到 DX 寄存器的指令。要求使用以下几种寻址方式：

（1）寄存器间接寻址；

（2）寄存器相对寻址；

（3）基址变址寻址。

11. 给定（IP）＝2BC0H,（CS）＝0200H，位移量 D＝5119H,（BX）＝1200H,（DS）＝212AH,（224A0）＝0600H,（275B9）＝098AH，试为以下转移指令找出转移的偏移地址。
（1）段内直接寻址；
（2）使用 BX 及寄存器间接寻址方式的段内间接寻址；
（3）使用 BX 及寄存器相对寻址方式的段内间接寻址。

12. 在 0624 单元内有一条二字节 JMP SHORT OBJ 指令，如其中位移量为：（1）27H；（2）6BH；（3）0C6H。试问分别转向地址 OBJ 的值是多少？

13. 执行下列指令后，AX 寄存器中的内容是什么？
```
TABLE    DW    10, 20, 30, 40, 50
ENTRY    DW    3
         ...
         MOV    BX, OFFSET TABLE
         ADD    BX, ENTRY
         MOV    AX, [BX]
```

14. 阅读下列程序段，回答后面的问题。
```
MOV    AX, 1234H
MOV    CL, 4
ROL    AX, CL
DEC    AX
MOV    CX, 4
MUL    CX
INT    20H
```
问题：
（1）每条指令执行完后，AX 寄存器的内容是什么？
（2）每条指令执行完后，进位、符号和零标志的值是什么？
（3）程序结束时，AX 和 DX 的内容是什么？

4 汇编语言程序设计

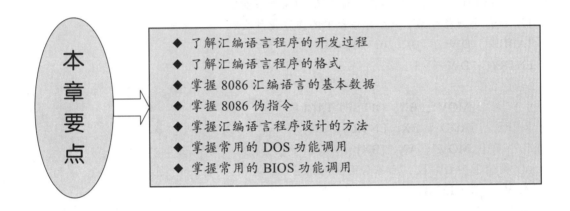

- 了解汇编语言程序的开发过程
- 了解汇编语言程序的格式
- 掌握 8086 汇编语言的基本数据
- 掌握 8086 伪指令
- 掌握汇编语言程序设计的方法
- 掌握常用的 DOS 功能调用
- 掌握常用的 BIOS 功能调用

4.1 汇编语言概述

计算机程序设计语言一般分为机器语言、汇编语言和高级语言三种。

机器语言就是把控制计算机的命令和各种数据直接用二进制数码表示的一种程序设计语言。机器语言最直接地展示了计算机内部的基本操作，用它编制的程序在计算机中运行的效率最高，即运行速度最快，且程序长度最短。

高级语言将计算机内部的操作细节屏蔽起来，用户不需要知道计算机内部数据的传送和处理的细节，使用类似于自然语言的一些语句来编制程序，完成指定的任务。其特点就是程序设计简单，但程序运动效率较机器语言低。

虽然高级语言方便了人们对计算机的使用，但其运行效率较低。在一些应用场合，如系统管理、实时控制等，难于满足要求。因此又希望使用机器语言，但是机器语言采用二进制数表示内容，既不便于记忆又难于阅读。为了便于记忆和阅读，使用字母和符号来表示机器语言的命令，用十进制数或十六进制数来表示数据，这样的计算机程序设计语言就称为汇编语言。

用汇编语言编制程序可以更清楚地了解计算机是如何完成各种复杂工作的，在此基础上，程序设计人员能更充分地利用机器硬件的全部功能，发挥机器的长处。在计算机系统中，某些功能必须用汇编语言程序来实现，如机器自检、系统初始化、实际的输入输出设备的操作等。汇编语言程序的效率高于高级语言程序，一条汇编语言的语句与一条机器语言指令对应，汇编语言程序与机器语言程序效率相同。

4.1.1 汇编语言程序的开发过程

汇编语言程序的开发过程如图 4.1 所示。

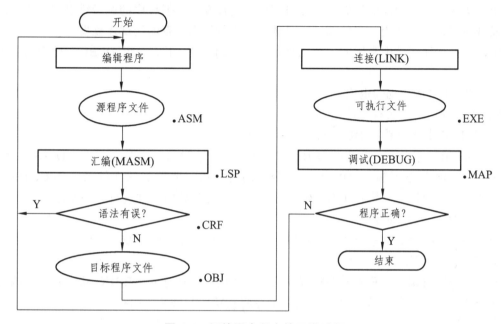

图 4.1 汇编语言程序的开发过程

（1）编辑。

编辑就是将源程序输入到计算机中的过程。具体过程为：打开文本编辑器 [如 EDIT.COM 或 NOTEPAD（记事本）]，输入源程序，保存为 ASM 文件。

（2）汇编。

汇编就是把用汇编语言编写的源程序翻译成机器语言的目标程序。

汇编语言源程序经 MASM 汇编后，可以产生 3 个文件：目标文件（.OBJ）、列表文件（.LST）、交叉引用文件（.CRF）。

（3）链接。

由汇编程序生成的目标程序是不能直接运行的，必须将目标文件进行连接后，生成一个可执行文件（.EXE），才能运行该程序。

连接程序 LINK.EXE 能够把一个或多个独立的目标文件和定义在库文件（.LIB）中的子程序与变量连接成一个可重定位的可执行文件（.EXE）。

在连接过程中，除了生成可执行文件外，还可以根据用户的指定，生成相应的内存映像文件（.MAP）。

程序（如 LINK.EXE）将 .OBJ 文件链接成可执行文件。

（4）调试与运行。

调试就是检查和修改程序中的错误。如果没有错误，则运行已编译好的可执行文件就可得到结果了。

4.1.2 汇编程序的调试

调试的主要任务就是检查和修改程序中的错误。程序中的错误可分为语法错误和逻辑错误两类。语法错误在程序的汇编和连接过程中都会被发现，但程序的逻辑错误在这两个过程中却发现不了，需要使用一定的调试工具软件，进行仔细认真的调试才能发现。

汇编语言程序调试中常用的一个工具软件是 DEBUG。下面介绍 DEBUG 软件的使用基础。

（1）DEBUG 的启动与退出。

DEBUG 的启动方法有两种：

① 在 DOS 状态下输入 DEBUG 命令。

进入 DEBUG 状态后，系统的提示符将变为"－"。这时用户可以输入各种 DEBUG 命令。

② 在 DOS 状态下输入 DEBUG 命令的同时，指定要调试的文件名。如 C\>DEBUG EXAMPLE.EXE<回车>，然后在 DEBUG 状态下可以对装载的文件进行各种操作。

（2）DEBUG 常用命令。

一个 DEBUG 命令为一个字母，其后空一格，可以再跟一些参数。

① 装载用户程序。

要对程序进行调试，首先需要将程序文件装入内存。在进入 DEBUG 状态后，装载程序方法是先使用 N 命令指定文件名，再用 L 命令将指定的文件装入内存。

格式：N　filename

参数 filename 包括主文件名和扩展名。如果需要还应指明盘符和路径。

格式：L　[addr]

功能：将由 N 命令指定的文件装入内存中，参数 addr 表示存放装入文件的起始地址。如果未指定，则缺省地址为 CS:0100。

　　例如：　－N　A:TEST.EXE
　　　　　　－L

② D（Dump）命令。

格式：D　[range]

功能：显示指定范围（range)内的内存单元的内容。

说明：Range 有两种指定方法：

a. Addr1　Addr2

Addr1 为要显示内存单元的首地址，Addr2 为末地址。

b. Addr1　L　Value

它表示显示从 Addr1 地址开始的、长度为 Value 个字节的内存单元。

　　例：－D　200　2FF
　　　　－D　200　L 100

③ R(Register)命令。

格式：R[register_name]

功能：显示 CPU 中的一个或所有 16 位寄存器的内容。标志寄存器的内容为各标志位的状态(置位/复位,见表 4.1),每个状态用两个字符来表示。

表 4.1 标志寄存器各标志位的状态

标志位	置 位	复 位
溢出位 OF	OV	NV
方向位 DF	DN	UP
中断位 IF	EI	DI
符号位 SF	NG	PL
零值位 ZF	ZR	NZ
辅助进位 AF	AC	NA
奇偶位 PF	PE	PO
进位位 CF	CY	NC

④ A(Assemble)命令。

格式:A [address]

功能:将从键盘直接输入的汇编指令翻译成目标代码,并存放在内存单元中。

说明:参数 address 是用来存放目标代码的起始地址,如果省略则为 CS:100H。

利用此命令可以方便地用 DEBUG 来调试简单的指令序列。

⑤ U(Unassemble)命令。

格式:U[range]

功能:将指定内存中的目标代码反汇编成 8086/8088 的汇编指令格式在屏幕上显示出来。

⑥ G(Go)命令。

格式:G [=addr[,addr1[,addr2[,…]]]]

功能:连续执行内存中的程序。

说明:参数"=addr"是运行程序的起始地址,参数 addr1,addr2,…..为设置的断点地址。如果不设置断点,则将执行全部程序;如果设置了断点,则执行到指定的断点处自动停止,这时可查看相关内容。

⑦ 单步执行命令 T 和 P。

这两个命令都是只执行一条指令,它们的区别是:T 命令对于子程序调用指令的执行将转入相应的子程序内部,而 P 命令则将整个子程序作为一条指令来执行。

4.2 汇编语言程序的格式

汇编语言源程序都有大体相同的结构或框架,下面通过一个源程序的框架结构来说明汇编语言程序的格式。

例 4.1：
1   MY_DATA   SEGMENT   PARA   PUBLIC   'DATA'   ;定义数据段
2   D1 DB   'hello world!'   ;定义变量
3   MY_DATA   ENDS
4   MY_STACK   SEGMENT   PARA   'STACK'   ;定义堆栈段
5   ST DB 0AH，0BH…
6   MY_STACK   ENDS
7   MY_CODE   SEGMENT   ;定义代码段
8   ASSUME   CS:MY_CODE,DS:MY_DATA,SS:MY_STACK
9   START: MOV AX,MY_DATA
10   MOV DS,AX
                …   ;程序的主要内容
                INT 20H
MY_CODE   ENDS
          END   START

显然，汇编语言程序是由若干个段组成，段由若干条语句组成。

4.2.1 段

由例 4.1 可见，源程序的一般格式为：
段名 1   SEGMENT   ;段的开始
    语句 1
    语句 2   ;n 条语句序列构成的语句体
       ⋮
       ⋮
    语句 n
段名 1   ENDS   ;段的结束
       ⋮
       ⋮
段名 n   SEGMENT   ;段的开始
    语句 1
    语句 2   ;n 条语句序列构成的语句体
       ⋮
       ⋮
    语句 n
段名 n   ENDS   ;段的结束
        END   标号   ;源程序结束

8086/8088CPU 在管理内存时，按照逻辑段进行划分，不同的逻辑段用来存放不同目的的数据。相应地，汇编语言程序必须具备三个段：数据段、代码段和堆栈段。数据段用来在内存中建立一个工作区,以存放常数、变量以及作为算术运算区和用来作为 I/O 接口传送数据的工作区，堆栈段用来在内存中建立一个堆栈区，以便在中断和过程调用时使用，堆栈还起到承上启下的作用，用于模块间参数的传送。

当这几个段构成一个完整的程序时，一般把数据段放在代码段的前面，其原因是：一是可事先定义程序中所使用的变量；二是汇编程序在汇编过程中遇到变量时，必须知道变量的属性才能产生正确的代码，将数据段放在代码段前面，就可以保证这些。

整个源程序必须以 END 结束，END 语句的参数可选，如果有参数，则一定是一个可执行标号，即表示本程序是从该标号开始执行的。

4.2.2　语　句

语句是汇编语言程序的基本组成单位。汇编语言有 3 种基本语句类型：指令语句、伪指令语句和宏指令语句。

语句一般由 4 部分组成，其格式如下：

[标号或名字]　　操作码　　操作数　　　[；注释]

标号或名字是任选部分，位于语句之首。当语句为伪指令语句时，该部分是名字，没有结束符":"，如例 4.1 中第 2 行；当语句为指令性语句时，该部分是标号，必须以":"作为结束符，如例 4.1 中第 9 行。

语句各组成部分之间用空格作为间隔。

4.3　8086 汇编语言的基本数据

4.3.1　字符集

Microsoft 的宏汇编语言由下列字符组成：

（1）英文字母：A～Z 和 a～z。
（2）数字字符：0～9。
（3）算术运算符：+、-、*、/。
（4）关系运算符：<、=、>。
（5）分隔符：,、:、;、(、)、[、]、空格、制表符。
（6）控制符：CR(回车)、LF(换行)、FF(换页)。
（7）其他字符：$、&、_(下划线)、.、@、%、!。

4.3.2 常量

常量是在汇编时已经确定的常数值，它可以分为数值常量和字符串常量两类。

（1）数值常量。

汇编语言中的数值常量可以是二进制、八进制、十进制或十六进制数，通过不同的后缀来区分它们。十进制数可以省掉后缀或跟字母 D；十六进制数后面跟字母 H，由 0~9、A~F 组成，当以 A~F 开头时，前面加数字 0，如常数 FB7H 应写成 0FB7H，以避免和名字混淆；二进制数后跟字母 B，以 0 和 1 两个数字组成；八进制数后跟字母 O 或 o，由 0~7 数字组成。

（2）字符串常量。

包含在单引号中的若干个字符形成字符串常量；字符串在计算机中存储其相应字符的 ASCII 码，如 'A' 的值是 41H，'AB' 的值是 4142H 等。

4.3.3 保留字

在汇编语言中已经定义过的、使用者不能再将它作为变量名或过程名使用的字就叫保留字。汇编语言中的保留字有 CPU 中各寄存器名（如 AX、CS 等）、指令助记符（如 MOV、ADD）、伪指令符（如 SEGMENT、DB）、表达式中的运算符（如 GE、EQ）以及属性操作符（如 PTR、OFFSET）等。

4.3.4 标识符

标识符用来对程序中的变量、常量段、过程等进行命名，是组成语句的一个常用成分，其命名规定如下：

（1）标识符是一个字符串，第一个字母必须是字母、"?"、"@"或"_"这四种字符中的一种。

（2）从第二个字母开始，可以是字母、数字、"?"、"@"或"_"。

（3）一个标识符可以由 1~31 个字符组成。

（4）不能使用属于系统专用的保留字。

4.3.5 变量

变量是存放在存储器单元中的操作数，其值在程序运行期间可以被改变。程序中以变量名的形式来访问变量，因此，可以认为变量名就是存放数据的存储单元地址。

变量具有三种属性：

（1）段地址：变量所在段的段地址，此值必须在一个段寄存器中。

（2）偏移地址：变量的偏移地址是从段的起始地址到定义变量的位置之间的字节数。

（3）类型：变量的类型是所定义的变量所占据的字节数。

在汇编语言中，变量的类型有：字节型：① BYTE(DB, 1 个字节长)；② 字型：WORD(DW, 2 个字节长)；③ 双字型：DWORD(DD, 4 个字节长)；④ 三字型：FWORD(DF, 6 个字节长)；⑤ 四字型：QWORD(DQ, 8 个字节长)；⑥ 五字型：TBYTE(DT, 10 个字节长)。

4.3.6 标　号

标号写在一条指令的前面，它是该指令在内存的存放地址的符号表示，也就是指令地址的别名。

当在程序中需要改变程序的执行顺序时，用标号来标记转移的目的地，即作转移指令的操作数。

标号具有 3 种属性：

（1）段地址：定义标号所在段的段起始地址，此值必须在一个段寄存器中，而标号的段则总是在 CS 寄存器中。

（2）偏移地址：标号的偏移地址是从段起始地址到定义标号的位置之间的字节数。对于 16 位段是 16 位无符号数；对于 32 位段则是 32 位无符号数。

（3）类型：用来指出该标号是在本段内引用还是在其他段中引用。若在本段内引用，则称为 NEAR，对于 16 位段，指针长度为 2 字节；对于 32 位段，指针长度为 4 字节。若在段外引用，则称为 FAR，对于 16 位段，指针长度为 4 字节(段地址 2 字节，偏移地址 2 字节)。

4.4 伪指令

伪指令语句主要用来指示汇编程序如何进行汇编工作，没有对应的机器代码，不是由 CPU 来执行，而是由汇编程序对源程序在汇编期间进行处理，经汇编程序汇编后不产生目标代码。

4.4.1 数据定义伪指令

数据定义伪指令语句有 DB、DW、DD、DQ 和 DT，分别用来定义字节、字、双字、8 字节和 10 字节的数据。

格式：

变量名　　助记符　　操作数 1，……，操作数 n　　　；注释

变量名　　助记符　　n DUP（操作数 1，……，操作数 n）　；注释

功能：从变量名指定的存储单元开始存放操作数 1，……，操作数 n，如果不需要存入任何数据，则起到分配存储单元的作用。

注意：

（1）变量名是一个用标识符表示的符号地址，可以省略。其值等于助记符后第一个操作数的第一个字节的偏移地址值。

（2）助记符包括 DB、DW、DD、DQ、DT，其中：

DB：定义字节，其后的每个操作数都占有一个字节（8位）。

DW：定义字，其后的每个操作数都占有一个字。字的低位字节在第一个字节地址中，高位字节在第二个字节地址中。

DD：定义双字，其后的每个操作数占有两个字（32位）。

DQ：定义4字，其后的每个操作数占有4个字（64位），可用来存放双精度浮点数。

DT：定义10个字节，其后的每个操作数占有10个字节。

（3）操作数可以是常数、变量、表达式、字符串、?（表示不确定数）或标号等，各操作数之间用","分开。

（4）n DUP( )用来定义数组，把括号中的各操作数重复 n 次。

例 4.2：操作数是常数、表达式、字符串数据的定义。

```
DATA1    DB   10H，20H      ;定义 DATA1 为字节变量，且 10H 放在地址 DATA1 中，20H
                              放在地址 DATA1+1 中。
DATA2    DW   9080H，50H    ;定义 DATA2 为字变量，且 80H 放在地址 DATA2 中，90H
                              放在地址 DATA2+1 中，50H 放在地址 DATA2+2 中，00H
                              放在地址 DATA2+3 中。
DATA3    DD   2*40H，0A0B0H ;定义 DATA3 为双字变量，以 DATA3 为首地址，依
                              次存放 80H，00H，00H，00H，B0H，A0H，00H，
                              00H。
DATA4    DB   'HELLO'       ;定义 DATA4 为字符串变量，以 DATA4 为首地址，依次存
                              放 'HELLO' 的 ASCII 码。
```

汇编后，数据在存储器中的存放格式如图 4.2 所示。

图 4.2　例 4.2 的汇编结果

例 4.3：操作数用"？"定义不确定值的变量，用 DUP 来定义重复变量，不确定值的变量一般用以保留存储空间，以便存放运算结果。

DATA1　DB　？　　　　　　　；定义变量 DATA1 为不确定字节，保留一个字节空间。
DATA2　DW　0844H，？　　　；定义变量 DATA2 第二个字为不确定，保留两个字节空间。
DATA3　DB　10 DUP（0）　　；在连续的 10 个存储单元中存入 0。
DATA4　DW　20 DUP（？）　 ；重复 20 次，保留 20 个字的存储单元空间。
DATA5　DB　5 DUP（0，2　DUP（19）；DUP 的嵌套。

汇编后，数据在存储器中的存放格式如图 4.3 所示。

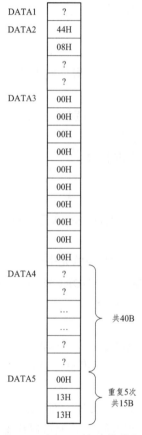

图 4.3　例 4.3 的汇编结果

4.4.2 符号定义与解除伪指令

在汇编语言中，所有符号常量、变量名、标号、过程名、指令助记符、寄存器名等都称为符号，这些符号可以通过伪指令重新命名或定义新的类型属性。

（1）等值伪指令 EQU 语句。

格式：　标识符　　EQU　　操作数

功能：给操作数（变量、标号、常数、指令或表达式）定义一个标识符。当程序中用到 EQU 左边的标识符时可用右边的操作数代替。

例 4.4：
DATA   EQU   10   ;常数值赋给标识符 DATA。
DATA1   EQU   DATA + 2   ;表达式 DATA+2 的值赋给标识符 DATA1。
CI   EQU   ADD   ;加法指令赋给标识符 CI。

注意：
① 同一个程序模块中，一经定义就不能再重新定义。
② 若在 EQU 语句右边的操作数中有变量或标号，则必须先给变量或标号定义。如 DATA1 EQU DATA + 2 中必须先定义 DATA。

（2）等号伪指令语句"="。

格式：标识符=操作数

功能：给操作数（变量、标号、常数、指令或表达式）定义一个标识符。

注意：
① "="伪指令与 EQU 功能相似，但区别在于 EQU 中左边的标识符不允许重复定义，而用"="定义的标识符允许重复定义。
② 操作数的值不得超过 16 位 2 进制数。

例 4.5：
ADDRESS=BX + SI
    MOV   AX, [ADDRESS]   ;[BX+SI]单元中的内容送 AX
ADDRESS =BX
    MOV   CX, [ADDRESS]   ;[BX]单元中的内容送 CX

本例中，第一次使用 ADDRESS 时，ADDRESS 代表 BX+SI，第二次使用 ADDRESS 时，ADDRESS 已经被重新定义过，它代表 BX。

（3）解除伪指令语句 PURGE。

格式：PURGE 标识符 1，标识符 2，……标识符 n

功能：标识符 1，标识符 2，……，标识符 n 已经被废弃，不再有效。

注意：
① 用 PURGE 来废弃已经用 EQU 定义过、而以后不再使用的标识符。
② 当某个标识符用 PURGE 语句解除后，就可以用 EQU 重新定义了。

（4）别名定义伪指令语句。

格式：别名 LABEL 类型属性

功能：为下一行语句中已定义的变量或标号取别名，并可重新定义它的类型属性，使同一变量或标号在不同地方被引用时，采用不同的名字、具有不同的类型属性，这样可以提高程序的灵活性。

例 4.6：① WBUFFER   LABEL   WORD
             BUFFER   DB   200 DUP(0)

当 LABEL 语句与变量连用时，给下一个变量取一个别名，并可改变其类型属性。本例中 BUFFER 变量类型为字节，而 WBUFFER 为 BUFFER 的别名，类型为字。

② NEXT1　LABEL　FAR
　　NEXT: MOV　AX, BX

当 LABEL 语句与标号连用时，给下一语句定义的标号取一个别名，并改变其类型属性。本例中 NEXT1 和 NEXT 指向同一条指令，具有相同的段地址和偏移量，NEXT1 是 NEXT 的别名，但距离属性已经改为 FAR。

4.4.3　段定义伪指令

8086/8088 系统利用存储器分段技术管理存储器信息，段定义伪指令可使我们按段来组织程序和使用存储器。

（1）段结构定义伪指令语句 SEGMENT 和 ENDS。

格式：
<段名>　　　SEGMENT　　　　[定位方式][组合方式][分类名]
　　　　　　　　　⋮　　　　　　　；段内语句
<段名>　　　ENDS

功能：将一个逻辑段的内容定义成一个整体。

注意：

① 段名是所定义段的名称，表示逻辑段在存储器中的地址，在 SEGMENT 和 ENDS 前的段名必须相同，且成对出现。

② 定位方式、组合方式和分类名是可选的，选两个以上时，书写时顺序必须与格式中的顺序一致。

③ 组合方式指出如何链接不同模块中的同名段。把不同模块中的同名段按照指定的方式组合起来，既便于程序运行，又可以达到有效使用存储空间的目的。

组合方式有以下六种：

a. NONE：缺省组合类型，表明本段与其他段逻辑上无关，链接时它将是一个独立的段。

b. PUBLIC：表明本段与其他模块中用 PUBLIC 说明的同名同类别段在满足定位类型的前提下依次由低地址到高地址连接起来。

c. STACK：此参数用于堆栈段，各个模块中的堆栈段采用顺序连接方式组合。

d. COMMON：表明该段与其他模块中同名段具有相同的起始地址，采用覆盖方式存放，组合后段的长度为各模块同名段中最长者的长度。

e. MEMORY：连接时被放在所装载程序的最高地址区，当有多个 MEMORY 类别段时，只将连接程序遇到的第一个 MEMORY 段作为 MEMORY 段，其他的均作 COMMON。

f. AT<数值表达式>：表明该段的段地址由 AT 后的表达式给定,位移量为 0。

④ 定位方式通过汇编告知 LINK 程序如何将组合后的新段定位到存储器中。定位方式如下：

a. BYTE ：规定段可以从任何地址开始。

b. WORD ：规定段的首地址是偶地址，称为字边界。

c. PARA： 规定段从 16 的整数倍地址(指物理地址)开始，即段首地址为 XXXX XXXX XXXX XXXX 0000B，这是缺省的定位类型。

d. PAGE ：规定段从 256 的整数倍地址开始，即段首地址为 XXXX XXXX XXXX 0000 0000B，称为页边界。

⑤ 分类名是用单引号括起来的字符串。连接时，连接程序将不同模块中相同分类名的各段在物理上相应地连接在一起。当程序只有一个模块时，除堆栈用 STACK 说明外，其他段的组合类别与类别均可省略。

（2）段分配伪指令语句 ASSUME。

格式：ASSUME 〈段寄存器〉:〈段名〉[,〈段寄存器〉:〈段名〉……]

功能：定义当前有效的 4 个逻辑段，指明段和段寄存器的关系。

例如：ASSUME CS:CODE,DS:DATA,ES:DATA,SS:STACK

注意：

① 4 个逻辑段不一定全部要定义，通常代码段和数据段是必需的。但当代码段中使用了串指令，就必须设置附加段。

② 可以用"ASSUME 段寄存器名: NOTHING"取消已经由 ASSUME 所指定的段寄存器。如 ASSUME ES：NOTHING 就取消了 ES 与已经指定段名的关系。

③ 由于 ASSUME 只指定某个段分配给相应的段寄存器，并将代码段的段基址自动装入 CS 中，但不能将其他段的段基址装入相应的段寄存器中，所以在代码段的开始部分必须安排一段初始化程序，把其他段的段基址分别装入相应的段寄存器中。

4.4.4 过程定义伪指令

子程序通常是具有某种特定功能的程序段，可供其他主程序多次调用，通常将这些程序段独立编写，用过程定义伪指令语句进行定义，再在主程序中对它进行过程调用。

格式：

〈过程名〉 PROC [属性]

⋮

RET

〈过程名〉 ENDP

功能：定义一个由主程序用 CALL 指令调用的过程。

注意：

（1）过程名是为该过程取的名字，具有与语句标号相同的属性，即具有段地址、偏移地址和类型三类属性：

① 段属性：为该过程所在段的段基址。

② 偏移地址属性：该过程第一个字节与段首址之间相距的字节数。

③ 距离属性：有 NEAR 和 FAR 两种。若类型缺省或为 NEAR 时，表示该过程只能为所在段的程序调用；若为 FAR 时，则可被跨段调用。

（2）RET 为过程返回指令，不能省，否则过程将无法返回。返回指令属于段内返回还是段间返回与过程属性有关。

（3）过程既允许嵌套定义，也允许嵌套调用。

4.4.5 宏处理伪指令

宏指令是一组汇编语言语句序列的缩写，是程序员事先自定义的"指令"，此后在宏指令出现的地方，汇编程序自动把它们替换成相应的语句序列。宏指令的使用包括宏定义、宏调用和宏扩展。

（1）宏定义。

格式：〈宏指令名〉 MACRO [形参 1][，形参 2]… [，形参 n]
　　　　　　　　宏体
　　　　　　　　ENDM

注意：

① 宏指令名就是为宏定义取的名字，不可缺省。

② MACRO 和 ENDM 是宏定义指令的助记符，不可缺省。MACRO 表示宏定义的开始，而 ENDM 表示宏定义的结束，二者必须成对出现。

③ 宏体是位于 MACRO 和 ENDM 之间的一段有独立功能的程序代码段，是实现宏指令功能的实体。

④ 形参为可选项，其个数根据需要设置；当有多个形式参数时，参数之间用","隔开。

（2）宏调用。

格式：〈宏指令名〉 [实参 1][，实参 2]… [，实参 n]

注意：

① 在宏调用的时候，如有参数，要求实参的个数、顺序、类型应与形参一一对应，各参数之间以","隔开；

② 汇编程序并不要求实参与形参在个数上必须相等，若二者个数不等时，汇编程序在完成它们一一对应后，便将多余的形参作空处理，而对多余的实参不予考虑。

（3）宏扩展。

当汇编程序扫描到源程序中的宏调用时，就把对应宏定义的宏体指令序列复制到宏调用所在处，用实参替代形参，并在被复制的每条指令前面加上一个"+"号，这一过程就称为宏扩展。

例 4.7：无形式参数的宏定义、宏调用及宏展开。

宏定义：

PUSH_AB　MACRO
PUSH　AX
PUSH　BX
ENDM

宏调用：　　PUSH_AB
宏展开：　　+PUSH　AX
+PUSH　BX

例 4.8：带形式参数的宏定义、宏调用及宏展开。

宏定义：

```
ABCD    MACRO    R, VAR, N, REG, AA
MOV    R, VAR
MOV    AX, [R]
MOV    CL, N
S&AA   REG, CL
ENDM
```

宏调用1：ABCD SI, WVAR1, 6, AX, AR
宏展开1：+MOV SI, WVAR1
　　　　+MOV AX, [SI]
　　　　+MOV CL, 6
　　　　+SAR AX, CL
宏调用2：ABCD DI, WVAR2, 5, BX, AL
宏展开2：+MOV DI, WVAR2
　　　　+MOV AX, [DI]
　　　　+MOV CL, 5
　　　　+SAL BX, CL

说明：

① 本例中的宏定义带有5个形参，通过在程序需要的地方写上宏指令语句ABCD，然后针对不同的实参进行宏调用就可以完成不同的取数和移位任务。

② 宏定义中第5个参数AA是指令操作码的一部分，因此在宏体的指令"S&AA"中用符号"&"来分割S与参数AA，&是操作符，在宏体中作为形式参数的前缀。

（4）LOCAL。

格式： LOCAL　<符号表>

功能：只要将宏体中的变量和标号列在LOCAL指令的符号表中，汇编程序在宏扩展时用由小到大的特殊序列符号替换它们。

注意：该指令只能在宏定义中使用并放在宏体起始行。

（5）取消宏指令语句PURGE。

格式：PURGE<宏指令名1，宏指令名2……宏指令名n>

功能：宏指令名表所列的宏定义被废弃，不再有效。

（6）特殊的宏操作符。

① %——取表达式操作符。

功能：如在宏体中表达式前加"%"，则在宏扩展时，用表达式的值取代表达式；如在宏体中表达式前没有加"%"，则在宏扩展时，用表达式本身取代表达式。

② &——标识字符串或符号中形参操作符。

功能：加在标识字符串或符号中的形参前，以在宏扩展时用实参代替这个形参。

③ !——标识普通字符操作符。

功能：出现在宏指令中时，不管其后是什么字符，都作为一般字符处理，而不再具有前述操作符功能。

（7）重复执行宏指令语句。

格式： REPT 〈整数表达式〉
　　　　　⋮　　　　　　　；重复体
　　　　　ENDM

功能：重复执行重复体，重复次数必须有确定值且由整数表达式给出。

（8）宏指令与子程序的区别

① 宏指令调用比子程序调用执行速度快，因为子程序调用和返回需要保护和恢复现场，而宏指令调用不需要。

② 过程调用使用 CALL 语句实现，在 CPU 执行时进行处理，而宏指令调用由宏汇编软件 MASM 中的宏处理程序来处理。

③ 子程序比宏指令节省内存空间。因为子程序与主程序分开独立存在，经汇编后在存储器中只占用一个子程序段的空间，主程序转入此处运行。因而目标代码长度短，节省内存空间。而宏调用是在汇编过程中展开，宏调用多少次，就插入多少次宏体，因此目标代码长度长，占用内存空间多。

④ 宏指令比子程序灵活。子程序一般完成一个功能，多次调用完成相同操作，仅入口参数可以改变；而宏指令可以带形式参数，调用时可以用实际参数取代，使不同的调用完成不同的操作，增加了使用的灵活性。

4.4.6　其他伪指令

（1）定位伪指令语句。

格式：ORG　表达式

功能：给汇编语言程序设置指令位置指针，给出该定位伪指令下一条指令语句的起始偏移地址。

例 4.9：用 ORG 指定数据段和代码段地址。

```
DATA    SEGMENT
A1      DW      10H, 50H        ；A1 相对 DATA 数据段首址的偏移地址为 0。
ORG     50H
A2      DB      20H, 30H, 40H   ；A2 相对 DATA 数据段首址的偏移地址为 50H。
ORG     100H
A3      DW      1234H, 4321H    ；A3 相对 DATA 数据段首址的偏移地址为 100H。
DATA    ENDS
CODE    SEGMENT
ORG     200H
ASSUME  CS：CODE, DS：DATA
START:  MOV     AX, DATA        ；标号 START 相对 CODE 代码段段首址的偏移地址
                                       为 200H。
        ⋮
CODE    ENDS
```

注意：

常用地址计数器$保存当前正在汇编的指令地址，如 ORG　$+10 表示从当前地址跳过 10 个字节。

（2）程序结束伪指令语句。

格式：　　END　　标号名

功能：标记汇编语言的源程序结束。

注意：

① END 放在源程序的最后一行，不可默认；每个模块只有一个 END。汇编程序在汇编时碰到 END 语句就停止汇编。

② 标号名是该程序中第一条可执行语句的标号名，可以默认。如果一个程序包含多个模块，则 END 后面带的标号为主程序模块中的标号名。

③ 该标号是程序开始执行的起始地址。

例 4.10：程序结束伪指令语句的应用

```
        CODE    SEGMENT
START:  MOV     BX，AX
        MOV     CX，10H
          ⋮
        CODE    ENDS
        END     START
```

注意：END、ENDS 和 ENDP 三者的区别。

4.5　汇编语言程序设计

一个好的程序不仅要满足设计的要求，实现预定的功能，而且要求其占用内存少、执行速度快、易读、易修改和易维护等。8086/8088 汇编语言程序设计采用模块化结构，通常由一个主程序模块和多个子程序模块构成。一般的程序设计包含顺序、分支、循环和子程序设计四个基本方法。

4.5.1　顺序程序设计

顺序程序是指程序的结构从开始到结尾一直是顺序执行，中途没有分支。顺序程序的流程如图 4.4 所示。

例 4.11：试编写程序计算表达式 Z=(3X+Y-5)/2，设 X、Y 的值分别放在字变量 VARX、VARY 中，结果存放在 VARZ 中。

算法分析：乘 2^n 和除 2^n 可以使用算术左移和右移实现；其他非 2^n 的乘除运算可以用移位和加减组合运算来实现，如 3X 可以

图 4.4　顺序结构流程

分解成 2X+X。

算法实现：

```
DATA    SEGMENT
VARX    DW    5
VARY    DW    10
VARZ    DW    ?
DATA    ENDS
CODE    SEGMENT
        ASSUME CS:CODE,DS:DATA
START:  MOV AX,DATA
        MOV DS,AX
        MOV AX,VARX
        SHL AX,1              ; 2*X
        ADD AX，VARX          ; 3*X
        ADD AX，VARY          ; 3X+Y
        SUB  AX, 5            ; 3*X+Y-5
        SAR  AX, 1            ;（3*X+Y-5）/2
        MOV VARZ，AX          ; 存结果。
        MOV AH,4CH
        INT 21H
        CODE ENDS
        END START
```

4.5.2 分支程序设计

分支程序结构是指程序的执行顺序将根据某些指令的执行结果，选择某些指令执行或不执行。分支程序的实现主要是由转移指令完成。分支程序结构有两种形式：一种是二分支结构，另一种是多分支结构，如图 4.5 所示。

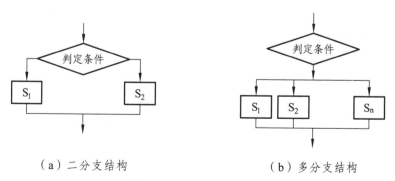

（a）二分支结构　　　　　　　　（b）多分支结构

图 4.5　分支程序的结构形成

(1) 用比较/测试指令+条件转移指令实现分支。

例 4.12：数据段的 ARY 数组中存放有 8 个无符号数，试找出其中最大者送入 MAX 单元。

算法分析：依次比较相邻两数的大小，将较大的送入 AL 中；每次比较后，较大数存放在 AL 中，相当于较大的数往下传；比较一共要做 7 次。比较结束后，AL 中存放的就是最大数。

算法实现：

```
DATA    SEGMENT
ARY     DB   18, 15, 40, 0, 60, 10, 30, 70
MAX     DB   ?
DATA    ENDS
CODE    SEGMENT
ASSUME CS: CODE, DS: DATA
START:  MOV AX,DATA
        MOV DS,AX
        MOV   SI, OFFSET ARY    ; SI 指向 ARY 的第一个元素
        MOV   CX, 7             ; CX 作次数计数器
        MOV   AL, [SI]          ; 取第一个元素到 AL
LOP:    INC   SI                ; SI 指向后一个元素
        CMP   AL, [SI]          ; 比较两个数
        JAE   BIGER             ; 前元素≥后元素转移
        MOV   AL, [SI]          ; 取较大数到 AL
BIGER:  DEC   CX                ; 减 1 计数
        JNZ   LOP               ; 未比较完转回去，否则顺序执行
        MOV   MAX, AL           ; 存最大数
        MOV AH,4CH
        INT 21H
CODE    ENDS
END START
```

(2) 用跳转表形成多路分支。

当程序的分支数量较多时，采用跳转表的方法可以使程序长度变短，跳转表有两种构成方法：

① 跳转表用入口地址构成。

在程序中将各分支的入口地址组织成一个表放在数据段中，在程序中通过查表的方法获得各分支的入口地址。

例 4.13：设某程序有 5 路分支，试根据变量 S 的值（1_5），将程序转移到其中一路分支去。

算法分析：设 5 路分支程序段的入口地址分别为：B_1、B_2……B_5。当 S 为 1 时，转移到 B_1；当 S 为 2 时，转移到 B_2，依次类推，如图 4.6 所示。在跳转表中，每两个字节存放一个入口地址的偏移量，如图 4.7 所示。程序中，先根据 S 的值形成查表地址：（S-1）×2+表首址。

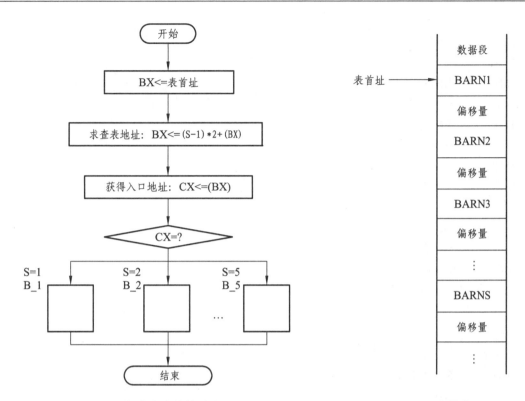

图 4.6　多路分支结构流程图　　　　　图 4.7　跳转表

算法实现：

```
DATA      SEGMENT
TABLE     DW  B_1, B_2, ..., B_5
S         DB  4
DATA      ENDS
CODE      SEGMENT
ASSUME    CS: CODE, DS: DATA
START:    MOV   AX, DATA
          MOV   DS, AX
          ......
          XOR   AH, AH
          MOV   AL, S
          DEC   AL
          SHL   AL, 1
          MOV   BX, OFFSET TABLE    ;BX 指向表首址
          ADD   BX, AX              ;BX 指向查表地址
          MOV   CX, [BX]            ;将 S 对应的分支入口地址送到 CX 中
          JMP   CX                  ;转移到 S 对应的分支入口地址
```

```
B_1:      ……
JMP       END_1
B_2:      ……
JMP       END_1
B_3:      ……
JMP       END_1
B_4:      ……
JMP       END_1
B_5:      ……
END_1:    MOV    AH，4CH
INT       21H
CODE      ENDS
END       START
```

② 跳转表由无条件转移指令构成。

跳转表的每项就是一条无条件转移指令，这时，跳转表是代码段中的一段程序如图4.8所示。

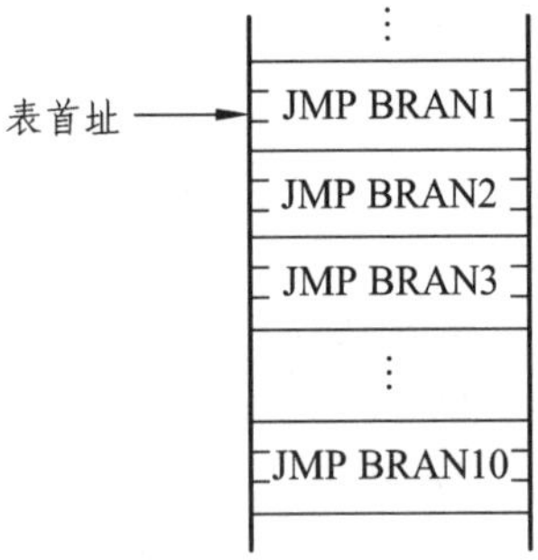

例4.13的源程序可修改为如下程序：

```
DATA      SEGMENT
S         DB   4
DATA      ENDS
CODE      SEGMENT
          ASSUME   CS:CODE,DS:DATA
START:    MOV   AX,DATA
          MOV   DS,AX
          ...
          MOV   BH,0
          MOV   BL,S
          DEC   BL                      ;四条指令实现(S-1)*2
          MOV   AL,BL
          SHL   BL,1
          ADD   BL,AL
          ADD   BX,OFFSET ITABLE        ;BX 指向查表地址
          JMP   BX                      ;转移到 S 对应的 JMP 指令
ITABLE:   JMP   B_1                     ;JMP 指令构成的跳转表
          JMP   B_2
          JMP   B_3
          JMP   B_4
          JMP   B_5
B_1:      ...
```

图 4.8

```
            JMP    END_1
    B_2:    ...
            JMP    END_1
    B_3:    ...
            JMP    END_1
    B_4:    ...
            JMP    END_1
    B_5:    ...
    END_1:  MOV    AH,4CH
            INT    21H
    CODE    ENDS
            END    START
```

4.5.3 循环程序设计

在实际工作中，有时需要对某一问题进行多次重复处理，该类计算过程具有循环特征，循环程序设计恰是解决这类问题行之有效的方法。

（1）循环程序的构成。

循环程序一般主要包括以下四个部分：

① 初始化部分。

主要用于建立循环的初始状态，即循环次数计数器、地址指针以及其他循环参数的初始设定。

② 循环体。

循环体是程序中重复执行的程序段，包括工作部分和修改部分。工作部分是完成循环程序任务的主要程序段；修改部分则执行循环，完成某些参数的修改。

③ 循环控制部分。

循环控制部分主要判断循环条件是否成立。判断方法主要有两种：用计数控制循环和用条件控制循环。

④ 结束处理部分。

结束处理部分处理循环结束后的结果，如存储结果等。

（2）循环程序的结构类型。

依照问题的不同，循环体的结构一般可分为两类：先执行后判断和先判断后执行，如图4.9所示。

（3）控制循环次数的方法。

① 用计数控制循环。

适用于循环次数已知的或是在进入循环前可由某变量确定循环次数的情况。常选用 CX 作计数器，可选用 LOOP、LOOPE 或 LOOPNE 等循环控制指令。

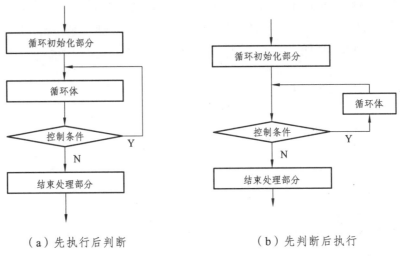

（a）先执行后判断　　　　　　　　（b）先判断后执行

图 4.9

例 4.14：把以 BUFFER 为首址的 6 个字节单元中的二进制数据累加，求得的和存放到 RES 字单元中。

算法实现：

```
DATA SEGMENT
BUFFER DB 1,9,21,12,23,13
    RES    DW ?
DATA    ENDS
CODE SEGMENT
        ASSUME  CS：CODE,DS:DATA
START:  MOV AX,DATA
        MOV DS,AX
        XOR AX,AX               ;AL 清 0
        MOV CX,06H              ;置计数器初值
        MOV BX, OFFSET BUFFER   ;置地址指针
L1:     ADD AL, [BX]            ;取一个数累加到 AL 上
        ADC AH, 0
        INC  BX                 ;地址加 1
        LOOP L1                 ;不为 0，循环
        MOV RES, AX             ;传送结果
        MOV AH, 4CH
        INT 21H
CODE  ENDS
        ENDS START
```

② 用条件控制循环。

适用于某些循环次数未知的或循环次数可变的情况，可以由问题给出的条件控制循环结束。

例 4.15：调用单字符输出的 DOS 功能，向屏幕输出以 "#" 结束的字符串。

算法分析：设字符串存放在以 D1 开始的存储区中，字符串以 "#" 结束。虽然字符串长度未知，但可利用条件中的已知特征 "#" 来结束循环。显然，可以用条件控制法实现。

算法思想：

初始化：将 D1 的首地址送入 SI。

循环：a. 将 SI 指向的存储单元数据送到 DL 中；

b. 判断：如果 DL 中的字符不是 "#"，则显示该字符，并修改 SI 的值即让 SI 指向下一个存储单元，然后返回 a；否则执行 c。

c. 结束。

算法实现：

```
DATA        SEGMENT
D1          DB      'HOW ARE YOU? #'
DATA        ENDS
CODE        SEGMENT
            ASSUME  CS：CODE，DS：DATA
START:      MOV     AX, DATA
            MOV     DS, AX
            LEA     SI, D1
LP:         MOV     DL, [SI]
            CMP     DL, '#'
            JZ      ENDOUT
            MOV     AH, 2           ;显示单个字符
            INT     21H
            INC     SI              ;指向下一个数据
            JMP     LP
ENDOUT:     MOV     AH, 4CH
            INT     21H
CODE        ENDS
            END     START
```

4.5.4 子程序设计

子程序或过程是汇编语言中多次使用的一个相对独立的程序段。

（1）子程序的定义。

每一个子程序在被使用前必须先定义，子程序的定义格式就是过程的定义格式，完成子程序功能的程序段就包括在过程定义语句 PROC…ENDP 的中间。

在子程序定义时，应该有子程序的说明，以使该子程序模块结构一目了然。子程序说明包括四个方面：

① 描述该子程序模块的名称、功能及性能；

② 说明子程序中用到的寄存器和存储单元；
③ 指出子程序的入口参数和出口参数；
④ 子程序中调用其他子程序的名称。

定义子程序时，应保护现场与恢复现场。现场就是指子程序和主程序中都要使用到的寄存器和存储单元。保护现场与恢复现场既可以在主程序中完成，也可以在子程序中完成，但必须保证保护和恢复的内容一致。通常利用入栈指令将寄存器的内容保存在堆栈中来实现保护现场的目的，利用出栈指令从堆栈中取出来实现恢复现场的目的。

例 4.16：定义一个显示 2 位十六进制数的子程序。

程序说明：

名称：DISP_2。

功能：显示两位十六进制数。

所用寄存器：CX，DX。

入口参数：AL 存放两位十六进制数。

出口参数：无。

调其他子程序：DISP_1。

算法实现：

```
DISP_2   PROC   NEAR
         PUSH   CX              ;保护现场
         PUSH   DX
         MOV    DL, AL          ;入口参数送 DL
         MOV    CL, 4           ;不带进位循环左移 4 位，并取高 4 位二进制
         ROL    DL, CL
         AND    DL, 0FH
         CALL   DISP_1          ;调用 DISP_1，显示高 4 位二进制
         MOV    DL, AL
         AND    DL, 0FH         ;取低 4 位二进制
         CALL   DISP_1          ;调用 DISP_1，显示低 4 位二进制
         POP    DX              ;恢复现场
         POP    CX
         RET                    ;子程序的返回
DISP_2   ENDP
```

（2）子程序的调用和返回。

主程序通过使用 CALL 指令实现对子程序的调用，子程序通过使用 RET 指令实现返回主程序。如果在子程序中没有保护与恢复现场，则应该在主程序调用子程序之前保护现场、在子程序返回主程序后恢复现场。

例 4.17：编制显示 4 位十六进制数的子程序。

算法分析：设四位十六进制数存放在 AX 寄存器中。逐位显示四位十六进制数，由于每位显示的过程是相同的，故采用子程序结构进行编程：将四位十六进制数分解成两位显示，再把两位十六进制数分解成一位显示。这样，显示四位十六进制数的子程序 DISP_4 调用显

示两位十六进制数的子程序 DISP_2，DISP_2 调用显示一位十六进制数的子程序 DISP_1。

算法实现：

```
DISP_4    PROC    NEAR
          PUSH  BX              ;保护现场
          PUSH  CX
          PUSH  DX
          PUSH  AX
          MOV   AL, AH
          CALL  DISP_2          ;显示四位十六进制数的高两位
          POP   AX
          CALL  DISP_2          ;显示四位十六进制数的低两位
          POP   DX              ;恢复现场
          POP   CX
          POP   BX
          RET                   ;返回
DISP_4    ENDP
          DISP_2    PROC NEAR
          MOV   BL, AL
          MOV   DL, AL          ;入口参数送 DL
          MOV   CL, 4           ;不带进位循环左移 4 位，并取高 4 位二进制
          ROL   DL, CL
          AND   DL, 0FH
          CALL  DISP1           ;调用 DISP1，显示高 4 位
          MOV   DL, BL
          AND   DL, 0FH         ;取低 4 位二进制
          CALL  DISP1           ;调用 DISP1，显示低 4 位二进制
          RET                   ;子程序的返回
DISP_2    ENDP
DISP_1    PROC
          OR    DL, 30H
          CMP   DL, 3AH
          JB    DISPLAY     ;
          ADD   DL, 07H
DISPLAY:  MOV   AH, 2           ;2 号功能显示单个字符，入口参数在 DL 中
          INT   21H
          RET
          DISP_1    ENDP
```

本例中的参数传送属于寄存器传送，即调用程序将参数放在寄存器中，进入子程序后，子程序使用这些寄存器便获得了参数。DISP_4 与 DISP_2 通过 AL 寄存器传送参数；DISP_2

与 DISP_1 通过 DL 寄存器传送参数。寄存器传送参数速度快，但受寄存器数目限制，因此常用于传送参数不多的情况。

例 4.18：已知数组由 50 个字数据组成，试求出该数组元素之和。

算法分析：假设数组已经存放在以 ARY 开始的存储区中，其各个元素之和存放在以 SUM 开始的存储区中，如图 4.10 所示。用子程序结构进行编程，流程如下：

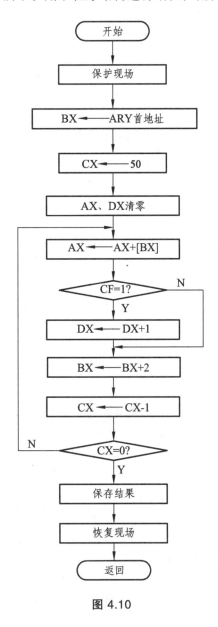

图 4.10

算法实现：

```
DATA      SEGMENT
ARY       DW    50  DUP（？）
SUM       DW    ？
```

```
DATA      ENDS
CODE      SEGMENT
          ASSUME  CS：CODE，DS：DATA
START：    MOV     AX，DATA
          MOV     DS，AX
          CALL    RADD
          MOV     AH，4CH
          INT     21H
;求和子程序
RADD      PROC    NEAR
          PUSH    AX
          PUSH    BX
          PUSH    CX
          PUSH    DX
          LEA     BX，ARY
          MOV     CX，50
          MOV     AX，0
          MOV     DX，AX
CL1：      ADD     AX，[BX]
          JNC     CL2
          INC     DX
CL2：      ADD     BX，2
          LOOP    CL1
          MOV     SUM，AX
          MOV     SUM+2，DX
          POP     DX
          POP     CX
          POP     BX
          POP     AX
          RET
RADD      ENDP
CODE      ENDS
          END     START
```

本例中的参数传送采用固定缓冲区传送方法，即采用存储器来实现参数传送，在数据段内设置要传送的数据变量，相当于设置了固定数据缓冲区；主程序把要传送的参数放入这些数据变量中，子程序对这些数据变量直接访问便获得了参数。通常把子程序与调用它的主程序安排在同一模块内，便于子程序和调用它的主程序直接访问数据变量。

4.5.5 模块化程序设计

（1）模块化程序设计的优点。

模块化程序设计就是将复杂的程序划分成多个程序模块，每个模块完成明确规定的任务。其优点如下：

① 在大型程序设计时，采用模块化程序设计便于程序员之间分工合作，即由多人编写和调试，这样能加快程序的开发速度；

② 程序的可读性强，易于调试和修改；

③ 可将频繁使用的程序段编制成模块，供多个任务使用，不仅能使程序更简洁，而且还能提高编程效率。

（2）模块化程序设计步骤。

在模块化程序设计中，将各个源程序模块单独进行汇编，产生相应的各目标模块，最后再由连接程序将各个目标模块连接起来构成一个完整的可执行程序。模块化程序设计的具体步骤如下：

① 明确任务，正确地描述整个程序需要完成的各项功能；

② 根据各项功能与整个程序的关系，把整个程序划分成多个功能模块，并画出模块层次图；

③ 确切地定义每个模块的功能以及与其他功能模块之间的联系，并写出各模块的说明；

④ 把每个功能模块编制成程序，并进行独立汇编、调试，得到该模块的目标模块；

⑤ 将连接程序将各目标模块连接在一起，构成一个完整的可执行程序；

⑥ 把整个程序及所有的模块说明合在一起，形成一个模块化程序设计文件。

（3）模块化程序设计方法。

采用模块化程序设计方法既要合理划分模块，又要严格定义各模块的入口参数和出口参数以及各模块间的通信方式。

① 模块划分的方法。

可采用自顶向下的方法对模块进行划分，模块的划分有一定的灵活性，但一般应遵循以下原则：

a. 高内聚。每个模块应该具有独立的功能，能产生一种明确的结果。

b. 低耦合。模块之间的控制方式应尽量简单，模块之间的数据通信量应最少。

c. 长度适中。一般 50～100 行较合适。若太长，可读性和维护性较差，失去了模块化的优越性；若太短，则为模块所做的连接、通信等工作量太大，使执行速度变慢。

一般先将主模块划分成几个主要的一级模块，然后把每个一级子模块的功能再细分成二级子模块，进而再细分成三级子模块等，一直细分到易于理解和实现的小模块为止。在划分模块的过程中，要弄清楚每个模块的功能、数据结构及相互之间的关系。

② 模块划分的描述。

利用层次图可以清楚地描述各模块之间的调用关系，如图 4.11 所示，主模块调用一级子模块 1、2、3；而模块 1 又调用它的下级模块 1.1、1.2，模块 2 又调用模块 2.1、2.2 等；模块 1.1 调用它的下级模块 1.1.1。

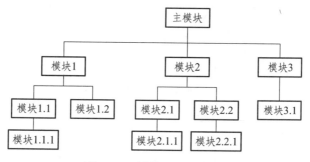

图 4.11 模块划分的描述

③ 模块化程序设计技术。

模块化程序实现方法有子程序结构和宏结构两种。

采用子程序结构设计是汇编语言程序设计中实现模块化程序设计的重要手段。将每个子模块定义成子程序，根据模块划分的层次图，上一级模块用 CALL 指令调用下一级模块，这样便实现了模块化程序设计。

采用宏定义、调用和展开来进行程序设计也是汇编语言程序设计中实现程序模块化的重要技巧。将每个子模块设计成具有独立功能的宏，根据模块划分的层次图，上一级模块直接用宏名实现对下一级模块的宏调用。

（3）多模块的连接。

在模块化程序设计中，所有的模块汇编调试完后，由连接程序一次装配成一个完整的可执行文件。在进行多模块程序连接时，LINK 程序是根据 SEGMENT 语句中提供的组合类型和类名信息进行连接的，下面通过一个例子来了解连接程序 LINK 是如何对段进行组合的。

例 4.19：设有 M1、M2、M3 三个模块，M1 含有段 A、段 B、段 C，相应的组合类型分别为 PUBLIC、COMMON 和 STACK；M2 含有段 A、段 C，相应的组合类型分别为 PUBLIC 和 STACK；M3 含有段 A、段 B、段 C，相应的组合类型分别为 PUBLIC、COMMON，段 C 没有指定组合类型。试说明经连接程序 LINK 对段进行组合处理后产生哪些段？

分析：M1、M2、M3 都有段 A，且都是 PUBLIC 类型，因此，依次由低地址到高地址连接起来生成新的段 A，新段的长度为组合在一起的各段之和。

M1、M3 都有段 B 且都是 COMMON 类型，因此采用覆盖方式生成新的段 B，新段的长度为各分段中的最大长度；

M1、M2、M3 都有段 C，其中 M1、M2 的段 C 是 STACK 类型，顺序连接起来生成新的堆栈段 C，新段的长度为组合在一起的各段之和。

但 M3 的段 C 没有指定组合类型，该段与其他同名段不进行连接，独立存在于存储器中，生成 D 段。

段组合处理的结果如图 4.12 所示。

（4）模块间标识符的交叉访问。

模块间标识符的交叉访问就是指一个模块要引用在另一个模块中定义的标识符（如变量、标号等）。一个模块有局部和全局两种标识符。局部标识符供本模块使用，而全局标识符不仅可以供本模块使用，还可以供其他模块使用。模块间的交叉访问采用 PUBLIC 指出全局标识符，用 EXTRN 指出外部标识符，为模块之间的交叉访问提供所需要的信息。

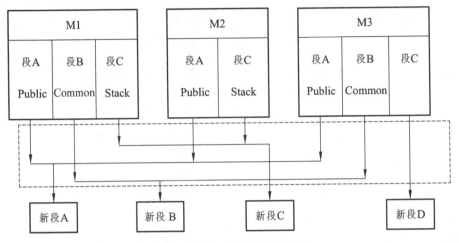

图 4.12 段组合处理的示意图

（5）模块间数据传送的其他方法。

通常，模块间数据传送方法还有寄存器传送、固定缓冲区传送、地址表传送和堆栈传送等。

4.6 DOS 及 BIOS 功能调用

DOS 是美国微软公司为 IBM PC 研制的磁盘操作系统，它为程序设计人员提供了可以直接调用的功能子程序。DOS 功能调用就是指对这些子程序的调用，也称系统功能调用。子程序的顺序编号称为功能调用号。

DOS 系统功能分为设备管理、文件管理和目录管理三个方面。其中，设备管理包括键盘输入、显示输出、设置磁盘缓冲器、选择当前盘等功能调用；文件管理包括建立文件、打开文件、读/写文件、删除文件等功能调用；目录管理包括查找目录项、更改目录项、建立子目录、删除子目录等功能调用。

IBM PC 系列机在只读存储器 ROM 中固化有一组外部设备驱动与管理软件，占用系统板上 8K 字节的 ROM 区，组成 PC 机基本输入输出系统(Basic I/O System)，它处于系统软件的最低层，又称 ROM BIOS。

BIOS 主要包括以下一些功能：

① 系统自检及初始化。例如，系统加电启动时对硬件进行检测；对外部设备进行初始化；设置中断向量；引导操作系统等。

② 系统服务。为操作系统和应用程序提供系统服务，这些服务主要与 I/O 设备有关，如读取键盘输入等。为了完成这些操作，BIOS 必须直接与 I/O 设备打交道，它通过端口与 I/O 设备之间传送数据，使应用程序脱离具体的硬件操作。

③ 硬件中断处理。提供硬件中断服务程序。

用户可通过使用 BIOS 和基本 DOS 系统提供的这些功能模块子程序（中断子程序调用），来编制直接管理和控制计算机硬件设备的底层软件（主要是完成 I/O 操作），而用户不必深入了解有关设备的电路和接口，只需遵照 DOS 规定的调用原则即可。

一般来说，用户编程尽可能使用 DOS 的系统功能调用，以提高程序可移植性；在 DOS 功能不能实现的情况下，考虑用 BIOS 功能调用；当 DOS 和 BIOS 的中断子程序均不能解决问题时，使用 IN/OUT 指令直接控制硬件。

BIOS/DOS 的每个功能子程序都对应着一个子程序文件，因此，BIOS/DOS 功能子程序调用步骤如下：

① 子程序入口参数送规定寄存器；
② 子程序编号(功能调用号)送 AH 寄存器；
③ 发软中断命令：INT n。

使用时需要注意，有的软中断号 n 对应一个子程序，调用时无需步骤②；而有的软中断号 n 对应若干个子程序，必须严格按以上顺序执行。例如，INT10H 对应有近 20 个字程序，INT21H 对应有 100 多个字程序。

DOS 功能调用在更高层次上提供了与 BIOS 类同的功能，两者的区别主要体现在：① 调用 BIOS 中断程序比调用 DOS 复杂一些，但运行速度更快、功能更强；② DOS 功能调用只适用于 DOS 环境，而 BIOS 功能调用不受任何操作系统的约束；③ 某些功能只有 BIOS 具有。

4.6.1 常见 DOS 系统功能调用

（1）带显示的键盘输入（1 号功能）。

说明：调用该功能子程序将等待键盘输入，直到按下一个键。将字符的 ASCII 码送入 AL 寄存器，并在屏幕上显示该字符。如果是 Ctrl-C 组合键，则停止程序运行。该功能调用无入口参数。

例如：MOV　AH，01H
　　　INT　21H

（2）不带显示的键盘输入（8 号功能）。

说明：该功能调用与 1 号功能的作用相似，区别是 8 号功能将不显示输入的字符。

例如：MOV　AH，08H
　　　INT　21H

（3）不带显示的键盘字符输入（7 号功能）。

说明：该功能与 8 号功能相似，但对 Ctrl+C 组合键和 TAB 制表键无反应。

例如：MOV AH，07H
　　　INT　21H

（4）字符串输入（0AH 号功能）。

说明：

① 该功能调用可实现从键盘输入一个字符串，其长度可达 255 个字符。

② 调用该功能前，应在内存中建立一个输入缓冲区。缓冲区第一个字节指出可输入的最大字符数；第二个字节是系统在调用该功能时，自动填入的本次调用时实际输入的字符个数；从第三个字节开始存放输入字符的 ASCII 码。

③ 当用户输入回车键时，结束输入，并将回车键的 ASCII 码（0DH）作为最后一个字

符送入缓冲区,但它不计入实际输入字符个数。

调用入口参数: DS 和 DX 寄存器分别装入输入缓冲区的段基值和偏移量。

例如:

```
char_buf   DB 60H                  ;缓冲区的最大长度
           DB 0                    ;存实际输入字符数
           DB 60H DUP(0)           ;输入缓冲区
           ……
           MOV DX,SEG char_buf     ;如果 DS 已经指向 char_buf 所在
           MOV DS,DX               ;数据段,可以省去这两条指令
           MOV DX,OFFSET char_buf
           MOV AH,0AH
           INT 21H
```

(5)字符显示(2 号功能)。

说明:该功能实现在屏幕上显示单个字符。

入口参数:DL 中存放待显示字符的 ASCII 码。

例如: MOV   DL,'A'; 待显示的字符'A'
      MOV   AH,2
      INT   21H

(6)字符打印(5 号功能)。

说明:该功能将字符送入打印机接口,实现单个字符的打印操作。

入口参数:DL 中存放待打印字符的 ASCII 码。

例如: MOV   DL,'A'
      MOV   AH,5
      INT   21H

(7)字符串显示(9 号功能)。

说明:该功能实现将一个字符串显示到屏幕上。

入口参数:

① 将待显示的字符串存放在一个数据缓冲区,字符串以符号"$"作为结束标志。

② 将字符串的首址的段基值和偏移量分别送入 DS 和 DX 中。

例如:char   DB   'This is a test.','$'
              …
           MOV   DX,OFFSET char
           MOV AH,09H
           INT   21H

(8)直接输入输出(6 号功能)。

说明:该功能可以实现键盘输入,也可以实现屏幕显示操作。究竟属于哪种操作由 DL 的内容确定。

①(DL)=00—0FEH,显示输出。DL 中是所显示字符的 ASCII 码。

例如,显示美元符号"$":

```
    MOV   DL，24H   ；$的 ASCII 码为 24H
    MOV AH，06
    INT   21H
```
②(DL)=FFH，从键盘输入字符。

说明：该功能的字符输入不等待键盘输入，而是从键盘缓冲区中读取。读取的字符 ASCII 码送入 AL 中，如果没有键按下，则标志位 ZF = 1。

```
    例如：WAIT: MOV   DL，0FFH
           MOV   AH，6
           INT 21H
           JZ   WAIT
```

（9）读出系统日期（2AH 号功能）。

说明：读出的系统日期信息放入指定的寄存器中。

出口参数：CX：年（1980—2099）   DH：月（1—12）
DL：日（1—31）   AL：星期（0—星期日，1—星期一……）

```
    例如： year    DW   ?
           month   DB   ?
           day     DB   ?
           …
           MOV   AH,2AH
           INT   21H
           MOV   year,CX
           MOV   month,DH
           MOV   day,DL
```

（10）设置系统日期（2BH 号功能）。

说明：该功能用来改变计算机 CMOS 中的系统日期。

入口参数：CX：年号（1980—2099） DH：月号（1—12） DL：日（1—31）

出口参数：返回参数在 AL 中，若成功设置，则返回(AL)=0，否则（AL）=0FFH。

```
    例如：MOV CX,2000
           MOV DH,11
           MOV DL,2
           MOV AH,2BH
           INT 21H
           CMP AL,0
           JNE ERROR    ;转出错处理
           …
```

（11）读出系统时间（2CH 号功能）。

说明：执行该功能将获得系统的当前时间。

出口参数：CH：小时（0—23）   CL：分（0—59）
         DH：秒（0—59）   DL：百分秒（0—99）

(12) 设置系统时间（2DH 号功能）。

说明：调用该功能，将设定系统时间。

入口参数：CH：小时（0—23）　　CL：分（0—59）

DH：秒（0—59）　　DL：百分秒（0—99）

出口参数：该功能执行后返回时，如果调用成功，则（AL）=0；否则（AL）=0FFH。

4.6.2　常用 BIOS 功能调用

BIOS 中常见的几个中断类型如下：

屏幕显示：INT 10H；磁盘操作：INT 13H；串行口操作：INT 14H；键盘操作：INT 16H；打印机操作：INT 17H。

由于每类中断包含许多子功能，调用时需通过功能号指定。

例如：INT=16H——键盘输入。

① AH=0：从键盘读一键。

出口参数：AL=ASCII 码，AH=扫描码。

功能：从键盘读入一个键后返回，按键不显示在屏幕上。对于无相应 ASCII 码的键，如功能键等，AL 返回 0。

扫描码是表示按键所在位置的代码。

② AH=1：判断是否有键可读。

出口参数：若 ZF=0，则有键可读，AL=ASCII 码，AH=扫描码；否则，无键可读。

③ AH=2：返回变换键的当前状态。

出口参数：AL=变换键的状态。

例如，读键盘输入，显示其中的 ASCII 字符，按回车键退出。

```
CODE        SEGMENT
            ASSUME   CS：CODE
START:
READNEXT:   MOV AH，00H;系统扫描键盘并等待输入一个字符
            INT 16H
            CMP AL，0DH
            JZ   EXIT
            MOV AH，0EH;将一个 ASCII 字符在当前光标位置显示
            INT 10H
            JMP READNEXT
EXIT:       MOV   AH，4CH
            INT 21H
CODE        ENDS
            END   START
```

习 题

1. 编程实现 Y=(X1+X2)/2。

2. 编程实现使键盘上 A、B、C、D 四个字母键成为 4 条输入命令，使之分别对应不同算法的控制子程序。

3. 统计出某一内存单元中'1'的个数。

4. 利用学号查学生的数学成绩。

5. 设有两个数组 X 和 Y，它们都有 8 个元素，其元素按下标从小到大的顺序存放在数据段中。试编写程序完成下列计算：

Z1=X1+Y1　　　Z2=X2-Y2　　　Z3=X3+Y3

Z4=X4-Y4　　　Z5=X5-Y5　　　Z6=X6+Y6

Z7=X7+Y7　　　Z8=X8-Y8

6. 编写程序，求级数 $1^2+2^2+3^2+\cdots$ 的前 N 项和。

7. 利用 DOS 系统功能调用实现人机对话。根据屏幕上显示的提示信息"WHAT IS YOUR SCHOOL?"，从键盘输入字符串并存入内存缓冲区。

5 半导体存储器

本章要点
- ◆ 了解存储器工作原理
- ◆ 掌握静态和动态 RAM 芯片的结构、工作原理及其典型产品
- ◆ 掌握 ROM 芯片的结构、工作原理及其典型产品
- ◆ 了解 EPROM, EEPROM 的工作原理
- ◆ 掌握半导体存储器与 CPU 的连接方法
- ◆ 掌握存储器的扩展技术

5.1 概述

存储器是具有存储功能的部件,是计算机的重要组成部分,有了它,计算机就有了存储功能,实现程序和数据等信息的存储和调用,保证计算机自动高速连续的运行,执行各种运算。存储器的种类很多,按其用途可分为主存储器和辅助存储器。主存储器由半导体器件制成,可以被 CPU 直接寻址,又称内存储器,平时我们安装的程序,如系统软件、办公软件、游戏软件等,一般都安装在硬盘等辅助存储器(外存储器)上,只有这些程序被调入内存储器时,计算机才能运行这些程序。相对于外存储器而言,内存储器性能的好坏更直接地影响计算机的运行速度,所以,本章主要讨论的是内存储器。计算机运行过程中,CPU 的大部分工作时间都是用来对存储器进行读/写操作,随着 CPU 运行速度的不断提高和计算机应用范围的不断扩大,人们希望存储器具有速度快、容量大、价格低等特点,但实际上很难同时满足这些要求,因此,在设计计算机的存储系统时,尽量在高速度、大容量和低成本之间平衡。通常的做法是设计一个快慢搭配,具有层次结构的存储系统。图 5.1 所示为新型计算机系统中的存储器组织结构,呈现金字塔形,越是位于金字塔上部的存储器运行速度越快,CPU 的访问越频繁,系统的容量越小,单位存储容量的价格也越高。在图 5.1 中,位于金字塔顶端的是 CPU 内部的寄存器,它具有存取速度最快、容量极为有限等特点;往下依次是 CPU 内部的 Cache(高速缓冲存储器)、主板上的 Cache、主存储器、辅助存储器和大容量辅助存储器;辅助存储器和大容量辅助存储器是位于金字塔底部的存储器,其容量最大,单位存储容量的价格最低,但速度也最慢。

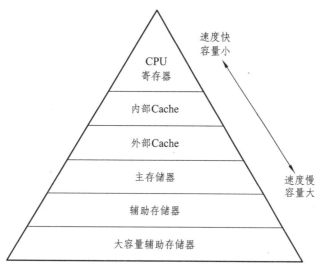

图 5.1 微机存储系统的层次结构

5.1.1 半导体存储器的技术指标

通常用功耗、可靠性、容量、价格、存取时间等来衡量半导体存储器的性能优劣，但从使用的角度看，最重要的指标是存储器的容量和存取速度。

1. 存储容量

存储容量是指存储器所能存储二进制数码信息的数量，即所含存储位信息的总数，常用"存储单元个数×每个存储单元的位数"来表示，它反映存储空间的大小。例如对于一个存储字长为 8 位的存储器芯片，它的地址寄存器为 11 位，则存储总位数为 2K×8 位，用字节表示为 2 KB。通常存储器的容量越大，计算机的运行速度越快。

2. 存取时间

存取时间是指存储器从接收来自于 CPU 的读或写命令到完成所接受到的命令操作所需要的时间，包括读出时间和写入时间，它是反映存储器工作速度快慢的一个重要指标。读出时间是指从 CPU 向存储器发出有效地址和读操作命令开始，到被选择存储单元的内容读出到数据缓冲寄存器所需要的时间；写入时间是指从 CPU 向存储器发出有效地址和写操作命令开始，到信息写入到被选中存储单元所需要的时间。内存的存储时间常用纳秒（ns）计数，存储时间一般为几十纳秒到几百纳秒。通常存储时间越短，计算机运行速度越快。

3. 存取周期

存取周期是指连续启动两次独立的存储器读或写操作所需要的最小间隔时间。存储器在读出数据之后还要用一段延迟时间来完成内部操作，这一时间又称为恢复时间，读出时间加上恢复时间才是读周期，故存取周期必定大于存取时间，存取时间和存取周期是两个不同的概念。

4. 可靠性

可靠性指存储器对环境温度与电磁场等外在工作条件的抗干扰能力，用平均无故障时间来衡量。平均无故障时间越长，可靠性越高。一般微型计算机内存都具有较高的可靠性，平均无故障时间可以达到几千小时以上。

5. 功耗

功耗是指每个存储单元消耗功率的大小。使用功耗低的存储器芯片构成存储器系统，不但可以减少对电源容量的要求，还可以提高存储器系统的可靠性。

6. 性能/价格比

性能/价格比是衡量存储器经济性能好坏的综合指标。性能主要包括存储容量、存储速度和可靠性等；价格包括存储单元本身和外围电路的价格。对不同用途的存储器有不同的性能/价格比要求，例如，对高速缓冲存储器主要要求存储速度快；对辅助存储器主要要求存储容量大，价格便宜。

7. 其他指标

存储器的体积大小、工作温度范围等也是人们所关注的性能指标。

5.1.2 存储器的分类

按照其位于主机内还是主机外，计算机存储器可分为内部存储器和外部存储器两大类。内部存储器（简称内存或主存）通过系统总线与 CPU 相连，CPU 可以直接访问它，用来存放当前 CPU 正在运行的程序和处理的数据。外部存储器（简称外存）通过专门的接口电路与 CPU 相连，CPU 不能对它进行直接访问，必须配备专门的设备才能够对它进行读写（如磁盘驱动器等），用来存放 CPU 当前没有运行的程序和设有处理的数据。相对而言，内存容量小、存取速度快；外存容量大、存取速度相对较慢。

按照使用存储介质的不同，计算机存储器可分为半导体存储器、磁表面存储器（如磁盘存储器与磁带存储器）、光介质存储器等。

半导体存储器具有存取速度快、集成度高、体积小、功耗低、应用方便等优点，微型计算机的内存一般都采用半导体存储器，其种类繁多。一般分类方法如下：

1. 按存储器的制造工艺分类

半导体存储器可以分为双极型半导体存储器和金属-氧化物-半导体存储器两类。双极（Bipolar）型半导体存储器以双稳态触发器作为存储单元，工作速度与 CPU 处在同一数量级，但具有集成度低、功耗大、价格偏高等缺点，因此在微型计算机中常用作高速缓存器（Cache）或对工作速度要求较高的内存。金属-氧化物-半导体（Metal-Oxide-Semiconductor）型存储器（简称 MOS 型存储器）是以金属-氧化物-半导体场效应晶体管作为存储单元，具有集成度高、功耗低、价格便宜等优点，但其工作速度比双极型半导体存储器慢，在计算机中常用于容量相对较大的内存，如静态随机存取存储器（SRAM）、动态随机存取存储器（DRAM）、可擦除可编程只读存储器（EPROM）等。

2. 按信息存取方式分类

有的半导体存储器在信息被写入后只能读出，而不能被重新写入，而有的半导体存储器在信息被写入后既能读出，又能被重新写入。基于这一特点，半导体存储器可以分为随机存取存储器（RAM，Random Access Memory）和只读存储器（ROM，Read Only Memory）两大类。

（1）随机存取存储器（RAM）是指 CPU 既可以从中读取数据，又可以将数据写入其中的存储器，又被称为读/写存储器。当计算机系统掉电时，存储于其中的信息就会全部丢失，因此它又被称为易失性或挥发性存储器（VRAM，Volatile RAM）。由于这一特点，RAM 只能用来存放暂时性的输入/输出数据、中间运算结果和用户程序。目前也有一些 RAM 芯片内部集成有可充电电池的情形，计算机掉电后信息不会丢失，人们将这类半导体存储器称为非易失性或不挥发性 RAM（NVRAM，Non-volatile RAM）。根据 RAM 存储器存储信息的工作原理，可将 RAM 分为静态 RAM（SRAM）和动态 RAM（DRAM）两大类。SRAM 的基本存储电路一般由 MOS 晶体管触发器组成，根据触发器的导通与截止状态，每个触发器可存放一位二进制的"0"或"1"，只要计算机系统不掉电，它所存储的信息就不会丢失。SRAM 的工作速度快、稳定可靠，使用方便，不需要外加刷新电路，但是一个存储单元所需的晶体管数量多，集成度不易做得很高，功耗较大，成本也高，因此，SRAM 常用于微型计算机系统的小容量高速缓冲存储器（Cache）。DRAM 的基本存储电路是 MOS 晶体管的栅极和衬底之间的分布电容，电容充电后表示"1"，放电后表示"0"，由于电容存在漏电现象，时间长了信息会消失，为了维持 DRAM 所存储的信息，需要外加刷新电路定期地对 DRAM 进行刷新（Refresh），即对电容进行充电，但是一个存储单元所需晶体管数量少，集成度可以做得很高，成本低，功耗少，但工作速度比 SRAM 慢得多，因此 DRAM 常用作计算机的内存。

（2）只读存储器（ROM）是指 CPU 只能从中读取数据，而不能将数据重新写入其中的存储器，当计算机系统掉电后，存储于其中的信息保留不变，所以 ROM 常用来保存无需修改就可长期使用的程序和数据，如监控程序、操作系统中的基本输入/输出系统（BIOS）程序、BASIC 解释程序或用户需要固化的程序、外部设备的驱动程序等。按照信息写入的方式，ROM 可分为掩膜式 ROM（MROM）、可编程 ROM（PROM）、紫外线可擦除可编程 ROM（UV-EPROM）、电可擦除可编程 ROM（EEPROM）和闪速存储器（Flash Memory）等。存储于 MROM 中的信息由制造商根据用户提供的数据在生产制造时将信息写入，用户无法改动，适宜于大批量生产。存储于 PROM、EPROM 和 EEPROM 中的信息均可由用户编程写入，信息一旦被写入就不会丢失。PROM 是指存储芯片中的信息由用户根据需要一次性写入，写入以后就不能擦除和改写。针对 PROM 中的信息只能被写入一次的状况，后来发展了 UV-EPROM 和 EEPROM 两种可被反复写入信息的存储器，由于 UV-EPROM 是采用紫外线将存储芯片中的信息擦除，存储芯片只有从计算机中取出，由专门的设备将信息擦除以后，才能被重新编程写入；而 EEPROM 采用电擦除，擦除数据和重新编程写入都可以在线完成。Flash 是近年来得到迅速发展的一种新型快速擦除和重新编程写入的非易失性存储器，擦除和重新写入方便，存储容量大，有取代其他类型 ROM 的趋势。

5.1.3 存储器系统结构

在计算机发展早期，CPU 运行速度慢，寻址范围较小，一种存储器与它配合使用已经足够，但随着计算机技术的发展，CPU 运行速度不断提高，寻址范围不断扩大，对存储器的速度和容量的要求越来越高。通常速度越快的存储器，它们的容量相对较小，价格也越高，于是出现了将两种或两种以上的速度、容量和价格各不相同的存储器芯片用硬件、软件或软硬件相结合的方法连接起来构成的存储器系统，以满足 CPU 运行的需要。程序的大部分指令都是按顺序连续存放在存储器系统中的，程序在运行时，CPU 将集中访问与当前被执行指令存放地址相邻的存储空间，也就是说与当前被执行的指令越近的指令，被 CPU 访问的概率越高；CPU 在处理数据时，虽然可以对存储器系统中任意一地址空间进行访问，但统计也表明，CPU 对存储器系统的访问也相对集中在与当前被处理数据相邻的一段地址范围内，这种现象又被称为程序的局部性原理。根据 CPU 运行的这一特点，一个由多种运行速度存储器芯片组成的存储器系统已成为现代计算机系统的典型存储结构。使用价格便宜、存储容量大而运行速度相对较慢的存取器芯片存储指令和数据，使用运行速度快而存储容量相对较小存储器芯片存放 CPU 运行时需要用到的指令和数据，使得 CPU 只针对那些运行速度快、存储容量相对较小的存储器芯片进行操作，这样就使得整个计算机系统的运行速度接近速度快的存储器，存储容量接近容量大的存储器。通常依据存储器芯片运行速度的快慢将计算机存储器系统分为四级：内部寄存器组、高速缓冲存储器、内存储器、外存储器。

1. 内部寄存器组

内部寄存器组是一种置于 CPU 内部的存储器，CPU 在对寄存器进行读写时速度都很快，一般在一个时钟周期内即可完成，但由于受芯片面积和集成度等因素的限制，寄存器的数量非常有限，所以它们一般用于存放当前正要执行的程序、待使用的数据和运算的中间结果。

2. 高速缓冲存储器

高速缓冲存储器与 CPU 一样，都是由半导体材料制成，它的运行速度与 CPU 相匹配，目前容量可达几百 KB，通常用来存放 CPU 用得最频繁的程序和数据。设置高速缓冲存储器是提高 CPU 运行效率的主要方法。

3. 内存储器

由于 CPU 在运行时，首先是对高速缓冲存储器进行寻址，只有当所访问的指令和数据不在高速缓冲存储器中时，才访问运行速度相对较慢的内存储器，并将所访问的内容和存储单元的地址以块为单位从内存储器复制到高速缓冲存储器中。命中率作为衡量 CPU 对高速缓冲存储器访问操作的有效性，被定义为高速缓冲存储器被访问命中次数与存储器（包括高速缓冲存储器和内存储器）被访问总次数之比。所谓命中就是指 CPU 在访问指令和数据时，如果所访问的操作数在高速缓冲存储器中，就称为此次访问命中，这时不需要再访问运行速度相对较慢的内存储器；相反，如果所访问的操作数不在高速缓冲存储器中时，就称为此次访问未命中，就需要访问运行速度相对较慢的内存储器并对操作数进行操作。现假设 CPU 访问高速缓冲存储器的命中率为 95%，这意味着 CPU 用 95% 的总线周期访问高速缓冲存储器，仅有 5% 的总线周期对内部存储器进行访问。一般来说，由于下一次要访问的指令或数据的地址就在前一次访问内容的附近，所以命中率可以非常高，CPU 对高速缓冲存储器访问的命中率可达 98%。这意味着采用容量较大、运行速度稍慢的存储器芯片作为内存储器，对 CPU 的运行效率不会产生太大影响，因为 CPU 在绝大部分时间都是针对高速缓冲存储器进行操作。因此在 CPU 和内存储器之间增设一个小容量的高速缓冲存储器，可以使存储器系统的运行速度接近 CPU，而容量却接近于较大容量的内存储器，很好地解决了速度和容量之间的矛盾。目前，内存储器的容量一般都在一百兆字节以上，主要用来存储 CPU 运行的程序和数据。

4. 外存储器

外存储器是相对于内存储器而言的，它具有比内存储器大得多的容量，但是运行速度也慢得多，如磁带、软盘、硬盘、光盘等。它们主要用来存放大量程序和数据，CPU 不直接访问外存储器，它们只与内存储器交换信息，因此外存储器的运行速度可以慢一些。一些高档的计算机已具备虚拟存储的访问能力，这时硬盘的存储空间可以直接作为内存空间的扩展，虚拟存储空间可达 64MB 以上。

5.1.4 半导体存储器芯片的基本结构

虽然半导体内存储器的种类很多，其内部结构也各不相同，但从宏观上看，半导体内存储器都是由存储体、地址寄存器、地址译码驱动电路、数据寄存器、读/写驱动电路和读/写控制逻辑等 6 个部分组成，如图 5.2 所示。CPU 通过数据总线、地址总线、控制总线与它们相连。

（1）存储体。

存储体是用来存放数据信息的矩阵，是存储单元的集合体，每个存储单元又由若干个用来存放一位二进制信息的基本存储电路组成。在计算机中，存储单元通常是以字节的形式组织起来的，也就是说一个存储单元可以存储 8 位二进制信息，即一个存储单元包含 8 个基本存储电路。

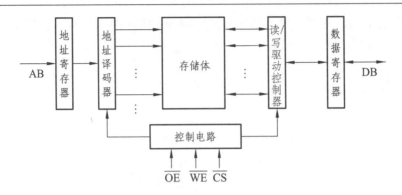

图 5.2 半导体存储器芯片内部结构

在设计存储器系统时,为了减少存储器芯片的封装引脚数和简化地址译码器结构,将基本存储电路按二维矩阵的形式来排列,如将多个存储单元的同一位排列在一起,形成 N 字 X1 多字一位结构,简称位结构;将一个存储单元的若干位(如 4 位、8 位)排列在一起,形成 N 字 X4 位/字或 N 字 X8 位/字等多字多位结构,简称字结构。

(2)地址寄存器。

为了方便 CPU 对存储单元进行访问,将每个存储单元分配一个唯一的物理地址,这样 CPU 对存储单元的访问就变成了对物理地址的访问。由于 CPU 地址总线的每一个编码对应一个物理地址,所以地址总线条数的数目决定着 CPU 能直接寻址存储单元的数目。如当 CPU 地址总线的条数为 n 时,可生成的编码数有 2^n 个,即 CPU 可直接寻址的存储单元数为 2^n 个。地址寄存器用于存放 CPU 要访问存储单元的物理地址,也就是地址总线的不同编码状态,经地址译码驱动电路译码后选择相应的存储单元。

(3)地址译码驱动电路。

地址译码驱动电路通过将 CPU 发送来的地址信息转换为与其对应输出线的高电位或低电位来选中一个存储单元,即实现多选 1 功能;同时提供驱动电流去驱动相应的读/写电路,完成对被选中存储单元的读/写操作,它包括地址译码器和驱动器两部分。通常地址总线的高位地址信息经译码后产生片选信号选中芯片,低位地址信息经译码后产生选中芯片内存储单元所需要的信号,最后在读/写控制信号的控制下完成对存储单元的读写。存储体中存储单元的地址编码产生方式常有单译码方式和双译码方式两种。

① 单译码方式。

单译码方式是用字线来选择存储单元的全部位。地址译码驱动电路输出驱动所有字线中的一根,若每个存储单元由 M 位组成,则当某根字线选中某存储单元时,对应于此存储单元中的 M 位便同时被选中,经输出缓冲放大器输出或输入一个 M 位的数据,完成对存储单元的读/写操作。在图 5.3 中,若字线 N 为 64,M 为 4 位,则地址译码器的地址输入线应为 6 位,产生 $2^6 = 64$ 个编码状态,控制选中 64 个存储单元中的一个。当地址信号为 000000 时,选中存储单元 0,若进行读出操作,则该存储单元中的 4 位同时被读出;若地址信号为 111111,则选中存储单

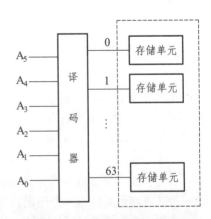

图 5.3 单译码方式结构示意图

元 63，若进行写入操作，则该存储单元中的 4 位便同时被写入。单译码方式主要用于小容量的存储器。

② 双译码方式。

双译码方式通过 X，Y 两个地址译码器同时参加译码，共同作用选择一个存储单元。若有 n_1 条地址信号线经 X 译码器译码，则 n_2 条地址信号线经 Y 译码器译码，当 $n = n_1 + n_2$ 时，则 X—Y 译码器的输出状态有 $2^{n_1} \times 2^{n_2} = 2^n$ 个，因此，不管采用单译码方式，还是双译码方式，在存储容量一定时，所需地址线数目是相同的，只是在采用双译码方式时，由于将地址线分成两组，分别进行译码，使得地址译码器的输出线的数目大大减少。例如，$n = n_1 + n_2 = 6 + 6 = 12$，双译码输出的状态数为 $2^6 \times 2^6 = 4\,096$ 个，地址译码器输出线数只需 $2 \times 2^6 = 128$ 根；而当采用单译码方式时，地址译码器输出线数需要 4 096 根，因此对于大容量的存储器，常采用双译码方式。

在图 5.4 中，存储体由 8×8 个基本存储电路排列而成，需要 6 根地址线 $A_5 \sim A_0$ 参与译码，$A_2 \sim A_0$ 输入至行（X）译码器，输出 8 条字选择线，分别选择 8 行（$X_0 \sim X_7$），$A_5 \sim A_3$ 输入至列（Y）译码器，输出的 8 条位选择线，分别选择 $Y_0 \sim Y_7$ 列。若 $A_2 \sim A_0 = 000$，则行地址译码器输出线 X_0 为高电平，选中 X_0 行；列地址译码器输出线 Y_0 为高电平，选中 Y_0 列，X、Y 双向译码的结果是选中 $W_{0,0}$ 位基本存储电路，即可对这一位基本存储电路进行读/写操作。

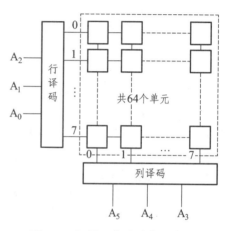

图 5.4 双译码方式结构示意图

（4）数据寄存器。

数据寄存器能方便存储器系统与数据总线相连，协调 CPU 与存储器系统之间运行速度的差异，暂时存放从存储单元读出或要写入存储器的数据。由于它可帮助实现数据在数据总线与存储单元之间双向传输，并且可通过片选控制信号，在存储单元和数据总线之间呈现高阻态，所以它又被称为三态双向缓冲器。

（5）读/写驱动电路。

读/写驱动电路包括读出放大器、写入电路和读写控制电路。只有当存储器接受到来自 CPU 的读/写命令 $\overline{RD}$ 和 $\overline{WR}$ 后，才能正确地完成读/写操作。

（6）读/写控制逻辑。

读/写控制逻辑通过信号引脚接收到来自 CPU 的启动、片选、读/写及清除等控制信号，经组合变换后，产生一组时序信号来控制存储器的读/写操作。

5.2 读/写存储器 RAM

半导体读/写存储器 RAM 是指 CPU 可以随时对存储器内部的任何位置所存储的内容进行读出、写入和修改。根据存储器芯片内部基本存储电路结构的不同，读/写存储器 RAM 可进一步分为静态 RAM（SRAM）和动态 RAM（DRAM）两类。

5.2.1 静态读/写存储器 RAM（SRAM）

1. 静态读/写存储器 RAM 的工作原理

SRAM 的基本存储电路如图 5.5 所示，由 $T_1 \sim T_6$ 其 6 个 NMOS 晶体管、字（行）选择线 X_i、位（列）选择线 Y_i、数据线 D 和 $\overline{D}$ 组成。图中，T_1 与 T_3 构成一个反相器，T_2 与 T_4 构成另一个反相器，两个反相器的输入与输出交叉连接，构成基本双稳态触发器。当 T_3 导通，T_1 截止时，F 点为高电平（F = "1"），E 点电位为低电平（E = "0"），反过来 F 点的高点平和 E 点的低电平又确保 T_3 导通和 T_1 截止，这种状态因相互保证而稳定；同样，当 T_1 导通，T_3 截止时，F 点为低电平（F = "0"），E 点电位为高电平（E = "1"），这种状态也因相互保证而稳定，因此图 5.5 这种双稳态结构能够用于存储一位二进制代码 "0" 或 "1"。T_5、T_6 是门控管，与同一行的所有基本存储电路相连，由行选择线 X_i 控制它们的导通或截止，它们的导通或截止决定着触发器的输出端与位线之间的连接状态。T_7、T_8 是外部门控管，与同一列的所有基本存储电路相连，工作过程与 T_5、T_6 相似，它们的导通与截止受列选择线 Y_i 控制，决定着位线与数据线之间的连接状态。只有当与基本存储电路相连的行选择线 X_i 和列选择线 Y_i 均为高电平时，双稳态触发器才与数据线接通，即 F 点与 D 线接通，E 点与 $\overline{D}$ 线接通，CPU 从而完成对基本存储电路的读/写操作。

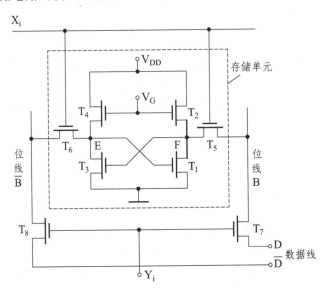

图 5.5 静态 RAM 基本存储电路

当 CPU 对基本存储电路进行写入操作时，CPU 将数据放在数据线 D 和 $\overline{D}$ 上，如果要写入 "1"，则 D 线为 1，$\overline{D}$ 线为 0，它们通过 T_5、T_6、T_7、T_8 管与 E、F 点相连，这时 F = 1，E = 0，使 T_1 截止，T_3 导通。如果要写入 "0"，则 D 线为 0，$\overline{D}$ 线为 1，这时 F = 0，E = 1，使 T_1 导通，T_3 截止。当数据线上的信号和行列地址选择信号消失后，T_1 和 T_3 保持被写入的状态不变，只要不断电，这个状态会一直保持下去，直到写入一个新的数据。

当 CPU 对基本存储电路进行读出操作时，只要这一基本存储电路被选中，$T_5 \sim T_8$ 导通，F 点和 E 点与数据线 D 和 $\overline{BHE}$ 相通，基本存储电路上的信号被送到 D 与 $\overline{D}$ 两线上，再经读出放大器放大。CPU 在对基本存储电路进行读出操作时并没有改变基本存储电路上的信号，即读出过程是非破坏性的。

由于静态 RAM 的基本存储电路中所含晶体管较多，故集成度难以大规模提高，同时组成双稳态触发器的 $T_1 \sim T_4$ 管总有一对管子处于导通状态，会持续地消耗电能，从而使 SRAM 的功耗较大，但由于静态 RAM 不需要外加刷新电路，从而简化了外电路设计，因此，它广泛应用于不需要太大容量内存的小型计算机系统中。

2. 典型的静态 RAM 芯片

典型的静态 RAM 芯片有 Intel 6116（2K×8 位）、6264（8K×8 位）、62128（16K×8 位）和 62256（32K×8 位）等。不同类型的静态 RAM 的内部结构基本相同，只是当其存储体的矩阵排列结构不同时，它们的字位线数目相应地变化。

（1）Intel 6264 芯片的内部结构。

Intel 6264 芯片的内部结构如图 5.6 所示，同其他静态 RAM 芯片一样，它包括如下几个主要组成部分：

① 存储体：Intel 6264 内部共有 8K 个存储单元，每个存储单元包括 8 个基本存储电路，按 128×512 的矩阵形式排成。

② 地址译码器：Intel 6264 的存储容量为 8K×8 位，因此地址译码器的输入为 13 根线，采用 XY 双译码方式，其中 9 根用于行译码，4 根用于列译码。

③ I/O 控制电路：分为输入数据控制电路和列 I/O 电路，用于对信息的输入/输出进行缓冲和控制。

④ 片选及读/写控制电路：用于实现对芯片的选择及读/写控制。

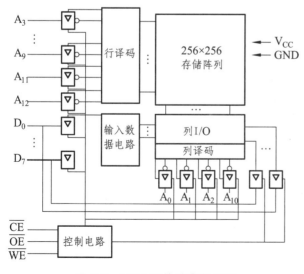

图 5.6 6264 芯片的内部结构

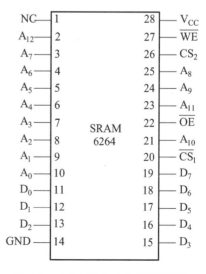

图 5.7 6264 芯片的外部引脚图

（2）Intel 6264 芯片的外部引脚。

Intel 6264 芯片为双列直插式集成电路芯片，其外部引脚分为数据、地址和控制三类，共 28 个，如图 5.7 所示，各引脚功能如下：

① $A_0 \sim A_{12}$：共 13 根地址信号引脚，输入，13 根地址信号线经过地址译码器译码后，可以选中 6264 芯片 8KB 存储单元中的任何一个，当对 8 位数进行操作时，6264 芯片地址信号引脚 $A_{12} \sim A_0$ 与系统地址总线 $A_{12} \sim A_0$ 相连；当对 16 位数进行操作时，它们与系统地址总线 $A_{13} \sim A_1$ 相连，A_0 数据用来选择偶地址存储体，奇地址存储体用 $\overline{BHE}$ 选择。

② $D_0 \sim D_7$：共 8 根数据信号引脚，输入/输出双向，是系统数据总线与存储器芯片内部各存储单元之间的数据信息传输通道，8 根数据总线表明 6264 芯片的每个存储单元可存储 8 位二进制信息，它们与系统数据总线低 8 位相连；当要求 16 位数输出时，需要 2 片 6264 并联，芯片引脚分别与系统数据总线的 $D_7 \sim D_0$ 和 $D_{15} \sim D_8$ 相连。

③ $\overline{CS_1}$，CS_2：片选信号引脚，输入，当两个片选信号同时有效时，即 $\overline{CS_1} = 0$，$CS_2 = 1$ 时，才能选中存储器芯片进行读/写操作。通常片选信号连接到地址译码器。

$\overline{WE}$：读/写控制信号引脚，输入，当 $\overline{WE}$ 为低电平时，信息才能由数据总线通过输入数据控制电路写入被选中的存储单元；$\overline{OE}$：输出允许信号引脚，输入，当 $\overline{WE}$ 为高电平，$\overline{OE}$ 为低电平时，所选中的存储单元信息才能送到数据总线，由 CPU 读出。

$\overline{WE}$ 和 $\overline{OE}$ 分别与系统控制总线 $\overline{WR}$ 和 $\overline{RD}$ 相连，$\overline{CS_1}$、CS_2、$\overline{WE}$ 和 $\overline{OE}$ 信号引脚的电平高低共同决定了 SRAM 6264 的操作方式，见表 5.1。

表 5.1 SRAM 6264 芯片的操作方式

$\overline{WE}$	$\overline{CS_1}$	CS_2	$\overline{OE}$	方式	$D_0 \sim D_7$
×	1	×	×	未选中	高阻
×	×	0	×	未选中	高阻
1	0	1	1	输出禁止	高阻
1	0	1	0	读	输出
0	0	1	×	写	输入

此外，芯片上还有 +5 V 电源引脚 V_{cc}，接地引脚 GND 和没有使用的引脚 NC。

（3）6264 存储芯片的工作过程。

从表 5.1 可以看出，在写入数据时，芯片的地址信号引脚 $A_0 \sim A_{12}$ 加上要写入存储单元的地址，数据信号引脚 $D_0 \sim D_7$ 加上要写入的数据，$\overline{CS_1}$ 和 CS_2 同时有效，$\overline{WE}$ 加上低电平信号，$\overline{OE}$ 不管处于高电平或低电平都可以，这样 CPU 就将数据写入到了所选中的存储单元中，整个写入操作过程的时序图如图 5.8 所示，所遵循的时间顺序是：首先将 CPU 要写入数据的存储单元地址信号加到存储芯片的地址引脚上；再次片选信号 $\overline{CS_1}$ 和 CS_2 有效，并保持到整个写入操作过程结束；接着写允许信号 $\overline{WE}$ 有效，在 $\overline{WE}$ 信号的后半沿将数据写入到存储单元中，因此 $D_0 \sim D_7$ 数据信号必须在 $\overline{WE}$ 信号的后半沿有效，才能保证可靠写入。

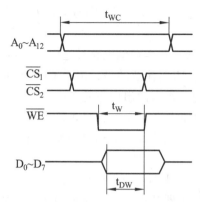 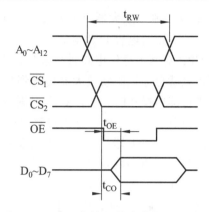

图 5.8 6264 存储芯片写入操作时序图   图 5.9 6264 存储芯片读出操作时序图

在读出数据时,芯片的地址信号引脚 $A_0 \sim A_{12}$ 加上要读出单元的地址,$\overline{CS_1}$ 和 CS_2 同时有效,$\overline{OE}$ 上加低电平信号,$\overline{WE}$ 上加高电平信号,这样数据即可从所选择的存储单元读出,整个读出操作过程的时序图如图 5.9 所示,所遵循的时间顺序是:首先将 CPU 要读出数据的存储单元地址信号加到存储芯片的地址引脚上;再次片选信号 $\overline{CS_1}$ 和 CS_2 有效,并保持到整个读出操作过程结束;接着输出允许信号 $\overline{OE}$ 有效,写允许信号 $\overline{WE}$ 失效,经过一段时间后,所选择存储单元的内容出现在系统数据总线上。

由于 6264 存储芯片的功耗极低,在未被选中时仅 10 μW,在工作时也只有 15 mW,因此,一般 CPU 可以直接与其相连,不需要驱动电路,同时适合于用作电池供电的不间断供电 RAM。

5.2.2 动态读/写存储器 RAM(DRAM)

1. 动态读/写存储器 RAM 的工作原理

单管动态 RAM 由于所用器件最少,集成度高而被广泛采用,图 5.10 所示为单管动态 RAM 的基本存储电路,由一个 MOS 晶体管 T_1 和一个电容 C 组成。信息存储在电容 C 上,当电容 C 被充有电荷时,表示存储信息 1;当电容 C 没有被充有电荷时,表示存储信息 0。通过行选择线 X_i 和列选择线 Y_i 来控制 T_1 和 T_2 的导通和截止,只有当与基本存储电路相连的行选择线 X_i 和列选择线 Y_i 均为高电平时,T_1 和 T_2 均导通,电容 C 才通过刷新放大器与数据线 D 接通,从而 CPU 可以完成对基本存储电路的读/写操作。

当 CPU 对基本存储电路进行写入操作时,它将数据放在数据线 D 上,在基本存储电路被选中时,

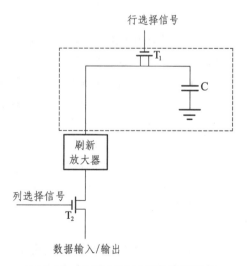

图 5.10 单管 DRAM 基本存储电路

由数据线 D 经刷新放大器对电容 C 充电或放电。如果要写入 "1"，则对电容 C 充电；如果要写入 "0"，则对电容 C 放电。

当 CPU 对基本存储电路进行读出操作时，只要某一基本存储电路被选中，电容 C 上所存储的信息就会通过刷新放大器传送到数据线 D 上。需要注意的是，由于 CPU 在对基本存储电路进行读出操作时，电容 C 会对刷新放大器放电，每次读出操作完毕后，电容 C 上的电荷基本上被泄放完毕，所以读出过程是破坏性的。为使电容 C 上的信息被读出后仍能保持原有的信息，刷新放大器又要对这些电容进行重写操作，使之保持原信息不变，因此，读出过程实际上包括读出和刷新过程。

实际上在每一次读出操作中，当行选择线 X_i 为高电平时，使得该行上的所有基本存储电路的 T_1 管都导通，这样相应的电容 C_S 会通过刷新放大器放电，也就是说当我们对某一基本存储电路进行读出操作时，会使得该行上的所有基本存储电路内所存储的信息受到干扰。虽然利用 MOS 管间的高阻抗可以使电容上的电荷得以维持，但由于电容总存在泄漏现象，时间长了其存储的电荷会消失，从而使其所存信息自动丢失，这个时间一般为 2 ms，所以动态存储器必须配备刷新放大器，定期及时地对基本存储电路进行补充电荷，即进行刷新，以保证存储的信息不变。所谓刷新，就是不断地每隔一定时间（一般每隔 2 ms）对 DRAM 的所有存储单元进行读出，经刷新放大器放大后再重新写入原基本存储电路中，以维持电容上的电荷，进而使所存信息保持不变。虽然每次进行的正常读/写存储器的操作也相当于进行了刷新操作，但由于 CPU 对存储器的读/写操作是随机的，并不能保证在 2 ms 时间内能对 DRAM 中的所有存储单元都进行一次读/写操作，以达到刷新效果，所以，必须对 DRAM 设置专门的外部控制电路和安排专门的刷新周期来系统地对 DRAM 进行刷新。

由于 DRAM 的基本存储电路中只含一个晶体管，在一个半导体芯片上，相对于 SRAM 而言，制造 DRAM 可以容纳更多的基本存储电路，使得位密度得到显著提高，同时由于所含晶体管数量少，使得 DRAM 比 SRAM 的功耗小得多，价格也便宜许多，因此在建立大容量存储系统时，DRAM 就会有很多优势。

2. 典型的动态 RAM 芯片

常用的动态 RAM 芯片种类很多，如 Intel 2164（64K×1 位）、2118（64K×4 位）、41256（256K×1 位）和 424256（256K×4 位）等。动态 RAM 与静态 RAM 一样，都是由许多基本存储元电路按行、列排列组成二维存储矩阵。为了降低芯片的功耗，保证足够的集成度，减少芯片对外封装引脚数目和便于刷新控制，DRAM 芯片都设计成位结构形式，即每个存储单元只有一位数据位，一个芯片上含有若干字，如 4K×1 位、8K×1 位、16K×1 位、64K×1 位或 256K×1 位等。存储体的这种结构形式是 DRAM 芯片的结构特点之一。

（1）Intel 2164 芯片的内部结构。

Intel 2164 芯片是一种典型的动态 RAM，它的内部结构如图 5.11 所示，主要由以下几个部分组成：

存储体：位片内含有 64K 个存储单元，每个存储单元由 1 个基本存储电路组成，64K×1 位的存储体分成 4 个 128×128 的存储阵列形式。

地址锁存器：对 64K 个存储单元进行寻址，需要 16 根地址线，为了减少地址译码器输出引脚数目，采用 XY 双译码方式，行和列两部分地址线各 8 条，但由于受到封装面积的限制，Intel 2164 芯片只提供了 8 根地址引脚线，因此 16 位地址信息必须通过同一组引脚分两次传送到芯片，完成对存储单元的选择，也就是行地址线和列地址线采用分时复用工作方式，即利用外接多路开关，先由行选通信号 $\overline{RAS} = 0$ 选通 8 位行地址并锁存；随后由列选通信号 $\overline{CAS} = 0$ 选通 8 位列地址并锁存，16 位地址可选中 64K 存储单元中的任何一个单元，因此在芯片内部必须有能保存 8 位地址信息的行、列地址锁存器。

数据输入缓冲器：用于暂存要写入的数据。

数据输出缓冲器：用于暂存要读出的数据。

四选一的 I/O 门电路：由行、列地址信号的最高位控制，从 4 个 128×128 的存储矩阵中选择一个进行输入/输出操作。

行、列时钟缓冲器：用以协调行、列地址的选通信号。

写允许时钟缓冲器：用以控制芯片的数据传送方向，即写入还是读出。

128 读出放大器：与 4 个 128×128 存储阵列相对应，芯片内共有 4 个 128 读出放大器，它们接收由行地址选通的 4×128 个存储单元的存储信息，经放大后，再写回原存储单元，实现对存储单元的刷新操作。

1/128 行、列译码器：分别用来接收 7 位的行、列地址，经译码后，从 128×128 个存储单元中选择一个存储单元，对其进行读/写操作。

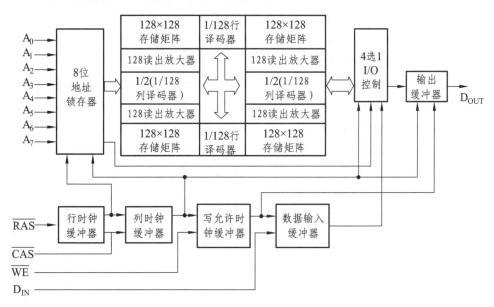

图 5.11 2164 芯片的内部结构图

（2）Intel 2164 芯片的外部引脚。

Intel 2164 芯片为双列直插式集成电路芯片，其外部引脚分为数据、地址和控制三类，共 16 根，如图 5.12 所示，各引脚功能如下：

$A_0 \sim A_7$：共 8 根地址信号引脚，输入，用来分时接收 CPU 送来的 8 位行、列地址，16 根地址线的信号经过地址译码器译码后，可以选中 2164 芯片 64KB 存储单元中的任何一个。

$\overline{CAS}$：列地址选通信号引脚，输入，低电平有效，当 $\overline{CAS}$ 信号有效时，表明当前接收的是列地址信号,并将接收到的列地址信息锁存到芯片内部的列地址锁存器中(此时 RAS 应保持为低电平)。

$\overline{RAS}$:行地址选通信号引脚,输入,低电平有效,当 RAS 信号有效时,表明当前接收的是行地址信号,并将接收到的行地址信息锁存到芯片内部的行地址锁存器中,同时兼作芯片选择信号。

$\overline{WE}$:写允许控制信号引脚,输入,当其为低电平时,将执行写入操作;否则,将执行读出操作。

D_{IN}:数据输入引脚,当 CPU 对存储器执行写入操作时,数据经由 D_{IN} 送入到芯片内部。

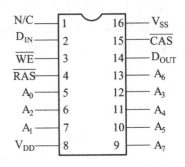

图 5.12 Intel 2164 芯片的外部引脚图

D_{OUT}:数据输出引脚,当 CPU 对存储器执行读出操作时,数据经由 D_{OUT} 输出到数据总线上。

CPU 对 Intel 2164 芯片的读/写操作由 $\overline{WE}$ 信号来控制,当 $\overline{WE}$ 为高电平时,CPU 执行读出操作,被选中的存储单元的内容经三态输出缓冲器从 D_{OUT} 输出到数据总线;当 $\overline{WE}$ 为低电平时,CPU 执行写入操作,D_{IN} 引脚上的信息经数据输入缓冲器写入到被选中的存储单元。由于芯片没有专门的片选信号,通常 $\overline{RAS}$ 兼作芯片的片选信号。DRAM 芯片进行刷新过程是使 $\overline{RAS}$ 保持有效(低电平),将行地址锁存到芯片内部,而此时 $\overline{CAS}$ 保持无效(高电平),通过刷新放大器对该行上的所有列单元进行刷新,每次送出不同的行地址,顺序进行,即行地址循环一遍,则可将整个芯片的所有地址单元刷新一遍,因此刷新是一行一行进行的。

此外,芯片上还有 +5 V 电源引脚 V_{cc},接地引脚 GND 和没有使用的引脚 NC。

(3) 2164 存储芯片的工作过程。

在 CPU 对 2164 芯片进行读出操作时,将来自于 CPU 的行列地址信号经译码器译码后,选中相应的存储单元,将存储单元所储存的信息经 D_{out} 输出到系统数据总线上,时序图如图 5.13 所示,从图中可以看出,首先,$\overline{RAS}$ 信号先于 $\overline{CAS}$ 信号有效,并在整个读出操作时间内保持有效,其次,行地址信号先于 $\overline{RAS}$ 信号有效,并在 $\overline{RAS}$ 信号有效后,还要保持一段时间,列地址信号先于 $\overline{CAS}$ 信号有效,并在 $\overline{CAS}$ 信号有效后,还要保持一段时间;当它们共同有效时,完成对存储单元的选择,为实现读出操作,要求 $\overline{WE}$ 控制信号为高电平,且必须在 $\overline{CAS}$ 信号有效前为高电平。CPU 对 2164 芯片进行写入操作与读出操作相似,其区别在于:在写入操作时 $\overline{WE}$ 控制信号为低电平,要写入的数据由 D_{IN} 写入到存储单元中,其操作时序图如图 5.14 所示。

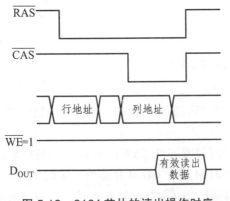

图 5.13 2164 芯片的读出操作时序

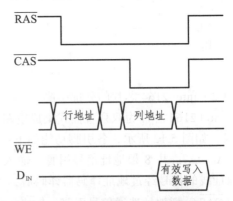

图 5.14 2164 芯片的写入操作时序

2164 芯片的刷新操作时序如图 5.15 所示，由于刷新是按行进行的，所以在进行刷新操作时，行地址选通信号 $\overline{\text{RAS}}$ 有效，而列地址选通信号 $\overline{\text{CAS}}$ 无效，芯片只将行地址的低七位 $A_0 \sim A_6$ 送入到行地址译码器，经过译码后的行地址信号能同时选中四个存储矩阵中的同一行，也即刷新操作时可以同时对 4×128 个存储电路同时操作。由于对刷新操作时，列地址选通信号 $\overline{\text{CAS}}$ 无效，所以存储单元的内容不会被读出。

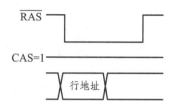

图 5.15　2164 芯片的刷新操作时序

5.3　只读存储器（ROM）

ROM 与 RAM 的区别在于所储存的信息只能被读出，而不能随机写入，它主要由地址译码器、存储矩阵、控制逻辑和输出电路四部分组成

5.3.1　掩膜 ROM

所谓掩膜 ROM，是指生产厂家根据用户需要在 ROM 的制作阶段，通过"掩膜"工序将信息写入到存储芯片里，信息一旦被写入后，就不能更改，因此当产量较少时，生产成本很高，适合于批量生产和使用，一般它只用来存放不需要修改的程序和数据。掩膜 ROM 有 MOS 型和双极型二极管等几种形式。

图 5.16（a）所示为二极管构成的 4×4 位的存储矩阵，采用单译码方式，两位地址线经译码后选中四个存储单元中的一个，每个存储单元又有四位数据，当相应的字线置成低电平来选择读取的字时，如果位线和被选的字线的矩阵交叉点上相连有二极管，则二极管导通，使该位线上输出电位为低电平，输出"0"。如果矩阵交叉点上没有二极管（或二极管断路），就没有电流经二极管流过偏流电阻 R，该位线上将输出"1"，图 5.16（b）所示为二极管掩模 ROM 矩阵中的存储内容。

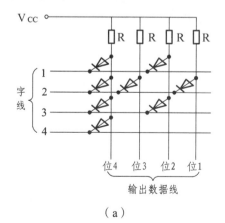

字	位			
	4	3	2	1
1	0	1	0	1
2	0	0	1	0
3	0	1	0	1
4	0	1	1	1

（a）　　　　　　　　　　　（b）

图 5.16　二极管型 ROM 内部结构和存储矩阵内容

将图 5.16 中的二极管用 MOS 型三极管代替，便构成了如图 5.17（a）所示的 MOS 型 ROM 存储矩阵，图中采用单译码方式，地址信号线 A_0 和 A_1 经地址译码器，输出 4 条选择线来对四个字进行选择，位线的输出即为存储单元的各个位。当字选择线为高电平时，如果与位线和被选的字线的矩阵交叉点上相连有 MOS 型三极管，则三极管导通，使该位线上输出电位为低电平，输出"0"。如果矩阵交叉点上没有三极管，则该位线上将输出"1"，图 5.17（b）所示为左边三极管掩模 ROM 矩阵中的存储内容。

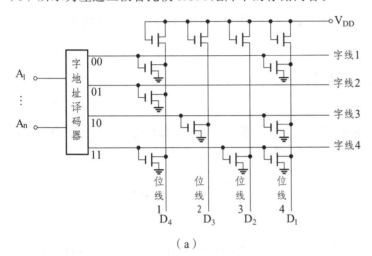

(a)

字	位			
	4	3	2	1
1	0	1	1	0
2	0	1	1	1
3	1	0	1	0
4	0	1	0	0

(b)

图 5.17 MOS 型 ROM 内部结构和存储矩阵内容

从以上介绍可知，上述存储矩阵的内容完全取决于芯片制造过程，而一旦制造好，用户将无法更改。

5.3.2 可编程 ROM（PROM）

掩膜 ROM 的存储单元在生产完成以后，其所存储的信息就已经固定下来，这给用户带来诸多不便。为解决这个矛盾，人们设计制造了一种可由用户通过简易设备编程写入一次信息的 ROM 器件，即可编程的 ROM，又称 PROM。PROM 的类型有多种，其存储单元通常用二极管或三极管实现。图 5.18 所示存储单元的双极型三极管的发射极上串接了一个可熔金属丝，出厂时，所有存储单元的熔丝都是完好的，当字选择线处于高电平时，从位线读出的信息全为"1"，用户可根据自己的需要写入信息。若某位准备写入 0，则向位线送低电平，此时管子导通，控制电流使熔丝烧断。若准备写入 1，则向位线送高电平，此时管子截止，熔丝将被保留。由于一旦写入 0，即将熔丝烧断，就不可能再恢复，故用户只能进行一次编程。

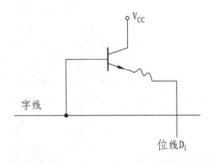

图 5.18 PROM 基本存储电路

5.3.3 可擦除、可编程 ROM（EPROM）

PROM 虽然可供用户进行一次编程，但在实际工作中，需要对一个新设计的程序进行多次修改，如果将这个程序写在 ROM 和 PROM 中，就会很不方便，这就需要一种能被多次重复擦除和编程的存储芯片，EPROM 就应运而生。

1. 基本存储电路和工作原理

EPROM 的基本存储电路如图 5.19（a）所示，其核心部件是浮置栅场效应管，又称为 FAMOS，是 Floationg grid Avalanche injection MOS 的简称，与普通的 P 沟道增强型 MOS 管相似，这种浮置栅场效应管在 N 型的基片上扩展了两个高浓度的 P 型区，分别引出源极（S）和漏极（D），在源极与漏极之间有一个由多晶硅做成的栅极，只是这个栅极没有引出端，而且被 SiO_2 绝缘层所包围，所以又称浮置栅，相应的等效电路如图 5.19（b）所示。芯片出厂时，每个基本存储电路的浮置栅上都没有电荷，源极与漏极之间没有导电沟道，此时源极与漏极之间不导电，与它相连的位线为高电位，表示该位存储的信息为"1"。如果想将该位存储的信息更改为"0"，只须在漏极和源极之间加上 +25 V 的电压，同时加上编程脉冲信号（时间宽度约为 50 ns）即可。在这个电压的作用下，浮置栅场效应管的漏极与源极之间产生雪崩式击穿，此时就会有一部分能量足够高电子通过 SiO_2 绝缘层注入浮置栅，当浮置栅极被注入电子后，源极与漏极之间感应出导电沟道，此时该存储单元保存的信息为"0"。由于浮置栅被 SiO_2 绝缘层包围，所以一旦带电后，电子很难泄漏，使信息得以长期保存。研究表明，在 +120 ℃ 的温度下，它所存储的信息能被保存 10 年，在 +70 ℃ 的温度下，能被保存 100 年。如果要将基本存储电路所存储的信息由"0"变为"1"，只需设法将其浮置栅上的电子释放掉。实验证明，当用一定波长的紫外光照射浮置栅时，电子便可以获得足够的能量，穿过 SiO_2 绝缘层，以光电流的形式释放掉，这时，存储的信息就由"0"变为"1"。因此，用户在专门写入装置及擦除装置的帮助下，可以对上述基本存储单元进行任意次的编程与擦除操作，从而大大提高 EPROM 芯片使用的灵活性。由于这种基本存储电路编程和擦除信息时需要专门的设备，在微机系统的正常运行过程时，它们所存储的信息是只能读出不能改写，因此这种基本存储电路在微机系统中应用时，只能用作 ROM 器件。需要注意的是，EPROM 芯片经编

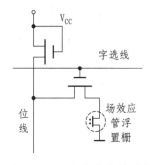

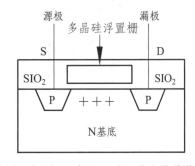

（a）EPROM 的基本存储结构　　　　（b）浮置栅雪崩注入型场效应管结构

图 5.19　EPROM 的基本存储电路和 FAMOS 结构

程后正常使用时,应在其照射窗上贴上不透光的胶纸作为保护层,以免基本存储电路中的电子在阳光的照射下慢慢泄漏。

2. 编程和擦除过程

EPROM 的编程过程其实就是向 FAMOS 管的浮置栅注入电子的过程,是向基本存储电路写入 0 的过程。在漏极和源极之间加上 – 25 V 的反向电压,同时加上编程脉冲信号(宽度约为 50 ns),会使漏极与源极瞬时产生雪崩式击穿,一部分电子在强电场作用下通过绝缘层注入到浮置栅中,当反向电压撤除后,由于所注入的电子被 SiO_2 绝缘层包围,无泄漏通道,使电子长时间保留在栅极上,从而相应场效应管导通,表明将"0"写入到了该单元。

擦除的过程与编程相反,一般采用波长 2357 的 15 W 紫外灯管,对准芯片窗口,在近距离内连续照射 15~20 分钟后,使浮置栅上的电子获得能量,从 SiO_2 绝缘层包围中以光电流形式逃逸,即可将芯片内的信息全部擦除。

3. 典型的 EPROM 芯片

常用的典型 EPROM 芯片有:2716(2K×8)、2732(4K×8)、2764(8K×8)、27128(16K×8)、27256(32K×8)、27512(64K×8)等。这些芯片采用 NMOS 和 CMOS 工艺,但如果采用 CMOS 工艺,常在其名称中加有一个 C,如 27C64,其功耗要比采用 NMOS 小得多。

下面以 2716 芯片为例介绍 EPROM 的性能、工作方式。Intel 2716A 是 2K×8 位(16K 位)的 EPROM 存储芯片,采用 NMOS 制造工艺,容量为 2KB,为 24 脚双列直插芯片,工作时,只要求用单一的 + 5V 电源,其内部结构框和引脚图如图 5.20 所示。

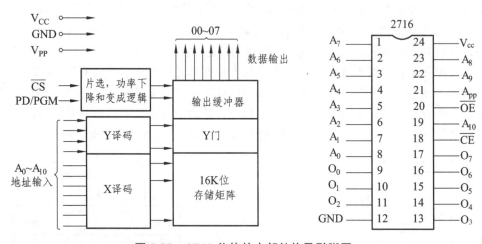

图 5.20 2716 芯片的内部结构及引脚图

(1) 2716 存储芯片的内部结构。

存储体:2716 存储器芯片的存储阵列由 2KB×8 个带有浮置栅的 MOS 管按 256×256 矩阵排列构成,可保存 2KB×8 位二进制信息。

地址译码器:采用双译码方式,行译码器(X 译码器)对 7 位行地址进行译码,列译码器（Y 译码器）对 4 位列地址进行译码，可以选中 2KB 存储单元中的任何一个。

数据输出缓冲器：对输出数据实现缓冲。

输出允许、片选和编程逻辑：片选及控制信息的读/写。

（2）2716 芯片的引脚功能。

$A_0 \sim A_{10}$：11 根地址线，输入。可寻址片内的 2KB 个存储单元。

$O_0 \sim O_7$：8 位数据线。工作时为数据输出线，编程时为数据输入线。

$\overline{CE}$：片选信号，输入，低电平有效，当 $\overline{CE}$ 为低电平时，表示选中该芯片。

$\overline{OE}$：数据输出允许信号，输入，低电平有效，允许数据输出。

V_{pp}：编程电压输入，编程时在该引脚上加编程电压，不同类型芯片其 V_{pp} 不同，可以是 +12.5V、+25V 等。

Vcc：+5V 电源。

GND：接地。

（3）2716 存储芯片的工作过程。

2716 芯片有 6 种工作方式，见表 5.2，其中，当 V_{pp} 接 +5V 时，为芯片正常工作方式；当 V_{pp} 接 +25V 时，为编程工作方式。

表 5.2　2716 芯片工作方式

工作方式	$\overline{CE}$	$\overline{OE}$	V_{cc}	V_{pp}	$O_7 \sim O_0$
读　　出	0	0	+5V	+5V	输　出
备　　用	1	×	+5V	+5V	高　阻
读出禁止	0	1	+5V	+5V	高　阻
编程写入	正脉冲	1	+5V	+25V	输　入
编程校验	0	0	+5V	+25V	输　出
编程禁止	0	1	+5V	+25V	高　阻

① 读方式是 2716 芯片正常的工作方式，是它在计算机系统中的主要工作方式。在读方式下，从表 5.2 可知，V_{cc} 和 V_{pp} 两管脚均接 +5V 电压，从地址线 $A_0 \sim A_{10}$ 接受来自 CPU 所选择的存储单元的地址，当片选信号 $\overline{CE}$ 和输出允许信号 $\overline{OE}$ 均有效时，被选择的存储单元的内容即可被读到数据总线上。2716 芯片的读操作时序图如图 5.21 所示，首先地址信号有效，然后 $\overline{CE}$ 和 $\overline{OE}$ 信号相继有效，在 $\overline{CE}$ 信号有效后 t_{CE} 时间和 $\overline{OE}$ 信号有效后 t_{OE} 时间，芯片的输出三态门才能完全打开，这时指定存储单元的内容才能读出到数据输出引脚上。

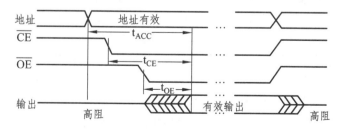

图 5.21　2716 芯片读操作时序图

② 备用方式：当芯片 $\overline{CE}$ 引脚为低高电平时，2716 芯片工作于备用方式，输出呈高阻态，与芯片未被选中时类似，这时芯片功耗大幅度下降。

③ 读出禁止方式：当 $\overline{OE}$ 管脚为高电平，同时 $\overline{CE}$ 管脚为低电平时，芯片存储单元的内容被禁止读出，输出呈高阻态。

④ 编程写入方式：当芯片工作在这种方式时，V_{CC} 引脚接 +5V 电源，V_{PP} 引脚接 +25V 电源，$\overline{OE}=1$，地址信号线选择需要编程的存储单元地址，从数据线 $O_0 \sim O_7$ 输入要编程写入的数据，在地址和数据信号稳定之后，从 $\overline{CE}$ 引脚输入宽度约为 45 ms 的编程正脉冲，即可实现将字节数据写入到相应的存储单元。

⑤ 编程校验方式：为了检查编程时写入的数据是否正确，2716 芯片提供了两种校验方式。一种是在编程过程中按字节进行校验，就是在每个字节写入完成后进行检验；另一种方式是在编程结束后，对所有的写入数据进行校验。校验时 V_{CC} 端加 +5V，V_{PP} 端加 +25V，$\overline{OE}$ 和 $\overline{CE}$ 分别为低电位，将写入的数据读出，检验与写入的信息是否一致。

⑥ 编程禁止方式：在对多块 2716 芯片同时编程的时，欲对某块 2716 芯片禁止时，可将该块芯片的引脚 $\overline{OE}$ 置为高电平，$\overline{CE}$ 置为低电平 =0，此时编程就立即禁止，数据线呈高阻态。

5.3.4 电可擦除可编程 ROM（E^2PROM）

EPROM 的优点是芯片可被多次重复编程，但编程时必须把芯片从计算机系统中取出，用专门的编程器进行编程，这在实际使用时很不方便，所以在很多情况下需要使用 E^2PROM。E^2PROM 是一种在线（即不用拔下来）可编程只读存储器，它既能像 RAM 那样随机地进行改写，又能像 ROM 那样在掉电时使已经保存的信息不丢失，即 E^2PROM 兼有 RAM 和 ROM 的双重功能特点。

1. E^2PROM 的基本存储电路

E^2PROM 基本存储电路结构示意图如图 5.22 所示，其工作原理与 EPROM 类似，同样是采用浮置栅技术，当浮栅上没有电荷时，MOS 管的漏极和源极之间不导电；若电子注入到浮置栅中，就会在 MOS 管的漏极和源极之间感应出导电沟道，MOS 管就导通。在 E^2PROM 中，使电子注入浮置栅中或从中逃逸的方法与 EPROM 不同。在 E^2PROM 中，漏极上面增加了一个隧道二极管，它在控制栅极与漏极之间的电压 V_G 的作用下，可使电子通过它注入到浮置栅（即起编程作用），感应出导电沟道；若 V_G 的极性相反，可使电子从浮置栅流向漏极（即起擦除作用），导电沟道消失。由于 E^2PROM 是用电擦除，所以，它擦除的速度比 EPROM 要快得多，编程与擦除时所使用的电流都是极小的，可用普通的电源供给 V_G。E^2PROM 的另一个优点是：擦除可以按字节分别进行，不像 EPROM，擦除时把整个芯片的内容全擦除。由于字节的编程和擦除都只需要 10 ms，并且不需特殊装置，可以在线进行，因此，E^2PROM 既具有 ROM 的非易失性，又具备类似于 RAM 的功能，可以随时编程写入。常用的典型芯片有 2816/2817/2864 等。

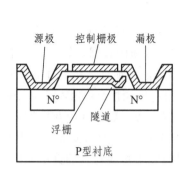

图 5.22 E²PROM 基本存储电路结构图

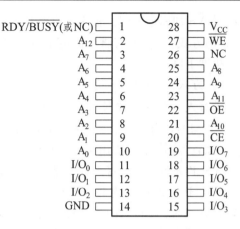

图 5.23 AT28C64 的引脚图

2. E²PROM 的典型芯片 AT28C64

（1）AT28C64 芯片的引脚。

AT28C64 是采用 CMOS 工艺制造的 8K×8 位的电可擦除可编程 ROM，其引脚图如图 5.23 所示，为 28 脚双列直插芯片。

$A_0 \sim A_{12}$：13 根地址线，输入，可对片内的 8K 个存储单元中的任何一个进行寻址。

$I/O_7 \sim I/O_0$：8 位数据线，正常工作时为数据输出线，编程时为数据输入线。

$\overline{CE}$：片选信号，输入，低电平有效，当 $\overline{CE}=0$ 时，表示选中该芯片，可进行读写操作。

$\overline{OE}$：数据输出允许信号，输入，低电平有效。

$\overline{WE}$：写允许信号，输入，低电平有效。当 $\overline{CE}=0$，$\overline{OE}=1$，$\overline{WE}=0$ 时，允许将数据写入指定的存储单元；当 $\overline{CE}=0$，$\overline{OE}=0$，$\overline{WE}=1$ 时，允许将指定存储单元的数据输出。

$RDY/\overline{BUSY}$：写结束状态信号，输出。当数据被写入时，该引脚为低电平；一旦写入完成，即变为高电平。

V_{CC}：+5V 电源。

GND：接地。

（2）AT28C64 芯片的工作方式。

AT28C64 主要有四种工作方式，见表 5.3。

表 5.3 AT28C64 的工作方式

工作方式	$\overline{CE}$	$\overline{OE}$	$\overline{WE}$	$I/O_7 \sim I/O_0$
读出	0	0	1	输出
备用	1	×	×	高阻
写入	0	1	0	输入
擦除	0	12 V	0	高阻

① 读方式：从 E²PROM 中读出数据与从 SRAM 中读取数据类似。当 $\overline{CE}$ 和 $\overline{OE}$ 引脚加低

电平,同时 $\overline{\text{WE}}$ 加高电平时,被选中存储单元的内容被读出到数据总线上。

② 备用方式:当 $\overline{\text{CE}}$ 管脚为高电平时,AT28C64 工作在备用方式,输出为高阻态,芯片功耗大幅度下降。

③ 写入方式:E^2PROM 有两种编程写入方式,字节写入方式和页写入方式。字节写入方式是一次写入一个字节数据,在存储单元被擦除之后才写入新的数据。在写周期时,$\overline{\text{OE}}$ 为高电平,$\overline{\text{CE}}$ 与 $\overline{\text{WE}}$ 为低电平。在 $\overline{\text{CE}}$ 或 $\overline{\text{WE}}$ 的下降沿将地址信息锁存,在上升沿将要写入的数据锁存。RDY/$\overline{\text{BUSY}}$ 引脚用来检查写操作是否结束,只有当 RDY/$\overline{\text{BUSY}}$ 同为高电平时,下一字节才允许被写入。页写入方式是在一个写周期内写入一页,数据在内存中按顺序排列,页的大小取决于 E^2PROM 内部的页寄存器的大小,如 AT28C64 的内部页寄存器为 64B。在采用页写入方式时,要写入的数据首先被写入到页缓冲器中,再将要写入的页单元内容擦除,最后把页缓冲器中的内容写到相应的单元中。

④ 擦除方式:擦除实际上就是使浮置栅中的电子逃逸,使存储单元中的内容变为"FFH"的操作。E^2PROM 既可以按字节擦除,也可以同时整片擦除。当要擦除一个字节时,只要向该单元写入数据 FFH,就相当于擦除了该单元。如果要擦除整个芯片,可利用 E^2PROM 的片擦除功能。对 AT28C64 来说,当 $\overline{\text{CE}} = 0$,$\overline{\text{OE}}$ 引脚加 + 12V 电压,同时 $\overline{\text{WE}}$ 为低电平时,持续 10 ms,则芯片中的所有数据位都被改写为 1。

5.3.5 Flash 存储器

由于 E^2PROM 能够在线编程,而且可以自动页写入,写入时也不需要专门的编程设备,因而使用上比 EPROM 方便;但是其编程时间相对于 RAM 而言还显较长,特别是对大容量的芯片更是如此。人们希望有一种写入速度类似于 RAM,同时掉电后存储内容又不丢失的存储器,闪存(Flash Memory)快速擦除读写存储器正是在这种背景下被研制出来的。

1. Flash Memory 基本存储电路

Flash Memory 是在 EPROM 与 E^2PROM 基础上发展起来的,都是利用浮置栅技术,用单管来存储一位信息,但它的在线编程写入速度远比 E^2PROM 快,Flash Memory 的擦除原理图如图 5.24 所示。当源极上加高电压 V_{PP} 时,控制栅极接地,在电场作用下,浮置栅上的电子越过氧化层后进入源极区而全部消失,能够实现一个区域擦除或全部擦除。从基本工作原理上看,Flash Memory 属于 ROM 性存储器,掉电后存储内容又不丢失,同时它又可以随时被改写,从功能上看,它相当于随机存储存储器(RAM),所以它是一种理想的存储器,应用很广泛。

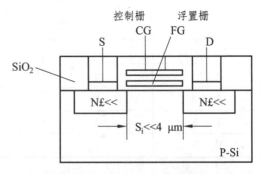

图 5.24 Flash Memory 存储单元结构

Flash Memory 展示出了一种全新的个人计

算机存储器技术,作为一种高密度、非易失的读写半导体技术,特别适合于用作固态磁盘驱动器,既可替代 E^2PROM,在某些应用场合还可取代 SRAM,尤其是对于需要配备电池后援的 SRAM 系统,使用 Flash Memory 后可省去电池。由于便携式系统既要求低功耗、小尺寸和耐久性,又要求保持高性能和功能的完整,因而该技术的固有优势就十分明显。它突破了传统的存储器体系,改善了现有存储器的特性。典型的芯片有 27F256/28F016/287040 等。

2. 典型的闪存芯片 TMS28F040 (16×32KB)

下面以芯片 TMS28F040 为例简单介绍闪存的工作原理和应用。

(1) TMS28F040 的引线。

28F040 的外部引脚如图 5.25 所示。

$A_0 \sim A_{18}$:19 条地址线,输入,用于选择片内的 512K 个存储单元。

$DQ_0 \sim DQ_7$:8 条数据线,双向,因为它共有 19 根地址线和 8 根数据线,说明该芯片的容量为 512K×8bit, TMS28F040 芯片将其 512KB 的容量分成 16 个 32KB 的块,每一块均可独立进行擦除。

$\overline{E}$:芯片写允许信号,在它的下降沿锁存选中单元的地址,用上升沿锁存写入的数据。

$\overline{G}$:输出允许信号,低电平有效。

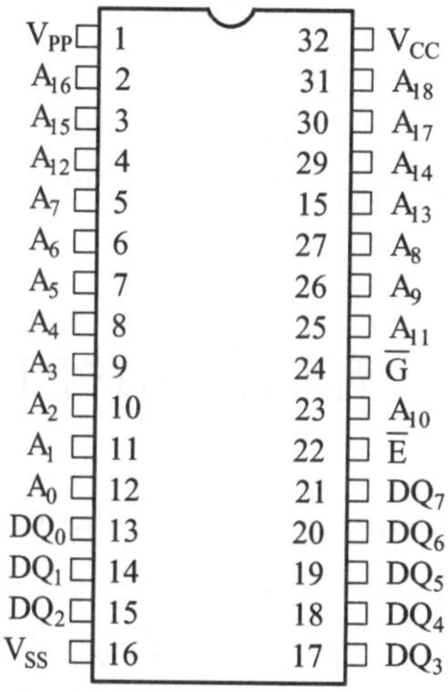

(2) TMS28F040 的工作过程。

TMS 28F040 有 3 种主要工作方式,即读出、编程写入和擦除,通过向内部状态寄存器写入命令的方法来控制芯片的工作方式。另外,TMS28F040 的许多功能需要根据状态寄存器的状态来决定,通过向状态寄存器写入命令 70H,读出状态寄存器各位的状态,从而知道芯片当前的工作状态。状态寄存器各位表示的意义见表 5.4。

图 5.25 TMS28F040 的外部引线图

表 5.4 TMS28F040 状态寄存器各位的意义

位	高电平(1)	低电平(0)	用 于
$SR_7(D_7)$	准备好	忙	写命令
$SR_6(D_6)$	擦除挂起	正在擦除/已完成	擦除挂起
$SR_5(D_5)$	块或片擦除错误	片或块擦除成功	擦除
$SR_4(D_4)$	字节编程错误	字节编程成功	编程状态
$SR_3(D_3)$	V_{PP} 太低,操作失败	V_{PP} 合适	监测 V_{PP}
$SR_2 \sim SR_0$			保留未用

① 读操作:包括读出芯片中某个单元的内容、读出内部状态寄存器的内容以及读出芯片内部的厂家及器件标记三种情况。在初始加电以后或在写入命令 00H (或 FFH)之后,芯片

就处于只读存储单元的状态，与读 SRAM 或 EPROM 芯片一样，很容易读出指定的存储单元中的内容。

② 编程写入：包括对芯片存储单元的写入和对其内部每个 32KB 块的软件保护。软件保护是用命令使芯片的某一块或某些块规定为写保护，也可置整片为写保护状态，这时被保护的块不能被写入新内容。例如，向状态寄存器写入命令 0FH，再送上要保护块的地址，就可置规定的块为写保护；若写入命令 FFH，就置全片为写保护状态。

③ 擦除方式：TMS28F040 既可以一次擦除一个字节，也可以一次擦除整个芯片，还可以根据需要只擦除片内某些块，并可在擦除过程中使擦除挂起和恢复擦除。字节的擦除是在写入数据的同时擦除了原存储单元的内容。对整片擦除后，各存储单元的内容变为 FFH，但受保护的内容不被擦除，整片擦除最快只需 2.6 s。同时，TMS28F040 还允许对 TMS28F040 中的某一块或某些块进行擦除，每 32KB 为一块，块地址由 $A_{15} \sim A_{18}$ 来决定。

注意，在使用 TMS28F040 时，要求在其引线控制端加上适当电平，以保证芯片正常工作，在不同工作方式时，TMS28F040 的工作条件是不同的。

5.4 存储器芯片的扩展及其与系统总线的连接

在计算机系统中，存储器通过三类总线与 CPU 系统总线相连，CPU 对存储器进行读写操作时，首先是由地址总线给出地址信号，选择要进行读/写操作的存储单元，然后通过控制总线发出相应的读/写控制信号，这时才能在数据总线上进行数据交换。所以，存储器芯片与 CPU 之间的连接，实质上就是与数据总线、地址总线和控制总线这 3 种系统总线的连接。

5.4.1 存储器芯片与 CPU 的连接的主要问题

在存储器与 CPU 连接时，原则上可以将存储器的地址线、数据线与控制信号线分别与 CPU 的系统地址总线、数据总线和控制总线上去，在实际应用时必须考虑以下问题：

1. CPU 总线负载能力

CPU 的外部总线的驱动负载能力是有限度的，8086/8088 CPU 输出线的直流负载能力一般为 5 个 TTL 或 10 个 CMOS 逻辑器件。如果存储器采用 MOS 电路，由于它的直流负载很小，主要的负载是电容负载，故在小型系统中，CPU 可以直接与 MOS 存储器相连接；而在较大的系统中，由于 CPU 的接口电路较多，存储芯片容量较大，这时需要考虑 CPU 的驱动负载能力，当负载过重时，CPU 的驱动负载能力不能满足要求，这时 CPU 芯片的引脚不直接与系统总线相连，而是通过数据缓冲器、地址锁存器、总线控制器等接口芯片与系统总线连接。

2. 存储器的地址分配及片选问题

计算机系统的内存通常分为 RAM 区和 ROM 区，RAM 区又分为系统区和用户区，这就需要对存储器地址进行合理的分配，并根据存储容量，选择适当类型的存储器芯片，同时由于单片存储芯片容量有限，所以计算机系统中的存储器系统常由多片组成。存储器空间的划分和地址编码是靠地址线来实现的，一般采用地址线的高位产生片选信号，实现对存储芯片的选择，采用地址线的低位实现对存储芯片内的存储单元直接寻址。另外，若 CPU 的地址、数据线为分时使用线，则 CPU 要用地址选通信号将地址信息存入地址锁存器，地址锁存器的输出线接至存储器的地址线。对于分时输入行、列地址的 DRAM 芯片，需要在 CPU 与存储芯片之间加多路转换器，并用 $\overline{RAS}$ 和 $\overline{CAS}$ 将地址的低位与高位分时送入存储器。

3. CPU 时序与存储器芯片存取速度的配合问题

计算机工作时，CPU 对存储器的读/写操作是最频繁的基本操作，CPU 在对存储器进行读/写操作时，时序是固定的，在 CPU 发出地址和读写控制信号后，存储器必须在规定时间内与数据总线完成数据交换，存储器的读取速度必须满足 CPU 的时序要求，否则就要考虑加入等待周期 T_W，甚至还要更换存储器芯片。所以，在考虑存储器与 CPU 连接时，必须考虑存储器芯片的工作速度是否能与 CPU 的读/写时序相匹配问题。

4. 控制信号的连接

8086 CPU 与存储器连接的控制信号主要有：地址锁存信号 ALE、选择信号 $M/\overline{IO}$、读/写信号 $\overline{RD}$ 和 $\overline{WR}$，准备就绪信号 READY 等，存储器控制信号将与 CPU 上述的一些对应信号线相连。一般 $\overline{RD}$ 可直接与存储器的 $\overline{OE}$ 端相连，$\overline{WR}$ 连接存储器的 $\overline{WE}$ 端。如果存储器只有一根读写信号线，如 2114 的 $\overline{WE}$，CPU 的 $\overline{RD}$ 和 $\overline{WR}$ 可由外接电路组成 $\overline{WE}$ 信号。

5. 数据信号的连接

存储器通常以字节编址，一个存储单元对应一个字节，数据线只有 8 位（条），而 CPU 的系统数据总线宽度通常与字长相同，即有 8 位、16 位、32 位或 64 位。对于 8 位宽度数据总线的 CPU，与存储器连接时，双方的 8 位数据线对应相连接即可，如 8088 CPU，数据总线为 8 位，与存储器的 8 位数据线对应相连即可，每次读/写一个字节，如要读/写一个字（16 位）数据必须访问 2 次存储器。对于 16 位、32 位、64 位 CPU，其数据总线为 16 位、32 位、64 位，它们与存储器连接时，需要考虑如何将存储器芯片的 8 位数据线连接到 16 位 CPU 上去。

5.4.2 存储器片选控制方法

计算机系统的内存都是由多个存储器芯片组成，而 CPU 在对存储器进行读写操作时，只对一个存储单元进行操作,为了选中这个存储单元,CPU必须进行两级寻址,首先选择存储器芯片,称为片选,然后再从被选中的芯片中选择出一个指定的存储单元,以进行数据的存取,这称为字选。片内寻址是由存储器芯片内的译码器完成,通常有行列两个地址译码器,CPU将低位地址连接到存储器芯片的地址引脚上,经片内地址译码,实现字选,这部分译码电路不需要用户设计,所以常说的译码电路只是用来产生片选信号。而片选是由地址总线的高位地址中的某一位或几位经过外部译码器译码来完成的,通常有三种方法,即线选法、全译码法和部分译码法。

1. 线选法

线选法是指直接用地址总线的高位地址中的某一位或几位作为存储器芯片的片选信号($\overline{CS}$),将地址信号线分别与各芯片的片选端相连,当某个芯片的片选端为低电平时,则选中该芯片。线选法产生片选信号的电路如图5.26所示,两片 8KB×8 位 EPROM 芯片 2764,采用线选法对它们进行寻址,A_{13} 和 A_{14} 分别接芯片1和芯片2的片选端。当 A_{13} 和 A_{14} 分别为 0 时,对应片选信号有效。由于两芯片不能同时被选中,所以同一时间只能有一位地址有效,不允许出现 $A_{14}A_{13} = 00$ 的情况。当 $A_{14}A_{13} = 10$ 时,选中芯片1,其地址范围为 04000H ~ 05FFFH;当 $A_{14}A_{13} = 01$ 时,选中芯片2,其地址范围为 02000H ~ 03FFFH。

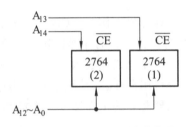

图 5.26 线选法产生片选信号

线选法的优点是电路简单,选择芯片不需外加逻辑电路。但线选法会造成系统存储器空间的浪费,每个芯片所占的地址空间把整个地址空间分成了相互隔离的区段,地址空间不连续,这给编程带来一定困难,所以,线选法只适用于容量较少的简单微机系统或不需要扩充内存空间的系统中。

2. 全译码法

全译码法是指系统地址总线中除用于片内寻址以外的全部高位地址线都参加译码,把译码器的输出信号作为各芯片的片选信号,以实现片选。在全译码方式下,存储器芯片上的每一个存储单元在整个内存空间中的地址是唯一的,并且各芯片所占地址空间相互邻接。常用的译码器芯片有 74LS139(2-4)译码器、74SL138(3-8)译码器等。图5.27所示为一种采用全译码法的存储系统电路,它采用 74SL138 译码器作为全译码电路,系统中有一片 EPROM 芯片 2764,其容量为 8KB×8 位,地址线 $A_{12} \sim A_0$ 与芯片的地址输入端直接相连,用来对芯片内的各存储单元译码;高位地址线 $A_{19} \sim A_{13}$ 全部与译码器 74LS138 相连,用来生成片选信号,译码器的输出端 $\overline{Y_6}$ 接 2764 芯片的片选端 $\overline{CE}$。当高位地址 $A_{19} \sim A_{13} = 0001110$ 时,2764 芯片被选中,因此它的地址范围为 1C000H ~ 1DFFFH。

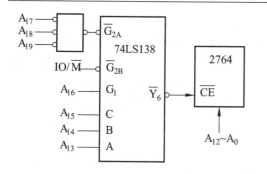

$A_{19} \sim A_{16}$	$A_{15} \sim A_{13}$	$A_{12} \sim A_{10}$	可用的地址范围
0001	000	全0~全1	10000H~11FFFH
0001	…	…	…
0001	111	全0~全1	1E000H~1FFFFH

图 5.27　全译码方式产生片选信号

3. 部分译码法

部分译码法是将高位地址线中一部分地址信号线经过地址译码器译码，作为片选信号，用地址线低位部分实现片内寻址，因此那些未参与译码的高位地址可以为 1，也可以为 0，会发生每个存储单元有多个地址的情况，出现地址重叠现象，造成系统地址空间资源的部分浪费。图 5.28 所示为一种采用部分译码法产生片选信号的电路，完成对 4 个 2732 芯片（4KB×8 位，EPROM）的寻址，地址总线的 $A_{11} \sim A_0$ 与芯片的地址线对应相连，$A_{12} \sim A_{16}$ 地址线与译码器的输入端相连，参与译码高位地址线，A_{19}、A_{18} 和 A_{15} 没有被使用，因此，每个芯片将同时具有 $2^3 = 8$ 个可用且不同的地址范围（即重叠区）。在选择地址范围时，通常将未用的地址线设为 0，这时图中 4 片 2732 所构成的存储空间的地址范围是 10000H ~ 13FFFH。

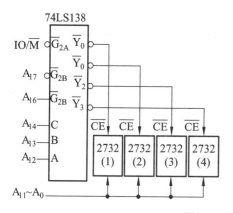

芯片	A19 ~ A15	A14 ~ A12	A11 ~ A10	一个可用的地址范围
1	××01×	000	全0~全1	10000H~10FFFH
2	××01×	001	全0~全1	11000H~11FFFH
3	××01×	010	全0~全1	12000H~12FFFH
4	××01×	011	全0~全1	13000H~13FFFH

图 5.28　部分译码法产生片选信号

5.4.3　8086 存储器组织结构

8086 CPU 有 20 位地址线，无论是工作在最小方式下，还是在最大方式下，存储空间的寻址范围都是 1MB。数据通常以字节为单位存取在存储器中，每个字节占用一个唯一的地址，这称为存储器的标准结构。因此，若存放的数据为 8 位，则将其按顺序进行存放；但是若存放的数据为 16 位，则数据需要占用两个地址空间，这时 8086 CPU 约定低字节存放在低地址单元，高位字节存放在高地址单元，低字节的地址作为这个字的地址。若一个字从奇数地址开始存放（即低字节存放在奇数地址），则称之为非规则存放，8086 CPU 要用连续的两个总线周期来存取这个字，每个周期存取一个字节。若一个字从偶数地址开始存放，称之为规则存放，8086 CPU 可在一个总线周期内完成对规则字的存取。例如，字数据 1234H 和 5678H 分别存放在 00200H~00201H 和 00203H~00204H 单元中，它们在存储体中的存放位置如图 5.29 所示，8086 CPU 对数据 1234H 的读取只需一个总线周期，而对数据 5678H 的读取则需两个总线周期。

在 8086 CPU 系统中，1MB 的存储空间从物理上被分为奇地址存储体和偶地址存储体，每个存储体容量为 512KB。奇地址存储体的数据线连接数据总线的高 8 位（$D_{15} \sim D_8$），称之为高位字节存储体，偶地址存储体的数据线连接数据总线的低 8 位（$D_7 \sim D_0$），称之为低位字节存储体；存储体与总线的连接如图 5.29 所示，奇地址存储体由 $\overline{BHE}$ 信号选择，偶地址存储体由 A_0 信号选择。当 $\overline{BHE}$ 和 A_0 均有效时，奇、偶都被选中。奇、偶存储体的片内寻址均由地址总线 $A_{19} \sim A_1$ 控制。

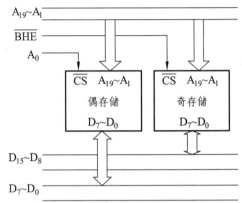

图 5.29 存储体与总线的连接

8086CPU 访问（读或写）存储器由 $\overline{BHE}$ 信号和 A_0 组合形成，见表 5.5。从表中可以发现，如果从偶地址开始存放数据，程序的运行速度将大大提高。

表 5.5 $\overline{BHE}$ 和 A_0 组合的对应操作

$\overline{BHE}$	A_0	数据读/写格式	使用数据线	需要的总线周期
0	0	从偶地址读/写一个字	$AD_{15} \sim AD_0$	一个总线周期
1	0	从偶地址读/写一个字节	$AD_7 \sim AD_0$	一个总线周期
0	1	从奇地址读/写一个字节	$AD_{15} \sim AD_8$	一个总线周期
0	1	从奇地址读/写一个字 先读/写字的低 8 位（在奇体中）	$AD_{15} \sim AD_8$	两个总线周期
1	0	再读/写字的高 8 位（在偶体中）	$AD_7 \sim AD_0$	

5.4.4 存储器芯片的扩展及实例

计算机存储器系统的容量很大，由于单个存储芯片的容量有限，在构成存储器系统时，单个芯片往往不能同时满足存储器位数（数据线的位数）或字数（存储单元的个数）的要求，这时需要将多个存储芯片组合起来，以满足对存储器系统的要求。这种组合称为存储器的扩展，包括位扩展、字扩展和字位扩展 3 种方式。

1. 存储器芯片的位扩展

计算机的存储器系统通常以字节为单位进行操作，如果一个存储器芯片的容量已经满足存储器系统的要求，但其字长不能同时提供 8 位数据，则必须把几块芯片组合起来使用，以满足系统对字长的要求，这就是存储器芯片的"位扩展"。位扩展把多个存储芯片组成一个整体，使数据位数增加，但存储单元个数不变。经位扩展构成的存储器，每个存储单元的内容被存储在不同的存储器芯片上。位扩展构成存储器时采用的电路连接方法是：将每个存储器芯片的数据线分别接到系统数据总线的不同位上，地址线和各类控制线（包括选片信号线、读/写信号线等）则并联在一起。下面以 Intel 2114 芯片为例说明存储器的位扩展过程。该芯片的存储容量为 1K×4 位，数据位数为 4 位，当使用 2114 芯片构成 1KB 的内存空间时，需 2 块该芯片并联，在位方向上进行扩充，使存储单元数据位数达到 8 位，两块芯片组成一个整体与 CPU 连接，它们将同时被选中，共同组成容量为 1KB 的存储器模块。

例 5.1：用 1K×4 位的 2114 芯片构成 1K×8 位的存储器系统。

从已知条件可知，2144 芯片的存储容量已经满足存储器系统的要求，但字长不够，需要 2 片 2114 芯片并联构成存储器系统，它们的数据线分别与系统数据总线的高 4 位和低 4 位相连，共同构成一个字节存储单元，如图 5.30 所示。图中，CPU 地址线的低 10 位 $A_9 \sim A_0$ 分别与 2 片 2114 芯片的地址线 $A_9 \sim A_0$ 相连，实现片内寻址；2 片 2114 的片选端 $\overline{CS}$ 互相连接，其控制信号由 CPU 的高位地址线经过译码器的译码产生；CPU 的 8 位数据线中高 4 位和低 4 位分别与 2 片 2114 的 4 位 I/O 数据端相连；CPU 的 $\overline{WR}$ 线与 2 片 2114 的 $\overline{WE}$ 端并联相连。这样，当 2 片 2114 芯片同时被选中时，CPU 就能够对其进行字节的访问，当 $\overline{WR}$ 为低电平时，对 2114 芯片进行的是写操作；当 $\overline{WR}$ 为高电平时，则进行的是读操作。

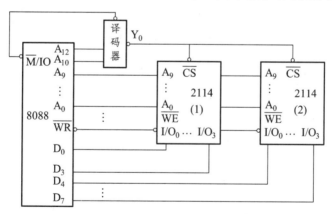

图 5.30 位扩展电路连接图

2. 存储器芯片的字扩展

当存储器芯片的字长符合存储器系统的要求，但存储容量太小，存储单元的个数不够时，需要增加存储单元的数量，即用进行字扩充的方法来满足系统的要求。字扩展把多个存储芯片组成一个整体，使存储单元个数增加，数据位数不变。经字扩展后构成的存储器，每个存储单元的内容被存储在同一个存储器芯片上，CPU 的寻址范围增加。进行字扩展构成存储器系统采用的电路连接方法与位扩展类似，将每个存储器芯片的数据线分别接到系统数据总线上，各类控制线（包括选片信号线、读/写信号线等）并联在一起，只是CPU的高位地址线参与译码，完成对存储芯片的片选，区分各个芯片的地址。例如，若用2K×8的EPROM2716A存储器芯片组成8K×8的存储器系统，每个芯片的字长均为8位，满足存储系统的字长要求，但每个芯片只能提供2K个存储单元，故需用4片这样的芯片，以字扩展的方式进行扩展，以满足存储器系统的容量要求。

例5.2：用2K×8位的2716A存储器芯片组成8K×8位的存储器系统。

从已知条件可知，2716A的字长已满足字长要求，存储容量是单片存储容量的4倍，需要4片这样的芯片经过字扩展后才能组成所要求容量的存储器系统，如图5.31所示。图中，CPU的地址线的低11位$A_{10} \sim A_0$与4片2716A芯片的11位地址线$A_{10} \sim A_0$并联相连，实现片内寻址；CPU的高位地址线经过译码器的译码，译码器的4个输出端分别与4片2716A的片选端$\overline{CE}$相连，以实现片选；CPU的8位数据线与4片2716A的8位数据线$O_7 \sim O_0$并联连接；由于2716A是只读芯片，所以将CPU的$\overline{RD}$线与4片2716A的$\overline{OE}$端并联相连。这样，当其中一片2716A芯片被选中，再经过片内寻址，且$\overline{RD}$为低电平时，CPU就可以从该芯片内相应存储单元读出一个字节内容。

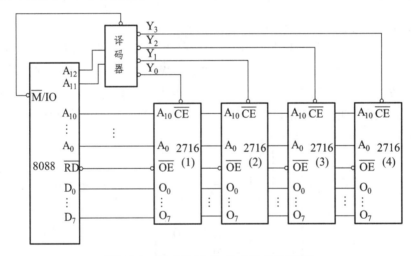

图5.31 用2716A构成8KB的存储器

3. 同时进行位扩展与字扩展

字位扩展是从存储芯片的位数和容量两个方面进行扩展，构成一个存储系统，当存储器芯片的字长和容量都不符合存储器系统的要求时，就需要用多片存储器芯片同时进行位扩展和字扩展。进行字和位扩展时，通常是先做位扩展，按存储器字长要求构成芯片组，再对芯片组进行字扩展，使总的存储容量满足存储系统要求。

例5.3：用1K×4位的2114芯片组成2K×8位的存储器系统。

从已知条件可知，2114芯片的字长和容量都不满足存储系统的要求，需要使用4片2114芯片进行字位扩展，按照字位扩展的原则，将4片2114芯片分成两组，首先对它们分别进行位扩展，然后将两组已经进行位扩展后的芯片组进行字扩展，具体电路连接如图5.32所示。

四片 2114 芯片被分成两组，每组两片，同组芯片的 $\overline{CS}$ 端互相连接，高位地址线经过译码器译码后产生的其中两个译码输出信号可以作为片选信号连到各组的 $\overline{CS}$ 端，实现片选（同时选中一组）；CPU 的低位 10 根地址线与四片芯片的地址输入端并联连接，以实现组内内寻址；两组中的相应芯片的数据端分别与系统数据总线的高 4 位和低 4 位连接，以组成字节；CPU 的 $\overline{WR}$ 端与各片 2114 芯片的 $\overline{WE}$ 端相连，以便实现读/写操作。

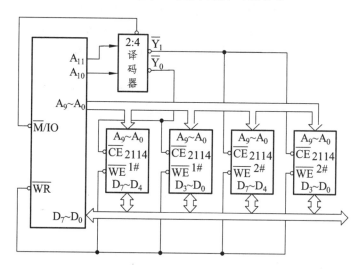

图 5.32 用四片 2114 芯片组成 2KB 的存储器

在运用扩展的方法组成存储器系统时，所需存储器芯片的数目由下面的公式确定：

$$芯片数 = 存储器系统的存储容量 \times 位数 / 芯片容量 \times 位数$$

这个公式对于采用任何一种扩展方法由存储器芯片组成的存储器系统都适用。

习　题

1. 半导体存储器分为哪两大类？它们的用途和主要区别是什么？
2. 存储器的主要性能指标有哪些？
3. 存储器由哪几个部分组成？各部分的功能是什么？
4. 简述 SRAM 和 DRAM 各自的特点。
5. DRAM 存储器如何进行刷新？
6. ROM、PROM、EPROM、EEPROM 在功能上各有何特点？
7. 存储器与 CPU 之间连接时要注意哪些事项？
8. 存储器扩展设计的方法有哪些？
9. 存储器芯片片选信号产生的方式有哪三种？各自的特点是什么？
10. 一个存储芯片的容量为 8KB×4，该芯片的地址线为多少条？数据线为多少条？
11. 一个 DRAM 芯片外部引脚信号中有 8 条数据线，10 条地址线，试计算其存储容量。
12. 一个 32MB×8 的 DRAM 芯片，它的数据线和地址线引脚数分别为多少条？

13. 若已知某 RAM 芯片的存储容量为 1024×8 位，那么该芯片的外部引脚应有几条地址线？几条数据线？若已知某 RAM 芯片引脚中有 13 条地址线，8 条数据线，那么该芯片的存储容量是多少？

14. 用 Intel 2114 1K×4 位的 RAM 芯片组成 32K×8 位的存储器，需要多少块这样的芯片？

15. 某 8086 CPU 系统用 2764ROM 芯片和 6264SRAM 芯片构成 16KB 的内存，其中，RAM 的地址范围为 FC000H～FDFFFH，ROM 的地址范围为 FE000H～FFFFFH。试利用 74LS138 译码，画出存储器与 CPU 的连接图，并指出每片存储芯片的地址范围。

16. 利用全地址译码将 6264 芯片接到 8088 CPU 系统总线上，地址范围为 30000H～31FFFH，画出逻辑图。

17. 若用 2164 芯片构成容量为 128 KB 的存储器，需要多少片 2164？至少需要多少根地址线？其中多少根用于片内寻址？多少根用于片选译码？

6 输入/输出及中断系统

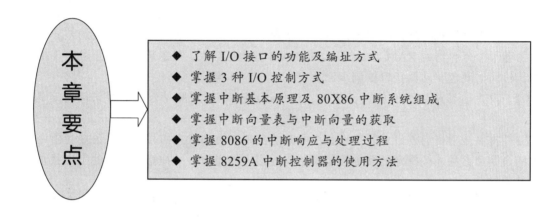

6.1 输入/输出接口概述

6.1.1 输入/输出接口的概念

I/O 接口就是微型计算机与外部 I/O 设备之间的公用边界，是把微型机与外界各种检测、控制对象联系起来的纽带和桥梁，是任何微机应用系统必不可少的重要组成部分。

我们知道，任何 1 个计算机系统必须有输入/输出设备。一方面，由于 I/O 设备的信息表现形式千差万别，它们可能是开关量、数字量，也可能是各种不同性质的模拟量，如温度、湿度、压力、流量、长度、刚度；另一方面，微型计算机与外部设备两者信号传输的速度往往不匹配，时序也有很大差别，因此必须在它们之间提供 1 个称之为"接口"的电路来进行缓冲和协调，完成微型计算机与外部设备之间传送信息的类型和格式的转换。各种型号、档次的 PC 机（从 PC/XT、PC/AT、80386 系统到 80486/80586 系统）都提供了 5 个以上的 I/O 扩充插槽，目的就是用于插入连接 I/O 设备的接口电路板（接口卡）。

接口技术是把由处理器等组成的基本系统与外部设备连接起来，从而实现计算机与外设通信的一门技术。处理器通过总线与接口电路连接，接口电路再与外部设备连接，因此 CPU 总是通过接口电路与外部设备发生联系。接口技术是组成任何实用微机系统的关键技术，任何 1 个微机应用系统的研制和设计，实际上主要就是微机接口的研制和设计，需要设计的硬件是一些接口电路，所要编写的软件是控制这些电路按要求工作的驱动程序。因此，微机接口技术是一种用软件、硬件综合来完成某一特定任务的技术。

6.1.2 输入/输出接口的功能及结构

无论哪种接口，尽管连接的外设千差万别，与外设通信的方式也不一样，但其基本功能和基本结构是相似的。

1. 基本功能

（1）作为微型机与外设之间传送数据的寄存、缓冲站，以适应两者速度上的差异。它们通常由若干个寄存器或 RAM 芯片组成。若 RAM 容量足够大，则在某些接口上可实现批量数据的传输，如硬盘驱动器接口控制卡。

（2）设置地址译码和设备选择逻辑，以保证微处理机按照特定的路径访问选定的 I/O 设备。

（3）提供微型机与外设之间交换数据所需的控制逻辑和状态信号，以保证接受微处理机输出的命令和参数，按指定的命令控制设备完成相应的操作，并把指定设备的工作状态返回给微处理机。

换言之，也就是完成数据、地址、控制三总线的转换和连接任务。为了实现上述基本功能，作为接口电路，通常必须为外设提供几个不同地址的寄存器，每个寄存器被称为 1 个 I/O 端口，即所谓的数据端口、命令端口和状态端口。所以，I/O 接口实际上相当于 1 个很小的外部存储器，每个 I/O 端口和每个储存单元一样，对应着 1 个唯一的地址。端口寄存器或部分端口线被连接到外设上。

通常所谓的 I/O 操作，是指 I/O 端口操作，而不是 I/O 设备操作，即 CPU 访问的是与 I/O 设备相连的 I/O 端口，而不是笼统的 I/O 外设，如图 6.1 所示。

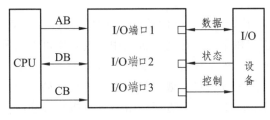

图 6.1 I/O 端口示意图

2. I/O 接口的基本结构

I/O 接口电路通常为大规模集成电路。虽然不同功能的接口电路，其结构有所不同，但都是由寄存器和控制逻辑两大部分组成，如图 6.2 所示。

（1）数据缓冲寄存器。

数据缓冲寄存器分为输入缓存器和输出缓存器 2 种。前者用来暂时存放外设送来的数据，后者用来暂时存放处理器送往外设的数据。有了数据缓存器，就可以在高速的 CPU 与慢速的外设之间实现数据的同步传送。

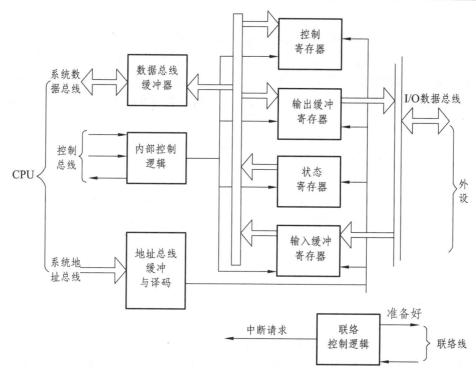

图 6.2 具接口电路基本结构框图

(2) 控制寄存器。

控制寄存器用于存放处理器发来的控制命令和其他信息,以确定接口电路的工作方式和功能。由于现在的接口芯片大都具有可编程的特点,因此接口芯片可通过编程来确定多种不同的工作方式和功能。控制寄存器是只写寄存器,其内容只能由处理器写入,而不能读出。

(3) 状态寄存器。

状态寄存器用于保存外设现行各种状态信息。它的内容可以被处理器读出,从而使处理器了解外设状况及数据传送过程中发生的事情,供处理器作出正确的判断,使它能安全可靠地与接口完成交换数据的各种操作。特别是在 CPU 以程序查询方式同外设交换数据时,状态寄存器更是不可少。CPU 通过查询外设的忙/闲、正确/错误、就绪/不就绪等状态,才能正确地与之交换信息。

以上 3 种寄存器是接口电路的核心,通常所说的接口(I/O 端口)大都是指这些寄存器。但是,为了保证处理器和外设之间能正确地传送数据,接口电路还必须包括下面几种控制逻辑电路。

(4) 数据总线和地址总线缓冲器。

用于实现接口芯片内部数据总线和系统的数据总线相连接,接口的端口选择根据 I/O 寻址方式的要求与地址总线的相应端连接。

(5) 端口地址译码器。

用于正确选择接口电路内部各端口寄存器的地址,保证 1 个端口寄存器唯一地对应 1 个端口地址,以便处理器正确无误地与指定外设交换信息,完成规定的 I/O 操作。

(6) 内部控制逻辑。

用于产生一些接口电路内部的控制信号,实现系统控制总线与内部控制信号之间的变换。

（7）联络控制逻辑。

用于产生/接收 CPU 和外设之间数据传送的同步信号。这些联络信号包括微处理器端的中断请求和响应、总线请求响应以及外设端的准备就绪和选通等控制与应答信号。

一般说来，数据缓冲寄存器、端口地址译码和输入/输出操作控制逻辑是任何接口都不可少的。至于其他各部分是否需要，则取决于接口功能的复杂程度和 I/O 操作的同步控制方式。

6.1.3 输入/输出接口的端口寻址

1 个 I/O 接口电路总要包括若干个端口，除常见的数据端口、命令端口和状态端口外，还有方式控制、操作结果和地址索引等作特殊用途的端口。端口可被处理器如同存储单元一样访问，因此每个端口就存在着编址的方式问题。在当今流行的各类微型计算机中，对 I/O 接口的端口编址有 2 种方法：端口统一编址和端口独立编址。

1. 端口统一编址方式

这种编址方式（也称为"存储器映像编址"）是把每一个端口视为 1 个存储单元，并赋以相应的存储器地址。微处理器访问端口时，与访问存储器（只是地址值不同）一样，所有访问内存的指令同样适合于 I/O 端口。

统一编址方式的最大优点：无需专门的 I/O 指令，因而简化了指令系统，并可通过功能强的访问内存指令直接对 I/O 数据进行算术或逻辑运算。

这种编址的不足之处：要占用存储空间，而且访内指令一般都需 3 或 4Byte，使原本极简单的 I/O 数据传输时间加长了。

2. 端口独立编址方式

这种编址方式（又称覆盖编址方式）是把所有 I/O 端口看作 1 个独立于存储器空间的 I/O 空间。在这个空间内，每个端口都被分配 1 个地址与之对应。微处理器对 I/O 端口和存储单元的不同寻址是通过不同的读写控制信号 $\overline{IOR}$、$\overline{IOW}$ 和 $\overline{MEMR}$、$\overline{MEMW}$ 来实现的。由于系统需要的 I/O 端口寄存器一般比存储器单元要少得多，一般只设置 256～1024 个端口，因此选择 I/O 端口只需要 8～10 根地址线即可。Intel 和 Zilog 公司生产的微处理器，像 Z-80/Z8000、i8080/8086/80X86 等系列，就是采用的这种方式。显然，要访问独立于存储空间的端口，必须用专门的 I/O 指令。为加快 I/O 数据的传输速度，设计的这种 I/O 指令均为单字节或多字节（指令直接带端口地址）。通常这种 I/O 指令有 2 种，即输入指令 "IN"、输出指令 "OUT" 及其相关的指令组。不过，这种 I/O 指令仅作数据传送而无算术或逻辑运算功能。

这种编址方式的优点：I/O 端口地址不占用存储器地址空间；由于 I/O 地址线较少，所以 I/O 端口地址译码器较简单，寻址速度较快；使用专用 I/O 指令和真正的存储器访问指令有明显区别，可使程序编制得很清晰，便于理解和检查。

这种编址方式的不足之处：专用 I/O 指令类型少，远不如存储器访问指令丰富，使程序设计灵活性差;且使用 I/O 指令只能在累加器 A 和 I/O 端口间交换信息,处理能力不如存储器映像方式强;尤其是要求处理器能提供存储器读/写、I/O 端口读/写两组控制信号,这就增加了控制逻辑的复杂性,也造成 CPU 芯片引脚的进一步紧张。

6.1.4 输入/输出控制方式

由于各种外设的工作速度相差很大,有些相当高(如磁盘机),而有些则相当低(如键盘);同时,即使是高速的 I/O 外设,其速度与 CPU 的工作速度也相差很大,因此,它们之间的数据传送必须通过接口中的数据缓冲器来进行。这样,CPU 何时才能从接口的输入缓冲器中读取正确数据以及何时往接口的输出缓冲器写入数据才不至于丢失数据就成为 1 个复杂的定时问题。CPU 与 I/O 设备之间的数据传送一般有程序方式、中断方式、DMA 方式等 3 种。

1. 程序方式

程序方式传送是指在程序控制下进行的数据传送,又分为无条件传送方式和条件传送方式。
(1)无条件的传送方式。

如果程序员能够确信 1 个外设已经准备就绪,那就不必查询外设的状态而进行信息传输,这种 CPU 与外设之间在任何时候都可进行数据传送的方式称为无条件传送方式。它用得很少,一般只用在对一些简单外设进行操作的场合,如开关、七段数码管等。

简单外设作为输入设备时,输入数据保持时间相对于 CPU 的处理速度要长得多,所以可直接使用三态缓冲器和数据总线相连,如图 6.3 所示。当 CPU 执行输入指令时,读信号 $\overline{IOR}$、片选信号 $\overline{CS}$ 有效,因而三态缓冲器被选通,使其早已准备好的输入数据进入数据总线,再到达 CPU。可见要求 CPU 在执行输入指令时,外设的数据是准备好的,即已经存在三态缓冲器中,否则出错。

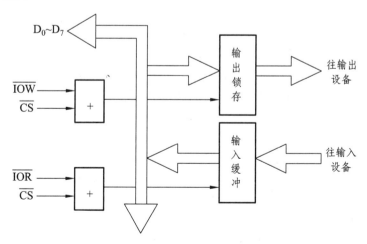

图 6.3 无条件传送方式的工作原理

当简单外设用作输出设备时,一般都需要锁存器,使 CPU 送出的数据在接口电路的输出端保持一段时间,从而使 CPU 能保持和外设动作相适应,如图 6.3 所示。CPU 在执行输出指令时,$\overline{\text{IOW}}$ 和片选信号 $\overline{\text{CS}}$ 有效,于是,接口中的输出锁存器被选中,CPU 输出的信息经过数据总线打入输出锁存器,输出锁存器保持这个数据,直到外设取走。显然,这里要求 CPU 在执行输出指令时,确定所选中的输出锁存器是空的。

(2)条件传送方式。

条件传送也称为程序查询式传送。此时,CPU 通过执行程序不断读取并测试外设的状态,如果外设处于准备好状态(输入设备)或者空闲状态(输出设备),则 CPU 执行输入或输出指令与外设交换信息,否则 CPU 处于循环查询状态。为此,接口电路除了有传送数据的端口以外,还应有传送状态的端口。

一般外设均可以提供一些反映其状态的信号,如对输入设备来说,它能够提供"准备好"("READY")信号,"READY" = 1 表示输入数据已准备好。输出设备则提供"忙"("BUSY")信号,"BUSY" = 1 表示当前时刻不能接收 CPU 传来的数据;只有当"BUSY" = 0 时,才表明它可以接收来自于 CPU 的输出数据。

输入操作的程序流程如图 6.4 所示。

对 READY 的状态查询是通过读状态端口的相应位来实现的,输出的情况亦大致相同,这种传送控制方式的最大优点是能够保证输入/输出数据的正确性。

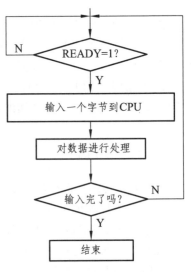

图 6.4 输入操作流程

2. 中断方式

在这种方式下,CPU 和外设处于并行工作状态。当输入设备将数据准备好或者输出设备可以接收数据时,便可以向 CPU 发出中断请求,使 CPU 暂时中断目前的工作,而去执行 1 个为外部设备服务的中断处理程序;待 I/O 操作完成以后,CPU 又继续进行原来的工作。这种中断 CPU 目前的工作,与外设进行数据传送的 I/O 方式称为中断方式。

使用中断传送方式时,CPU 就不必花费大量时间去查询外设的工作状态,因为当外设准备就绪时,会主动向 CPU 发中断请求信号,而 CPU 本身具有这样的功能:在每条指令被执行完以后,会检查外部是否有中断请求,如果有中断请求,那么在中断允许标志为 1 的情况下,CPU 保留下一条指令的地址(断点),且当前的标志进入堆栈,转到中断服务程序去执行。当执行完中断服务程序时,由中断返回指令弹出断点和标志,CPU 继续执行原来的程序。从而既满足了 I/O 设备的实时要求,又大大提高了 CPU 的利用率。

在微型计算机系统中,每一种设备提供的中断服务请求都是异步实时的。所以,为使各个中断请求与微处理机协调同步,系统除了要给每个 I/O 设备分配 1 个中断请求号和设置一段相应的中断服务程序外,还要配置 1 个专管多个 I/O 设备提出中断请求的硬件电路——中断控制器。因此,这种控制方式的硬件比较复杂。另外,中断方式是一种异步控制机构,中断请求信号的出现完全是随机的,在 CPU 执行的主程序的任意两条指令之间,都有可能发生,因此,中断处理子程序中除了包含 I/O 指令用以完成数据传输外,前后分别有保存通用寄存器内容（保护现场）恢复通用寄存器（恢复现场）指令。

因此与程序查询方式相比，尽管中断处理方式使 CPU 的效率有很大提高，但也存在不足。如每传送 1 个字符，都要执行 1 次中断服务程序，启用 1 次中断控制器，完成保留现场和恢复现场的一套辅助操作，而真正实现数据传送的指令可能只有少量几条。尤其当数据以成批方式与 I/O 设备交换时，要频繁地中断主程序，使大量的时间耗费在次要的动作上，从而降低了系统的运行性能。

3. DMA 传输方式

利用中断进行信息传送，可以大大提高 CPU 的利用率，但是其传送过程必须由 CPU 进行监控。每次中断，CPU 都必须进行断点及现场信息的保护和恢复操作，这些都是一些额外的操作，会占用一定的 CPU 时间。如果需要在内存的不同区域之间，或者在内存与外设端口之间进行大量信息快速传送的话，用查询或中断方式均不能满足速度上的要求，这时应采用直接数据通道传送，即 DMA（Direct Memory Access）数据传送方式。它是在内存的不同区域之间，或者在内存与外设端口之间直接进行数据传送，而不经过 CPU 中转的一种数据传送方式，可以大大提高信息的传送速度。DMA 数据传送方式的主要步骤如图 6.5 所示。

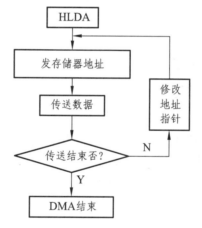

图 6.5　DMA 数据传送方式的工作流程图

（1）外设准备就绪时，向 DMA 控制器发 DMA 请求，DMA 控制器接到此信号后，向 CPU 发 DMA 请求；

（2）CPU 接到 HOLD 请求后，如果条件允许（一个总线操作结束），则发出 HLDA 信号作为响应，同时，放弃对总线的控制；

（3）DMA 控制器取得总线控制权后，往地址总线发送地址信号，每传送 1 个字节，就会自动修改地址寄存器的内容，以指向下一个要传送的字节；

（4）每传送一个字节，字节计数器的值减 1，当减到 0 时，DMA 过程结束；

（5）DMA 控制器向 CPU 发送结束信号，将总线控制权交回 CPU。

DMA 传送控制方式，解决了在内存的不同区域之间，或者内存与外设之间大量数据的快速传送问题，代价是需要增加专门的硬件控制电路，称为 DMA 控制器，其复杂程度与 CPU 相当。

6.2 中断系统概述

6.2.1 中断的基本概念

1. 中断的定义

CPU 执行程序时,由于发生了某种随机的事件(外部或内部),导致 CPU 暂时中断正在运行的程序,转去执行一段特殊的服务程序(称为中断服务程序或中断处理程序),以处理该事件,该事件处理完后又返回被中断的程序继续执行,这一过程称为中断,如图 6.6 所示。

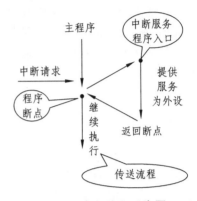

图 6.6 中断流程示意图

2. 中断系统的作用

(1) 能实现并行处理;
(2) 能实现实时处理;
(3) 能实现故障处理。

6.2.2 中断处理系统

一个完整的中断处理系统必须实现以下功能:中断源识别、中断优先级判断、中断嵌套管理以及 CPU 的中断响应、中断服务和中断返回。

1. 中断源识别(见图 6.7)

中断源——引起程序中断的事件,如外设——请求输入输出数据、报告故障等;事件——掉电、硬件故障、软件错误、非法操作、定时时间到等。中断源分为外部中断、内部中断。内部中断:CPU 内部执行程序时自身产生的中断。外部中断:CPU 以外的设备、部件产生的中断。n 8086/8088 的外部中断信号:INTR、NMI。INTR——可屏蔽中断请求,高电平有效,受 IF 标志的控制。IF = 1 时,执行完当前指令后 CPU 对它作出响应。NMI——非屏蔽中断请求,上升沿有效,任何时候 CPU 都要响应此中断请求信号。

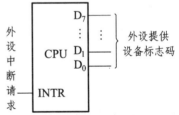

图 6.7 中断源识别示意图

2. 中断优先级判断

中断优先级判断的具体方法可分为:软件查询、硬件排队和专用中断控制器。

（1）软件查询方式。

查询方法的电路较简单。但当外设个数较多时，通过逐位检测查询到转入中断服务所耗费的时间较长。软件查询接口电路如图 6.8 所示，软件查询程序流程如图 6.9 所示。

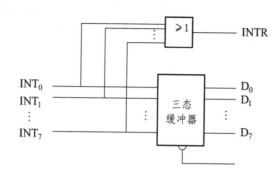

图 6.8　软件查询接口电路

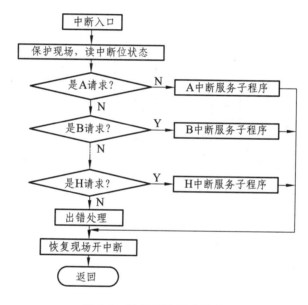

图 6.9　软件查询程序流程

软件查询程序如下：

```
XOR   AL, AL          ; CF=0
MOV   DX, 340H
IN    AL, DX          ; 读入中断寄存器状态
RCR   AL, 1
JC    SERV0           ; 若 0#有请求，则转 0# 中断服务程序
RCR   AL, 1
JC    SERV1
RCR   AL, 1
JC    SERV2
RCR   AL, 1
```

```
JC    SERV3
……
```

软件查询方法的优点是电路比较简单。软件查询的顺序就是中断优先权的顺序,不需要专门的优先权排队电路,可以直接修改软件查询顺序来修改中断优先权,不必更改硬件。缺点是当中断源个数较多时,由逐位检测查询到转入相应的中断服务程序所耗费的时间较长,中断响应速度慢,服务效率低。

(2)硬件排队方式。

硬件优先权排队电路形式众多,有采用编码器组成的,也有采用链式电路的。硬件链式优先权排队电路又称为菊花环式优先权排队电路,它是利用外设连接在排队电路的物理位置来决定其中断优先权的,排在最前面的优先权最高,排在最后面的优先权最低。中断优先权编码电路如图 6.10 所示。

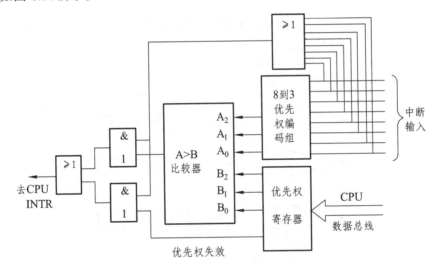

图 6.10　中断优先权编码电路

(3)专用中断控制器。

Iintel 8259A 属于典型的专用中断控制器。

3. 中断嵌套管理

中断嵌套管理的流程如图 6.11 所示。

4. 中断处理过程

对于不同的计算机系统,CPU 中断处理的具体过程不尽相同,但是一个完整的中断基本过程应包括:中断请求、中断判优、中断响应、中断处理及中断返回等五个基本过程。中断处理的基本过程如图 6.12 所示。

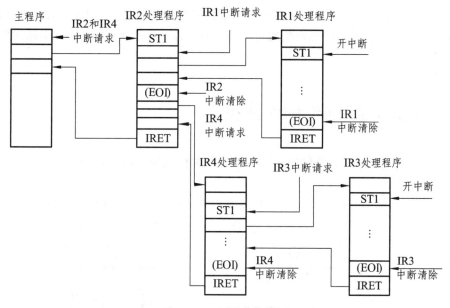

图 6.11 中断嵌套管理

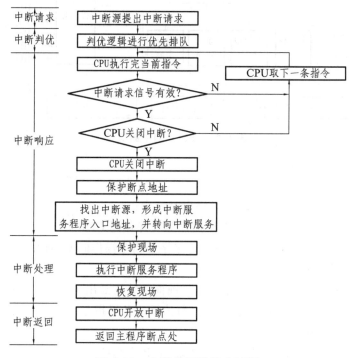

图 6.12 中断处理的基本过程

6.3 8086 CPU 的中断方式

8086 CPU 的中断系统采用向量中断机制,一共可处理 256 个中断,采用中断向量编号 0～

255，对 256 个中断加以区别。可屏蔽中断需借助专用的中断控制器 Intel 8259A 对系统中的可屏蔽中断资源进行管理：扩充系统的可屏蔽中断资源，并管理它们，实现中断优先权比较，实现中断源的识别。

6.3.1 8086 CPU 的中断类型

8086 CPU 的中断类型有硬件中断和软件中断两种类型，如图 6.13 所示。

（1）硬件中断。

硬件中断，又称为外部中断，它是由处理器外部的硬件、外围设备的请求引起的中断。8086 CPU 有两条硬件中断请求信号线：NMI（非屏蔽中断）和 INTR（可屏蔽中断）。

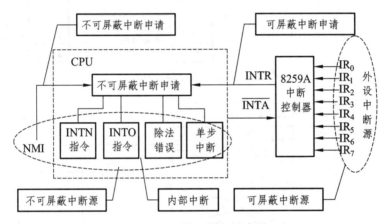

图 6.13　8086 的中断类型

（2）软件中断（内部中断）。

内部中断——由内部机制产生；

除法错中断（0 号）——除运算结果溢出时产生；

指令中断（n 号）——执行 int n 指令后产生（操作码 CDH）；

断点中断（3 号）——执行 int 3 指令（单字节指令操作码 CCH），用于在调试中设置断点，程序遇断点则中断；

溢出中断（4 号）——执行 into 指令，且前面运算有溢出（OF = 1）时产生；

单步中断（1 号）——TF 标志置 1 后，每执行一条子指令将发生一次；

外部中断——外部引脚触发；

可屏蔽中断（外设提供向量号）——触发 INTR 引脚产生；

非屏蔽中断（2 号）——触发 NMI 引脚产生。

内部中断的特点：

① 内部中断的类型号都是固定的，或是在中断指令中给定的。需要进入 $\overline{INTA}$ 总线周期获取类型号；

② 不受中断允许标志位 IF 的影响；

③ 用一条指令或由某个标志位启动进入中断处理程序，这样的中断没有随机性。

6.3.2 中断向量表与中断向量的获取

中断向量：指示中断服务程序的入口地址，该地址包括偏移地址 IP、段地址 CS（共 32 位）。每个中断向量的低字是偏移地址、高字是段地址，需占用 4 个字节（低对低，高对高）。8088 CPU 从物理地址 000H 开始到 3FFH（1KB），依次安排各个中断向量，向量号为 0～255。256 个中断向量用的 1KB 区域，称为中断向量表。8086 CPU 系统的中断向量表如图 6.14 所示。中断向量的存放首址 = N×4。

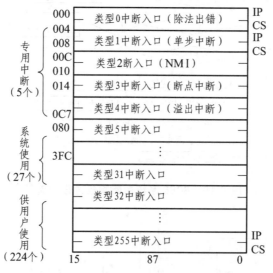

图 6.14　8086 CPU 系统的中断向量表

6.3.3 8086 CPU 的中断响应与处理过程

1. 内部中断和非屏蔽中断的响应及处理过程

内部中断和非屏蔽中断的响应及处理的具体过程为：中断请求与检测，确定中断向量地址，保护各标志位状态和屏蔽 INTR 中断和单步中断，保存断点，执行中断服务程序，中断返回，如图 6.15 所示。

2. 8086/8088 CPU 可屏蔽中断的响应过程

中断源通过中断控制器 8259 向 CPU 发出中断请求信号，CPU 在每一个指令周期的最后一个时钟周期采样 INTR 信号线，当 CPU 响应可屏蔽级的中断请求时，首先通过信号线向 8259 连续发出两个负脉冲的中断响应信号 $\overline{\text{INTA}}$。CPU 暂停执行当前程序，而转去执行相应的中断处理程序，CPU 执行完中断服务程序后，返回断点，继续执行被打断的程序。可屏蔽中断的中断过程如图 6.16 所示。

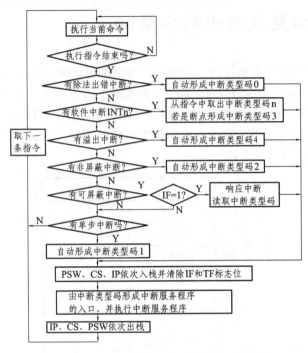

图 6.15 8086 系统中断响应过程的流程

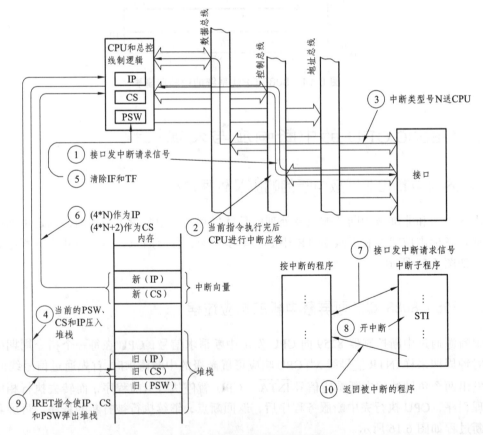

图 6.16 可屏蔽中断的中断过程

6.4 可编程中断控制器 8259A

Intel 8259A 是可编程中断控制器 PIC，可配合 CPU（I8080/85、I8086/88/286/386 等）管理可屏蔽中断。8259A 的基本功能：（1）具有 8~64 级的中断优先权管理功能，1 片 8259A 可以管理 8 级中断，经级联最多可扩展至 64 级；（2）每一级都可以通过编程实现中断屏蔽或开放；（3）在中断响应周期，8259A 可以自动提供相应的中断类型号；（4）可以通过编程来选择 8259A 的各种工作方式及任意设定中断类型号。

6.4.1 8259A 的内部结构和引脚（见图 6.17）

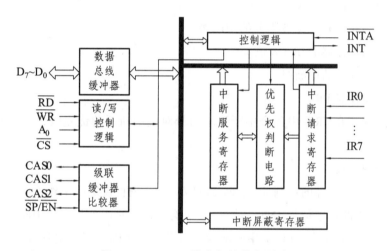

图 6.17　8259A 的内部结构和引脚

1. 8259A 的外部引脚信号

8259A 引脚上的信号与含义如下：
D7~D0：三态双向数据总线。
INT：中断请求信号输出线。
$\overline{INTA}$：中断应答信号输入线，低电平有效。
$\overline{RD}$：读出信号输入线，低电平有效。
$\overline{WR}$：写入信号输入线，低电平有效。
$\overline{CS}$：芯片选通信号输入线，低电平有效。
A0：地址输入线。
IR7~IR0：外设的中断请求输入线。
CAS2~CAS0：双向级联信号线。
$\overline{SP}/\overline{EN}$：编程/双向使能缓冲信号线。

2. 8259A 的内部结构

（1）数据总线缓冲器。

作用：连接系统数据总线和 8259A 内部总线。

（2）读/写控制逻辑。

作用：接收 CPU 的读/写命令 RD、WR，片选信号 CS 和端口选择信号 A0。

（3）级连缓冲/比较器。

作用：控制多片 8259A 的级连。

（4）中断请求寄存器 IRR。

作用：寄存所有的外部中断请求。

（5）中断服务寄存器 ISR（8 位）。

作用：寄存当前所有正在被服务的中断级。

（6）中断屏蔽寄存器 IMR（8 位）。

作用：寄存要屏蔽的中断级。

（7）优先权比较器 PR。

作用：确定存放在 IRR 中各个中断请求信号对应中断源的优先级，并对它们进行排队判优。

（8）中断控制逻辑。

控制电路是 8259 内部的控制器，根据 CPU 对 8259 编程设定的工作方式产生内部控制信号，向 CPU 发出中断请求信号 INT，请求 CPU 响应，同时产生与当前中断请求服务有关的控制信号，并在接收到来自 CPU 的中断响应信号后，将中断类型号送到数据总线。

3. 8259A 的级连方式

8259A 与系统总线相连有两种方式：缓冲方式和非缓冲方式。级联缓冲/比较器用来实现多个 8259 的级联连接及数据缓冲方式。8259A 可以级连，1 个主片最多可以级连 8 个从片。级连时，主片的级连线 CAS0～CAS2 连至每个从片的 CAS0～CAS2，输出被选中的从片编号，每个从片的中断请求信号 INT 连至主 8259A 的一个中断请求输入端 IR_x；主片的 INT 线连至 CPU 的中断请求输入端 INTR。在非缓冲方式下，引脚 $\overline{SP}$/EN，通过接地指定该片充当从片（$\overline{SP}$ = 0）；反之，若接高电平则该片充当主片（SP = 1）。8259A 的级连方式如图 6.18 所示。

4. 8259A 的引脚功能

8259A 芯片有 28 条引脚，采用双列直插式封装，如图 6.19 所示。

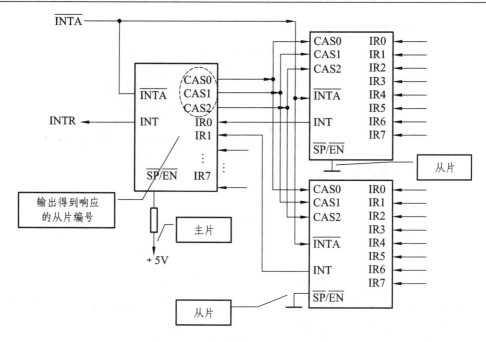

图 6.18 8259A 的级连工作示意图

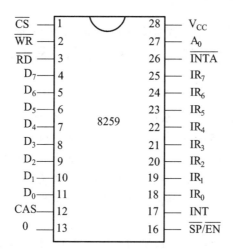

图 6.19 8259 芯片引脚定义

6.4.2 8259A 的工作方式

8259A 的各工作方式如图 6.20 所示。

（1）中断结束处理方式。

若 8259A 利用中断服务寄存器 ISR 判断某位为 1，则表示正在进行中断服务；若该位为 0，就是该中断结束服务。使 ISR 某位为 0，不反映 CPU 的工作状态的方式包括普通中断结束方式和特殊中断结束方式。普通中断结束方式：配合全嵌套优先权方式使用，当 CPU 用输

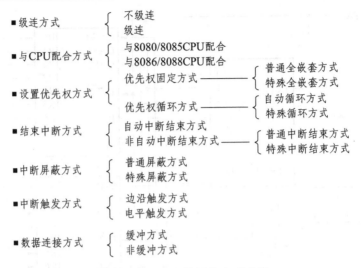

图 6.20 8259A 的工作方式分类

出指令往 8259A 发出普通中断结束 EOI 命令时，8259A 就会把正在服务的中断中优先权最高的 ISR 位复位。特殊中断结束方式：配合循环优先权方式使用，CPU 在程序中向 8259A 发送一条特殊中断结束命令，这个命令中指出了要清除哪个 ISR 位。

（2）缓冲方式。

缓冲方式：8259A 的数据线需加缓冲器予以驱动，8259A 把 $\overline{SP/EN}$ 引脚作为输出端，输出允许信号，用以锁存或开启缓冲器。非缓冲方式：$\overline{SP/EN}$ 引脚为输入端，若 8259A 级连，则由其确定是主片或从片。

（3）嵌套方式。

普通全嵌套方式——8259A 的中断优先权顺序固定不变，从高到低依次为 IR0、IR1、IR2……IR7，中断请求后，8259A 对当前请求中断中优先权最高的中断 IRi 予以响应，将其向量号送上数据总线，对应 ISR 的 Di 位置位，直到中断结束（ISR 的 Di 位复位）。在 ISR 的 Di 位置位期间，禁止再发生同级和低级优先权的中断，但允许高级优先权中断的嵌套。

特殊全嵌套方式——允许同级中断嵌套（用于级连主片）。

（4）中断屏蔽方式。

普通屏蔽方式：将 IMR 的 Di 位置 1，则对应的中断 IRi 被屏蔽，该中断请求不能从 8259A 送到 CPU，如果 IMR 的 Di 位置 0，则允许 IRi 中断产生。

特殊屏蔽方式：将 IMR 的 Di 位置 1，对应的中断 IRi 被屏蔽的同时，使 ISR 的 Di 位置 0。

（5）优先级的控制。

① 固定优先级：8259A 的 8 个中断源中，IR0 优先级最高，IR1 优先级次之，依次降低，IR7 优先级最低，这个顺序固定不变。

② 循环优先级：8259A 将中断源 IR0～IR7 按下标序号顺序构成一个环，有两种规定方式。一种是自动优先循环级，该方式规定：刚被服务过的中断源，其优先级别被改为最低级，而将最高优先级赋给原来比它低一级的中断源，其他中断源的优先顺依中断源顺序环确定。例如，CPU 对 IR3 的中断服务刚结束时，IR3 的优先级别变为最低，这时 8259A 的 8 个中断

源优先顺序由高到低为 IR4,IR5,IR6,IR7,IR0,IR1,IR2,IR3。另一种是指定优先循环级,该方式规定:在 OCW2 中指定的中断源,其优先级别被设为最低级,其他中断源的优先顺序依中断源顺序环确定。例如,CPU 在对 IR3 的中断服务过程中,通过指令在 OCW2 中指定 IR5 具有最低优先级,则 IR3 中断服务结束时,2859A 的 8 个中断源优先顺序由高到低为 IR6,IR7,IR0,IR1,IR2,IR3,IR4,IR5。

(6) 优先权方式。

优先权自动循环方式——最高优先权自动转移到相邻的低优先级中断源。

优先权特殊循环方式——最高优先权转移到由指令指定的中断源。

(7) 中断触发方式。

边沿触发方式:8259A 将中断请求输入端出现的上升沿作为中断请求信号。

电平触发方式:中断请求端出现的高电平是有效的中断请求信号。

6.4.3　8259A 的编程

因为 8259A 是可编程的中断控制器,所以它的操作是用软件通过命令进行控制的。8259A 的编程命令字有两类:一是初始化命令字(ICW),二是操作命令字(OCW)。相应的,8259A 的控制部分有一些可编程的位,它们分布在 7 个 8 位寄存器中。这些寄存器分成两组,一组用作存 ICW,另一组存 OCW。初始化程序设定 ICW,用来建立起 8259A 操作的初始状态,在此后的整个工作过程中该状态保持不变。相反,操作命令字(OCW)用于动态控制中断处理,是在需要改变或控制 8259A 操作时发送的。注意:当发出 ICW 或 OCW 时,CPU 中断申请脚 INTR 应关闭(使用 CLI 关中断指令)。

(1) 8259A 的初始化编程。

初始化编程:8259A 开始工作前,用户必须对 8259A 进行初始化编程。通过写入初始化命令字 ICW 对 8259A 进行初始化。8259A 初始化编程的主要任务有:

① 复位 8259A 芯片。
② 设定中断请求信号 INT 有效的形式是高电平有效,还是上升沿有效。
③ 设定 8259A 工作在单片方式还是多片级联方式。
④ 设定 8259A 管理的中断类型号的基值,即 0 级 IR0 所对应的中断类型号。
⑤ 设定各中断级的优先次序,IR0 最高,IR7 最低。
⑥ 设定一次中断处理结束时的结束方式。

(2) 初始化命令字 ICW。

初始化命令字 ICW 最多有 4 个,8259A 在开始工作前必须写入,且必须按照 ICW1～ICW4 顺序写入,ICW1 和 ICW2 是必须送的,ICW3 和 ICW4 由工作方式决定。8259A 芯片的初始化流程如图 6.21 所示。

8259A 初始化命令字(ICW1～ICW4):8259A 的中断操作功能很强,包括中断的请求、屏蔽、排队、结束、级联以及提供中断类型号和查询等操作,并且其操作的方式又有不同。它既能实现向量中断,又能进行中断查询;既可以用于 16 位机,又可以用于 8 位机。因此,使用起来让人感到复杂,不好掌握。为此,这里以 8259A 的操作功能为线索,来讨论为实现这些功能的各个命令字的含义，为编程使用 8259A 提供一些思路。

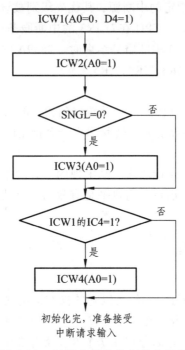

图 6.21　8259A 芯片的初始化流程

ICW1～ICW4 在初始化程序中设定，且在整个工作过程中保持不变。ICW1～ICW4 必须按顺序设定。ICW1 写入 8259A 偶地址中（A0=0，在 AT 机中为 20H/A0H），ICW2～ICW3 写入 8259A 奇地址中（A0 = 1，在 AT 机中为 21H/A1H）。

① 初始化命令字 ICW1。

ICW1 为芯片控制初始化命令字。写 ICW1 的标记为：A0 = 0，D4 = 1。其格式如下：

A0	D7	D6	D5	D4	D3	D2	D1	D0
0				1	LTIM	ADI	SNGL	IC4

ICW1 控制初始化命令字各位的具体含义如下：

D7～D5：这 3 位在 8086/8088 系统中不用，只能用于 8080/8085 系统中。

D4：此位总是设置为 1，表示现在设置的是 ICW1 的标志位。

D3：（LTIM）此位设置中断请求信号的形式。如该位为 1，则表示中断请求为电平触发；如该位为 0，则表示中断请求为边沿触发，且为上升沿触发，并保持高电平。

D2：（ADI）这一位在 8086/8088 系统中不用。

D1：（SNGL）这一位用来指定系统中用单片 8259A 方式（D1=1），还是用多片 8259A 级联方式（D1=0）

D0：（IC4）这一位用来指定后面是否设置 ICW4。若初始化程序中使用 ICW4，则 IC4 必须为 1；否则为 0。

② 初始化命令字 ICW2。

ICW2 是设置中断类型码的初始化命令字。写 ICW2 的标记为：A0 = 1。其格式如下：

A0	D7	D6	D5	D4	D3	D2	D1	D0
1	A15/T7	A14/T6	A13/T5	A12/T4	A11/T3	A10	A9	A8

ICW2 控制初始化命令字各位的具体含义如下：

A15~A8 为中断向量的高 8 位，用于 MCS80/85 系统；T7~T3 为中断向量类型码，用于 8086/8088 系统。中断向量类型码的低 3 位是由引入中断请求的引脚 $IR_0 \sim IR_7$ 决定的。例如，设 ICW2 为 40H，则 8 个中断向量类型码分别为 40H、41H、42H、43H、44H、45H、46H 和 47H。中断向量类型码的值与 ICW2 的低 3 位无关。

③ 初始化命令字 ICW3。

ICW3 设置主 8259A 和从 8259A 的联结关系（仅当 ICW1 中的 SGGL = 1，系统中有多片 8259A 级联时，才设置 ICW3）。

主 8259A 的 ICW3：指出主 8259A 的哪些引脚上联有从 8259A。

A0	D7	D6	D5	D4	D3	D2	D1	D0
1	IR7	IR6	IR5	IR4	IR3	IR2	IR1	IR0

如 ICW3 = 11110000B，则主 8259A 的 IR7、IR6、IR5、IR4 上联有从 8259A。

从 8259A 的 ICW3：ID2~ID0 的编码值，指出该从 8259A 的 INT 联至主 8259A 的哪个引脚，如联至 IR5，则 ID2~ID0 = 101。在多片 8259A 级联的系统中，主 8259A 的 CAS2~CAS0 与所有从 8259A 的 CAS2~CAS0 联在一起，主 8259A 的 CAS2~CAS0 作为输出，从 8259A 的 CAS2~CAS0 作为输入。例如，下列格式中：

A0	D7	D6	D5	D4	D3	D2	D1	D0
1	0	0	0	0	0	ID2	ID1	ID0

当第一个 INTA 到来时，主 8259A 的 CAS2~CAS0 输出从 8259A 的编码 ID2~ID0。从 8259A 收到该编码后，与其自身的 ID2~ID0（在 ICW3 中）比较，如果相等，则在第二个 INTA 到来时，从 8259A 发出中断类型码。

④ 初始化命令字 ICW4。

ICW4 为方式控制初始化命令字。写 ICW4 控制字标记为：A0 = 1。其格式如下：

A0	D7	D6	D5	D4	D3	D2	D1	D0
1	0	0	0	SFNM	BUF	M/S	AEOI	μPM

ICW4 控制初始化命令字各位的具体含义如下：

D7~D5：这 3 位总为 0，用于表示 ICW4 的识别码。

D4：(SFNM) 如为 1 则为特殊的全嵌套工作方式，如为 0 则为非特殊的全嵌套工作方式。

D3：(BUF) 如此位置 1 则为缓冲方式。所谓缓冲方式是指在多片 8259A 级联的大系统中，8259A 通过总线驱动器和数据总线相联的一种方式。

D2：(M/S) 此位在缓冲方式下用来表示本片是主片还是从片。

D1：(AEOI) 如该位为 1，则设置中断自动结束方式，中断结束后自动复位 ISR。如该位为 0，中断结束后要求 CPU 发 EOI 命令复位 ISR。

D0：(μPM) 如该位为 1，则表示 8259A 当前处于 8086/8088 系统中；如该位为 0，则表示 8259A 当前处于 8080/8085 系统中。

（3）工作方式编程。

在 8259A 工作期间，可以随时向 8259A 写入操作命令字 OCW，使之按用户设置的新的工作方式进行工作，用户还可以通过写操作命令字 OCW 通知 8259A，下面的操作要读取 8259A 中的状态信息，以便了解其工作情况。8259A 工作方式编程主要完成的任务是对中断请求的屏蔽、优先级循环控制、中断结束方式、内部控制寄存器的查询等。

8259A 在工作期间，可以随时接受操作命令字 OCW。

OCW 共有 3 个：OCW1～OCW3。写入时没有顺序要求，需要哪个 OCW 就写入那个 OCW。

① 操作命令字 OCW1。

写 OCW1 的标记为 A0 = 1。其格式如下：

A0	D7	D6	D5	D4	D3	D2	D1	D0
1	M7	M6	M5	M4	M3	M2	M1	M0

ICW4 控制初始化命令字各位：M7～M0 对应于 IMR 的各位，为 1 表示该位中断被屏蔽，为 0 表示该位允许中断。

② 操作命令字 OCW2。

OCW2 的格式如下：

A0	D7	D6	D5	D4	D3	D2	D1	D0
0	R	SL	EOI	0	0	L2	L1	L0

$R = \begin{cases} 1: 优先级循环方式 \\ 0: 非循环方式 \end{cases}$

$SL = \begin{cases} 1: L2～L0 有效 \\ 0: L2～L0 无效 \end{cases}$，当 L2～L0 有效时，指定特殊中断结束命令中需要结束的中断优先级，或指定特殊优先级循环方式中的初始最低优先级。

EOI：中断结束命令。$EOI = \begin{cases} 1: 向 8259A 发出中断结束命令 \\ 2: 设置/撤销 8259A 的优先级循环方式 \end{cases}$

当 EOI = 0 时：

$\begin{cases} R = 1(设置优先级循环方式) \begin{cases} SL = 0, 设置自动循环方式，L2～L0 无效 \\ SL = 1, 设置特殊循环方式，L2～L0 有效 \end{cases} \\ R = 0 \begin{cases} SL = 0: 结束优先级自动循环方式 \\ SL = 1: OCW2 无意义 \end{cases} \end{cases}$

当 EOI = 1 时：

$$\begin{cases} R=1, SL=0: \text{一般中断结束命令, 并使优先循环一次} \\ R=1, SL=1: \text{特殊中断结束命令, 并使优先循环一次} \\ R=0, SL=0: \text{一般中断结束命令} \\ R=0, SL=1: \text{特殊中断结束命令} \end{cases}$$

③ 操作命令字 OCW3。

OCW3 的格式如下：

A0	D7	D6	D5	D4	D3	D2	D1	D0
0	0	ESMIM	SMM	0	1	P	RR	RIS

设置和撤销特殊屏蔽方式。

$$\begin{cases} ESMM=1, SMM=1: \text{设置} \\ ESMM=1, SMM=0: \text{撤销} \end{cases}$$

8259A 内部寄存器读出命令：

$$\begin{cases} RR、RIS=0: \text{读出 IRR 的值} \\ RR、RIS=1: \text{读出 ISR 的值} \end{cases}$$

设置中断查询方式时，P = 1；不查询时，P = 0。

用读出命令选择 IRR/ISR 后，8259A 将保留该选择，即选择一次后，可反复读取所选寄存器。

6.4.4 8259A 的中断级联（见图 6.22）

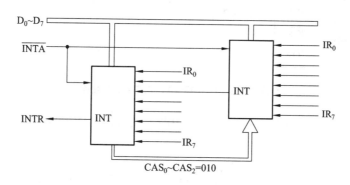

图 6.22 8259A 的中断级联

一个系统中，8259A 可以级连，有一个主 8259A，若干个（最多 8 个）从 8259A。级连时，主 8259A 的三条级连线 CAS0～CAS2 作为输出线，连至每个从 8259A 的 CAS0～CAS2。每个从 8259A 的中断请求信号 INT，连至主 8259A 的一个中断请求输入端 IR。主 8259A 的 INT 线连至 CPU 的中断请求输入端，$\overline{SP}/\overline{EN}$ 在非缓冲方式下，规定该 8259A 是主片（$\overline{SP}$ = 1）还是从片（$\overline{SP}$ = 0）。

级连方式:

不级连——只用 1 片,如 PC/XT。

级连——使用 2~9 片,如 PC/AT(2 片)。

6.4.5 8259A 的应用实例

例 6.1:在 PC/AT 中,8259A 的使用情况为:2 片 8259A 级联,提供 15 级向量中断。从片的 INT 接主片的 IR2。端口地址:主片为 20H、21H,从片为 A0H、A1H。主片和从片均采用边沿触发,采用全嵌套优先级排列方式,采用非缓冲方式。主片 SP/EN 接 +5V,从片 SP/EN 接地。主片的类型码为 08H~0FH,从片的类型码为 70H~77H,如图 6.23 所示。

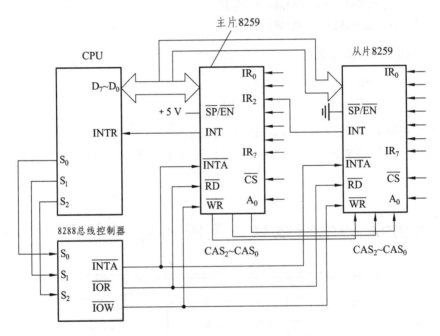

图 6.23 PC/AT 中,8259A 连线图

例 6.2:电路如图 6.24 所示电路中,按中断方式采样 ADC0809 转换数据,结果送内存 6000H 段,取 300 个采样点。

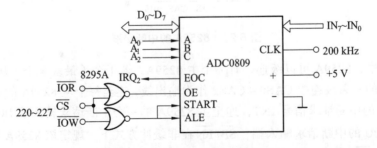

图 6.24 ADC0809 硬件连接图

说明：

（1）ADC0809 的 START 端为 A/D 转换启动信号，ALE 为通道选择地址的锁存信号，电路中将其相连，以便同时锁存通道地址，开始 A/D 采样转换。其输入控制信号为 CS 和 IOW，故启动 A/D 转换只需以下两条指令：

  MOV DX，PORTADC；

  OUT DX，AL

至于 AL 中具体为什么内容是不重要的，这是一次虚拟写。

（2）在中断方式下，当 A/D 转换结束后就会自动产生 EOC 信号，此信号接至 8259A 的 IRQ2，从而引起一次硬中断。在中断服务程序中，使用如下指令即可读取 A/D 转换的结果：

  MOV DX，PORTADC

  IN AL， DX

（3）在 PC 机系统中，IRQ2 硬中断是留给用户的。编程时首先应将 IRQ2 对应的中断向量(中断号为 0AH)保存起来。然后，设置新的中断向量以指向中断服务程序。另外，还应将中断屏蔽寄存器的相应位开放。典型程序如下：

  MOV AH，35H

  MOV AL，0AH　；取 0AH 号中断向量送 ES：BX

  INT 21H

  PUSH ES　；保存原中断向量

  PUSH BX

  PUSH DS

  MOV DX，SEG ADINT

  MOV DS，DX

  MOV DX，OFFSET ADINT　；设置新的中断向量

  MOV AH，25H

  MOV AL，0AH

  INT 21H

  POP DS

  IN AL，21H

  PUSH AX　；保存中断屏蔽寄存器内容

  AND AL，0FBH　；允许 IRQ2 中断

  OUT 21H，AL

例 6.3：8255A 作中断方式工作的字符打印机的接口时，如图 6.24 所示。本例中，8255A 向 8259A 请求中断，8259A 向 CPU 请求中断，CPU 响应中断后执行中断服务程序，向 8255A 的 A 端口输出数据，然后数据传到打印机打印。8255A 的 A 端口作为数据通道，工作在方式 1 输出方式。打印机接口需要一个数据选通信号，故由 CPU 控制 PC0 来产生选通脉冲。在此没有用，将它悬空就行了。

连到 8259A 的中断请求信号输入端时，8259A 工作在单片、全嵌套方式、上升沿请求中断、一般中断结束方式、非缓冲、中断类型码 08H。

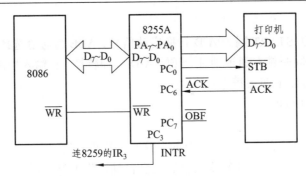

图 6.25　8255A 作中断方式打印机接口

设 8255A 的端口地址为：

A 端口——00C0H

B 端口——00C2H

C 端口——00C4H

控制口——00C6H

设 8259A 的端口地址为：

奇端口——0050H

偶端口——0052H

程序由初始化程序、主程序、中断服务程序三大部分组成。初始化程序由 8259A 初始化、8255A 初始化、中断服务初始化几部分组成。主程序没有别的任务，但是不能不写主程序，至少要有一条转移指令，原地跳转，等待中断，而中断服务程序执行完毕以后仍然返回这条跳转指令。

中断服务程序从数据缓冲区取 1 个字节数据，输出到 8255A 的 A 端口；用对 C 端口的置 1/置 0 命令使 PC0 输出负脉冲，从而将数据送入打印机；然后发一条中断结束命令；最后中断返回。请求中断和响应的过程是：每当 8255A 端口 A 数据输出寄存器空，需要 CPU 送下一个数据的时候，自动变为高电平，向 8259A IR3 请求中断；8259A 通过 INT 引腿向 CPU 请求中断；CPU 响应中断，根据 8259A 提供的中断类型号，到中断向量表中取得中断向量；然后转移到中断服务程序执行。中断的详细过程见第二章"中断操作和中断系统"中的可屏蔽中断响应过程部分。

假定待打印的数据存放在内存 PRNBUF 缓冲区，下面是具体程序段：

```
INIT:  MOV   AL, 0A0H        ;8255A 初始化程序
       OUT   0C6H, AL        ;设置 8255A 的方式选择控制字
       MOV   AL, 01          ;使其为 1，即让初始状态为低电平
       OUT   0C6H, AL        ;C 端口置 1/置 0 控制字
       MOV   AL, 0DH         ;使 INTE（C 口位）为 1，允许 8255A 请求中断
       OUT   0C6H, AL        ;C 端口置 1/置 0 控制字
```

下面是 8259A 初始化程序：

```
       MOV   AL, 00010011B   ;上升沿请求中断、单片
       OUT   50H, AL         ;写入偶端口
       MOV   AL, 08H         ;中断类型码 08H
       OUT   52H, AL         ;写入奇端口
```

```
        MOV     AL,                    ;非特殊全嵌套、非自动中断结束方式、非缓冲
        OUT     52H,AL                 ;写入奇端口
        MOV     AL,11110111B           ;清除中断屏蔽
        OUT     52H,AL                 ;写入奇端口
下面是中断服务初始化程序：
        XOR     AX, AX
        MOV     DS, AX                 ;DS 指到 0 段，中断向量表在 0 段
        LEA     AX,INTPR               ;取中断服务程序偏移地址
        MOV     WORD PTR[0BH×4], AX    ;中断类型号为 0BH，写入的地址为
                                        0BH×4
        MOV     AX, SEG INTPR          ;取中断服务程序段地址
        MOV     WORD PTR [0BH×4+2], AX ;写向量高字
        STI                            ;使 IF 为 1，开放中断
下面是主程序：
MAIN:   JMP     MAIN
下面是中断服务程序：
INTPR:  MOV     AL, [DI]               ;DI 为打印字符缓冲区指针，取字符数据
        INC     DI
        OUT     0C0H, AL               ;字符送 A 端口
        MOV     AL,0                   ;使其为 0，产生选通信号负脉冲
        OUT     0C6H, AL               ;C 端口置 1/置 0 控制字
        INC     AL                     ;使使为 1，撤销选通信号
        OUT     0C6H, AL               ;C 端口置 1/置 0 控制字
        MOV     AL, 20H                ;EOI 命令
        OUT     50H, AL                ;命令写入偶端口
        IRET                           ;中断返回
```

习　题

1. CPU 与外设之间的数据传输控制方式有哪几种？何谓程序控制方式？它有哪两种基本方式？请分别用流程图的形式描述出来。

2. 用查询式将 DATA 开始的存贮区的 100 个字节数据在 FCH 端口输出，完成程序，状态端口地址为：FFH。

3. 什么是接口？什么是端口？在 8086/8088CPU 系统中，CPU 是如何实现端口寻址的？

4. 8086 中断分哪两类？8086 可处理多少种中断？

5. 8086 可屏蔽中断请求输入线是什么？"可屏蔽"的涵义是什么？

6. 8086 的中断向量表如何组成？其作用是什么？

7. 8086 如何响应一个可屏蔽中断请求？简述响应过程。

7 可编程并行接口芯片 8255A

7.1 并行接口和串行接口概述

计算机与外设之间的信息交换叫做通信,基本的通信方式有两种,即并行通信和串行通信。所谓并行通信就是以计算机的字长作为计算机与外设之间传输信息的基本单位,通常是 8 位、16 位或 32 位,一次传送一个字长的数据。所谓串行通信是指数据在 CPU 和外设之间一位一位地按顺序传送,每一位占据一个规定长度的时间间隔,只要一对传输线就可以实现数据在 CPU 和外设之间的双向通信。并行通信时,数据各位同时传送,所以这种方式传输数据速度快,但由于每位数据占用一根数据线,还要加上相应的控制信号线,所以随着传输距离的增大,通信线的成本将随之大幅度增加,同时,传输的可靠性随着传输距离的增加而下降,因此并行通信适合于近距离、大量和快速传输数据的场合。相对于并行通信而言,串行通信传输数据的速度较慢,而传输线的成本大幅度降低,并且可以利用电话线传输信息,因此串行通信特别适合于远距离传输数据。由第 6 章可以知道,I/O 接口是 CPU 与外部设备之间实现通信的桥梁,在不同的场合需要使用不同的接口,将实现并行通信的接口称为并行接口,将实现串行通信的接口称为串行接口。由于 CPU 本身是以并行方式接收和发送数据的,因此,CPU 通过并行接口与外部设备相连接通常不需要再附加外部串并转换电路,所以并行接口使用较为方便,已发展成为计算机系统中最常用的接口之一。一个并行接口可设计为输入或输出接口,也可设计为既输入又输出接口,即双向输入/输出接口。而当 CPU 通过串行接口与外部设备相连接时,首先,当数据以串行方式输入到 CPU 时,串行接口需要将输入的串行数据转换为并行数据输入到 CPU;当数据以串行方式从 CPU 输出时,串行接口需要将 CPU 输出的并行数据转换为串行数据,因此串行接口的标准化问题比并行接口更为重要和突出。

I/O 接口是实现 CPU 与外设之间通信的必不可少的组成部分，随着计算机应用领域的扩大，如何更有效和更好地进行 I/O 接口电路的设计就显得非常重要。为了有效减小接口电路的面积及成本与设计的复杂度，在设计接口电路时一般采用现成的接口芯片，而不使用过多的门电路或其他基本电子元器件。从广义上讲，一个接口芯片必须具备下述功能中的全部或一部分：

　　（1）寻址功能：接口芯片应能判断目前是否被访问，并能确定被访问的是内部的哪一个端口（寄存器）。

　　（2）联络功能：如果需要，接口芯片应能完成 CPU 与外设之间的通信任务，如中断方式下的中断请求/应答，串行通信方式下的三总线挂钩过程。

　　（3）输入/输出功能：接口芯片应能确定是 CPU 输出的数据和控制信息，还是外设输入的数据和状态信息。

　　（4）数据转换功能：接口芯片应能完成 CPU 和外设之间不同数据格式的转换，如并/串、串/并、D/A、A/D 等。

　　（5）错误检测功能：接口芯片能检测数据传送时可能出现的错误。

　　（6）复位功能：接口芯片能重新接受复位信号，以重新启动接口本身及所连接的外设。

　　（7）可编程功能：可以通过软件改变其内部的控制字，从而使用户可以改变接口的不同工作方式。

　　一个简单的并行接口可由一些锁存器和（或）三态门组成。由于单纯的三态门没有锁存功能，不能保持数据，只能用作总线缓冲器/驱动器；而单纯的锁存器不能起到隔离总线的作用，一般只能用作输出接口而不用作输入接口，只有带三态门的锁存器能够实现总线的隔离，所以既可用作输入接口，又可用作输出接口。常用来构成简单并行接口的芯片主要有 8 位三态输出缓冲驱动器 74LS244/240、8 位三态双向缓冲器驱动器 74LS245，8 位三态双向锁存器 74LS373/573 等。图 7.1 所示并行接口通信的原理图，从图中可以看出，左边是接口通过各种总线与 CPU 相连，接口的右边有两个数据传输通道，一个与输入设备相连，另一个与输出设备相连，各自都有独立的信号交换联络控制线。在并行接口内部有各类寄存器，其中控制寄存器用来寄存 CPU 的各种控制命令，状态寄存器用来提供外设的不同工作状态供 CPU 查询，输出缓冲寄存器和输入缓冲寄存器分别用来暂存输入和输出数据。当数据从外设输入到 CPU 时，首先外设把数据传送到数据输入线上，通过"数据输入准备好"状态线通知接口取数据，接口在把数据锁存到输入缓冲寄存器的同时，把"数据输入回答线"置"1"，用来向外设表明接口的数据输入缓冲器已满，禁止外设继续向接口传输数据，同时把内部状态寄存器中的输入准备好状态位置"1"，通知 CPU 读取输入缓冲寄存器中的数据，在 CPU 完成读取接口中的数据后，将"输入准备好"状态位和"数据输入回答"信号清除，以便外设输入下一个数据。在数据输出过程中，当输出缓冲寄存器空时，接口中的输出准备好状态位置"1"，在接收到 CPU 的数据后，"输出准备好"状态复位，禁止 CPU 继续输出数据，数据通过输出线传送到外设，同时由"数据输出准备好"状态线通知外设取数据。当外设接收到一个数据后，回送一个"数据输出回答"信号，通知接口准备下一次输出数据，接口在撤销数据输出准备好信号的同时再一次将输出准备好状态置为"1"，以便 CPU 输出下一个数据。

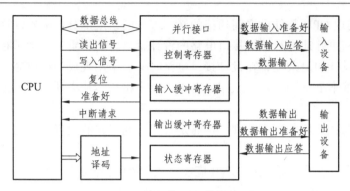

图 7.1　并行接口通信原理图

8255A 是 Intel 公司采用 CHMOS 工艺生产的一种高性能通用可编程输入/输出并行接口芯片，使用方便，可以与 Intel 系列微处理器系统直接相连，使用非常广泛。8255A 是 40 引脚双列直插式芯片，片内有 A、B、C 三个 8 位端口，又可通过编程设置多种工作方式。

1. 内部结构

8255A 的内部结构如图 7.2 所示，它由数据端口 A、B、C，A 组和 B 组控制逻辑电路，数据总线缓冲器和读/写控制逻辑 4 部分组成。

（1）数据端口。

8255A 内部包含有 3 个 8 位输入/输出数据端口 A、B、C。端口 A 包含一个 8 位数据输出锁存/缓冲寄存器和一个 8 位数据输入锁存器；端口 B 包含一个 8 位数据输入/输出、锁存/缓冲寄存器和一个 8 位数据输入缓冲寄存器；端口 C 包含一个输出锁存/缓冲寄存器和一个输入缓冲寄存器，没有锁存功能，必要时它又可分为两个 4 位输入/输出端口（$PC_7 \sim PC_4$ 和 $PC_3 \sim PC_0$）。当数据传送不需要联络信号时，三个端口均可用作输入或输出口。当 A、B 端口工作，需要联络信号时，端口 C 可作为输入端口 A 和端口 B 的状态信息或作为输出端口 A 和端口 B 的控制信息的传送端口使用。

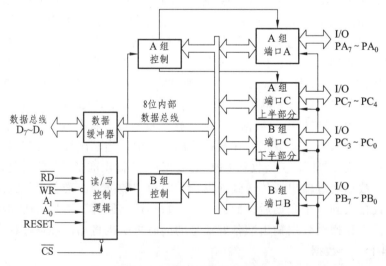

图 7.2　8255A 的内部结构

（2）端口控制逻辑。

端口控制逻辑分为 A 组和 B 组，A 组控制逻辑管理端口 A 与端口 C 的高 4 位（$PC_7 \sim PC_4$），B 组控制逻辑管理端口 B 与端口 C 的低 4 位（$PC_3 \sim PC_0$）。端口控制逻辑内部有一个控制字寄存器，可以根据 CPU 送来的编程命令控制 8255A 的工作方式，或者根据 CPU 发出的控制命令字，对 C 端口的任何一位进行置位或复位操作。

（3）数据总线缓冲器。

数据总线缓冲器是一个 8 位三态双向数据缓冲器，是 8255A 与 CPU 之间的数据接口，用来传输 CPU 输入或输出的数据，CPU 输出的控制字（编程命令）以及外设的状态信息。

（4）读/写控制逻辑。

读/写控制逻辑与 CPU 的地址总线及有关的控制信号相连，接收 CPU 的控制命令，并根据它们向片内各功能部件发出操作命令。可接收的控制信号如下：

① $\overline{CS}$：片选信号，低电平有效，由 CPU 输入。$\overline{CS}$ 有效时，表示该 8255A 被选中。

② $\overline{RD}$、$\overline{WR}$：读、写控制信号，低电平有效，由 CPU 输入。$\overline{RD}$ 有效时，表示 CPU 读取由 8255A 向 CPU 传送的数据或状态信息；$\overline{WR}$ 有效时，表示 CPU 将控制字或数据写入 8255A。

③ RESET：复位信号，高电平有效。RESET 有效时，清除 8255A 中所有控制字寄存器内容，并将各端口置为输入方式。

④ 端口选择信号 A_1、A_0：通过 A_1 和 A_0 的组合来选择端口。

当 $A_1A_0 = 00$ 时，选择端口 A；

当 $A_1A_0 = 01$ 时，选择端口 B；

当 $A_1A_0 = 10$ 时，选择端口 C；

当 $A_1A_0 = 11$ 时，选择控制字寄存器。

由端口地址 A_1A_0 和相应控制信号组合起来可实现对各端口的不同操作，具体见表 7.1。

表 7.1 8255A 的 A_0、A_1 信号与内部端口的对应关系

A_1	A_0	$\overline{RD}$	$\overline{WR}$	$\overline{CS}$	操作
0	0	0	1	0	端口 A→数据总线
0	1	0	1	0	端口 B→数据总线
1	0	0	1	0	端口 C→数据总线
0	0	1	0	0	数据总线→端口 A
0	1	1	0	0	数据总线→端口 B
1	0	1	0	0	数据总线→端口 C
1	1	1	0	0	数据总线→控制字寄存器
X	X	X	X	X	数据总线三态
1	1	0	1	0	非法状态
X	X	1	1	0	数据总线三态

2. 引　脚

8255A 的引脚如图 7.3 所示，一组引脚信号面向 CPU，另外一组面向外设。

（1）面向 CPU 的引脚信号及功能。

$D_7 \sim D_0$：8 位三态双向数据线，用来与系统数据总线相连。

RESET：复位信号，高电平有效，输入，用来对 8255A 内部的寄存器复位，置 A、B、C 口为输入方式。

$\overline{CS}$：片选信号，由 CPU 输入，通常由端口的高位地址码（A15～A2）经译码得到。$\overline{CS}$ 有效时，表示该 8255A 被选中。

$\overline{RD}$：读控制信号，输入，低电平有效。$\overline{RD}$ 有效时，表示 CPU 读取由 8255A 向 CPU 传送的数据或状态信息。

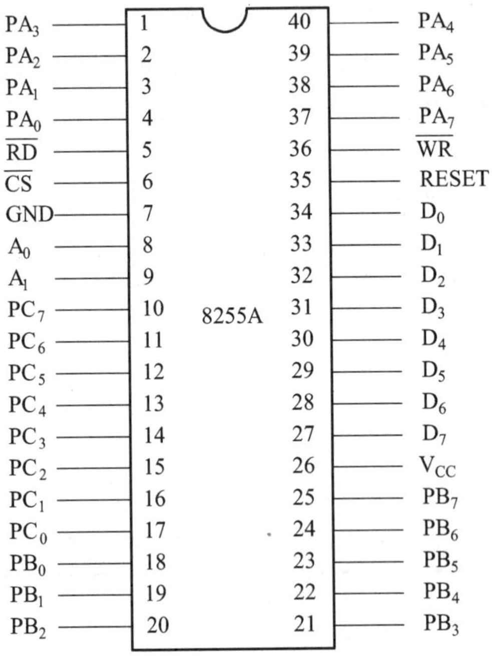

```
        ┌─────┐
PA3 ──1    40── PA4
PA2 ──2    39── PA5
PA1 ──3    38── PA6
PA0 ──4    37── PA7
RD  ──5    36── WR
CS  ──6    35── RESET
GND ──7    34── D0
A0  ──8    33── D1
A1  ──9    32── D2
PC7 ──10   31── D3
PC6 ──11   30── D4
PC5 ──12   29── D5
PC4 ──13   28── D6
PC3 ──14   27── D7
PC2 ──15   26── Vcc
PC1 ──16   25── PB7
PC0 ──17   24── PB6
PB0 ──18   23── PB5
PB1 ──19   22── PB4
PB2 ──20   21── PB3
        └─────┘
        8255A
```

图 7.3　8255A 的芯片引脚信号

$\overline{WR}$：写控制信号，输入，低电平有效。$\overline{WR}$ 有效时，表示 CPU 向 8255A 写入控制字和数据。

$A_1 A_0$：内部端口地址选择信号，输入。8255A 内部共有 4 个端口，A 口、B 口、C 口和控制口，由端口地址 $A_1 A_0$ 信号和相应控制信号组合起来决定 CPU 对各端口的操作方式。

（2）面向外设的引脚信号及功能。

$PA_0 \sim PA_7$：A 组数据信号，用来连接外设。

$PB_0 \sim PB_7$：B 组数据信号，用来连接外设。

$PC_0 \sim PC_7$：C 组数据信号，用来连接外设。

7.2 8255A 的控制字及工作方式

7.2.1 8255A 的控制字

8255A 属于可编程芯片，在可编程芯片开始工作前向 8255A 的控制字端口写入一系列命令，叫做芯片的初始化。8255A 芯片内有两类控制字，一类控制字用于定义个数据输入/输出端口的工作方式，称为方式选择控制字；另一类控制字用于对 C 端口任意一位进行置位或复位操作，又称为置位/复位控制字。由于这两类控制字共用同一个端口地址，在初始化时为了区分这两类命令，采用了标志位的方法，即当方式控制字的 $D_7 = 1$ 时，表示 CPU 向控制字端口写入的是方式控制字；当 $D_7 = 0$ 时，表明 CPU 写入的是置位/复位控制字。在 8255A 芯片中，各输入/输出端口共有 3 种基本工作方式，即方式 0——基本输入/输出方式；方式 1——选通输入/输出方式；方式 2——双向总线输入/输出方式。

1. 方式选择控制字

由于 A、B、C 三个端口的结构有所不同，并不是它们都有三种工作方式，每个端口所能选择的工作方式规定如下：

端口 A：三种工作方式均可以。

端口 B：可工作在方式 0 和方式 1，不能工作在方式 2。

端口 C：常用作两个 4 位端口，若它工作在方式 0，它的高 4 位的工作方式与端口 A 一致，低 4 位的工作方式与端口 B 一致。除了用作输入输出端口外，还可用来配合端口 A 和 B 工作，为这两个端口的输入输出操作提供联络控制信号。

当系统被复位时，也就是 8255A 芯片的 RESET 端被置为高电平时，所有的数据端口都置为输入方式，当复位信号撤除后，芯片保持被复位时预置的输入方式，如果希望芯片继续以这种方式工作，就不需要再进行初始化；否则就得向控制字端口写入方式选择控制，方式选择控制字的格式如图 7.4 所示。

其中，最高位 D_7 为标志位，在方式选择控制字中，D_7 必须为 1，D_6、D_5 位用于选择 A 口的工作方式；D_2 位用于选择 B 口的工作方式；其余 4 位分别用于选择 A 口、B 口、C 口的高 4 位和低 4 位的输入输出功能，相应为置 1 时表示输入，置 0 时表示输出。

例如，现指定端口 A 以方式 0 输出，端口 B 以方式 1 输入，端口 C 高 4 位输入，低 4 位输出，根据方式控制字格式，可以写出相应的方式选择控制字为 10001110B，8255A 的初始化程序段如下（假设控制字端口地址为 303H）：

```
MOV    DX, 303H             ; 8255A 控制字端口
MOV    AL, 10001110B;        ; 控制字的内容
OUT    DX, AL               ; 写入控制字端口
```

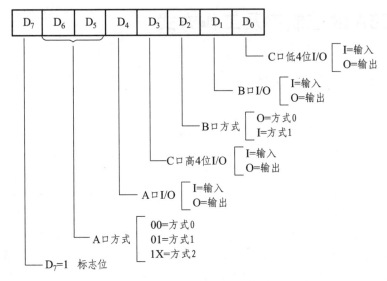

图 7.4 方式选择控制字格式

2. 置位/复位控制字

只是对端口 C 有效，CPU 通过向 8255A 的控制字端口写入置位/复位控制字，可以置位或复位端口 C 中的任一位，可使其为高电平或为低电平，而其他位不变。置位/复位控制字的格式如图 7.5 所示。

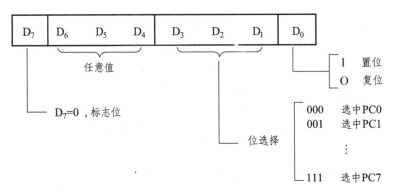

图 7.5 置位/复位控制字格式

D_7 位作为置位/复位的标志位必须为 0，D_6、D_5、D_4 任选，D_3、D_2、D_1 用于选定端口 C 当中的任一位。D_0 用于对指定位进行置位，或是复位，当 $D_0 = 1$ 时，将选定的位置位为 1；当 $D_0 = 0$ 时，将选定的位复位为 0。

例如，设 8255A 端口地址为 60H～63H，先要求置位 PC_4 为高电平，再复位，相应的初始化程序如下：

```
MOV    AL, 00001001B         ;控制字
OUT    63H, AL               ;置 PC4 为高电平
MOV    AL, 00001000B         ;复位控制字
OUT    63H, AL               ;置 PC4 为低电平
```

7.2.2　8255A 的工作方式

8255A 有三种工作方式：基本输入/输出方式、单向选通输入/输出方式和双向选通输入/输出方式。

1. 工作方式 0

方式 0 是一种基本输入/输出方式，当 8255A 工作在方式 0 时，不需要设置专门的联络信号，只能用于简单的、无条件的数据或查询 I/O 传输场合，而不宜于采用中断请求式与 CPU 之间进行联络。A、B、C 3 个端口都可以工作在方式 0，A 口和 B 口工作在方式 0 时，只能设置 1 个 8 位数据格式进行输入/输出；C 口工作在方式 0 时，可以将高 4 位或低 4 位分别设置为数据输入或数据输出方式。当 8255A 以工作方式 0 输入时，外设先将数据送到 8255A 的某个端口，CPU 执行一条输入命令，将端口上的数据输入到 CPU；当 8255A 以工作方式 0 输出时，CPU 执行一条输出指令，将数据送入到 8255A 的某个端口，然后由外设取走。

由于 8255A 的 3 个 8 位端口（其中 C 口可看作两个 4 位端口）完全独立，因此端口的输入/输出可以有 16 种不同的组合，见表 7.2。CPU 与 3 个端口之间可直接由 CPU 执行 IN 和 OUT 指令来完成数据的交换。当各口都工作在方式 0 时，方式控制字的具体格式如图 7.6 所示。

表 7.2　方式 0 的工作状态组合

序号	控制字 $D_7 \cdots D_0$								A 组		B 组	
									端口 A	端口 C 高 4 位 ($PC_7 \sim PC_4$)	端口 B	端口 C 低 4 位 ($PC_3 \sim PC_0$)
1	1	0	0	0	0	0	0	0	输出	输出	输出	输出
2	1	0	0	0	0	0	0	1	输出	输出	输出	输入
3	1	0	0	0	0	0	1	0	输出	输出	输入	输出
4	1	0	0	0	0	0	1	1	输出	输出	输入	输入
5	1	0	0	0	1	0	0	0	输出	输入	输出	输出
6	1	0	0	0	1	0	0	1	输出	输入	输出	输入
7	1	0	0	0	1	0	1	0	输出	输入	输入	输出
8	1	0	0	0	1	0	1	1	输出	输入	输入	输入
9	1	0	0	1	0	0	0	0	输入	输出	输出	输出
10	1	0	0	1	0	0	0	1	输入	输出	输出	输入
11	1	0	0	1	0	0	1	0	输入	输出	输入	输出
12	1	0	0	1	0	0	1	1	输入	输出	输入	输入
13	1	0	0	1	1	0	0	0	输入	输入	输出	输出
14	1	0	0	1	1	0	0	1	输入	输入	输出	输入
15	1	0	0	1	1	0	1	0	输入	输入	输入	输出
16	1	0	0	1	1	0	1	1	输入	输入	输入	输入

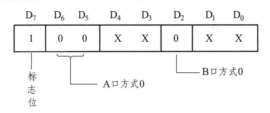

图 7.6　8255A 工作方式 0 控制字格式

例如，设 8255A 控制字寄存器的端口地址为 63H，若要求 A 口和 B 口工作于方式 0，A 口、B 口和 C 口的上半部分（高 4 位）为输入，C 口的下半部分（低 4 位）为输出，则 8255A 的初始化程序如下：

MOV　　　AL，10011010B
OUT　　　63H，AL

2. 工作方式 1

方式 1 是一种选通输入/输出方式，在这种工作方式下，端口 A 和端口 B 仍作为两个独立的 I/O 数据通道，与外设连接，端口 A 和端口 B 的输入/输出操作只有在端口 C 提供相应的联络控制信号才能完成，并且相应联络控制信号在端口 C 中的位置是固定不变的，除非端口 A 和端口 B 的工作方式发生变化。如果 A 口和 B 口都工作在方式 1，C 口中有 6 个固定位作为 A 口和 B 口工作时的联络控制信号，则剩下的两位可用程序指定为输入或输出；如果 A 口和 B 口中的一个工作在方式 1，另一个工作在方式 0，C 口中只有 3 个固定位作为 A 口或 B 口的工作时的联络控制信号，则剩下的 5 位可由程序指定为输入或输出。方式 1 下的数据输入/输出均具有锁存能力。由于 8255A 工作在方式 1 时，A 口和 B 口是两个独立的端口，所以具体又可分为以下几种组合情况：

（1）A 口和 B 口都采用工作方式 1 进行输入操作，它们的端口状态、联络信号和控制字如图 7.7 所示。在图中，当 A 口和 B 口工作在方式 1 输入时，C 口的 PC_3、PC_4 和 PC_5 用作 A 口的联络控制信号，C 口的 PC_2、PC_1 和 PC_0 用作 B 口的联络控制信号，C 口剩下的 PC_6 和 PC_7 仍可用作输入和输出，由方式选择控制字中的 D_3 位来定义 PC_6 和 PC_7 的数据传输方向，当 $D_3=1$ 时，PC_6 和 PC_7 输入；当 $D_3=0$ 时，PC_6 和 PC_7 输出。

此时需要使用的联络控制信号如下：

① $\overline{STB}$——选通信号，低电平有效，由外设输入。该信号将端口上的数据锁存到端口的锁存器，并保持到微处理器用输入指令（IN）取走为止。当 $\overline{STB}$ 有效时，将外设通过端口数据线送来的数据锁存到所选端口的输入锁存器中。端口 A 的选通信号 $\overline{STB_A}$ 由 C 端口的 PC_4 接受外设的输入，端口 B 的选通信号 $\overline{STB}$ 由 C 端口的 PC_2 接受外设的输入。

② IBF——输入缓冲存储器满信号，高电平有效，由 8255A 向外设输出，用于表示输入锁存器当前有数据，CPU 可以读取数据。IBF 有效时，表示由输入设备输入的数据已被锁存到该端口的输入锁存器，是对 $\overline{STB}$ 信号的应答信号，待 CPU 执行 IN 指令时，$\overline{RD}$ 有效，将输入数据读入 CPU，在其后沿（上升沿）重新将 IBF 置 0，表示输入缓冲存储器已空，外部设备可继续输入后续数据。PC_5 作为端口 A 的输入缓冲器满信号 IBF_A，PC_1 作为端口 B 的输入缓冲器满信号 IBF_B。

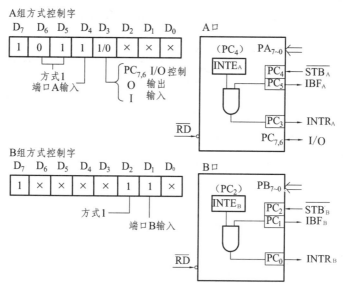

图 7.7 选通输入方式下的 8255A

③ INTE——中断允许信号，用来控制 8255A 能否向 CPU 发出中断请求，它没有外部引脚，既不能输入也不能输出信号，在 A 组和 B 组的控制电路中，分别设有 INTEA 和 INTEB 两个中断请求触发器，其中，INTE A 由置位/复位控制字中的 PC_4 位控制，INTE B 由置位/复位控制字中的 PC_2 位控制。当对 PC_4 置 1 时，表示端口 A 处于中断允许状态；当对 PC_4 清 0 时，表示端口 A 处于中断屏蔽状态。与此类似，对 PC_2 置 1 时，可使端口 B 处于中断允许状态；对 PC_2 清 0 时，可使端口 B 处于中断屏蔽状态。

④ INTR——中断请求信号，高电平有效，由 8255A 向 CPU 输出，INTR 在 $\overline{STB}$、IBF 和 INTE 均为高时被置为高电平，也就是说，当选通信号结束，已将一个数据送进输入缓冲存储器中，输入缓冲区满信号 IBF 变为高电平时，在中断请求允许的情况下，8255A 向 CPU 发出中断请求信号 INTR，即 INTR 引脚变为逻辑"1"。CPU 响应中断后，数据被 CPU 取走，INTR 重新变为逻辑"0"。A 口中的中断请求信号 INTRA 由 PC_3 引脚输出，B 口中的中断请求信号 INTRB 由 PC_0 引脚输出。

从图 7.7 可以看出，当端口 A 和端口 B 同时被定义为工作方式 1 完成输入操作时，端口 C 的 $PC_5 \sim PC_0$ 被用作联络控制信号，只有 PC_7 和 PC_6 位可完成数据输入或输出操作，因此，可构成两种组合状态：它们是端口 A、B 输入，PC_7、PC_6 同时输入或端口 A、B 输入，PC_7、PC_6 同时输出。

方式 1 的选通输入操作的时序图如图 7.8 所示，这一操作过程可以分成以下几步：a. 当外设把一个数据送到 8255A 的数据端口 A 或 B 的数据线上时，就向 8255A 发出负脉冲选通信号 $\overline{STB}$，输入的数据被锁存到 8255A 输入锁存器。b. 选通 $\overline{STB}$ 信号发出后，经过一段时间，向外设发出输出缓冲器满信号 IBF，作为对 $\overline{STB}$ 的应答信号，向外设表明当前输入缓冲器已满，不要再输入新的数据。c. 在 INTE、$\overline{STB}$、IBF 同为高电平的情况下，8255A 通过将 INTR 置为高电平使向 CPU 发出的中端请求信号有效，CPU 相应中断，将输入寄存器中的数据读走。d. 然后置 INTR，IBF 为低电平，表示输入缓冲器空，一次读数过程结束后，又可以输入一个新的数据。

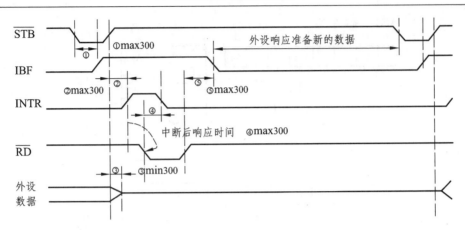

图 7.8 方式 1 选通输入操作时序图

（2）A 口和 B 口都采用工作方式 1 进行输出操作时，端口状态、联络信号和控制字如图 7.9 所示。在图中，当 A 口和 B 口工作在方式 1 输出时，C 口的 PC_7、PC_6 和 PC_3 用作 A 口的联络控制信号，C 口的 PC_2、PC_1 和 PC_0 用作 B 口的联络控制信号，C 口剩下的 2 位 PC_6 和 PC_7 仍可用作输入或输出，由方式选择控制字中的 D_3 和 D_0 位来定义 PC_3 和 PC_4 的数据传输方向。

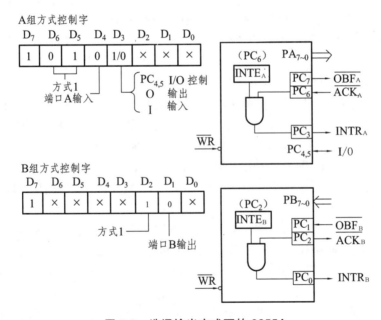

图 7.9 选通输出方式下的 8255A

此时需要使用的联络控制信号如下：

① $\overline{OBF}$—输出缓冲存储器满信号，低电平有效，向外设输出。$\overline{OBF}$ 变为低电平时，表示 CPU 已将数据写到 8255A 的输出端口，已被输出锁存器锁存，并且出现在端口的数据线上，通知外设取走数据。当数据被外设取走后，来自外设的应答信号 $\overline{ACK}$ 将 $\overline{OBF}$ 恢复为高电平，表明 CPU 又可输出新的数据。对于 A 组，规定 PC7 用作从端口 A 输出的 $\overline{OBF}$ 信号；对于 B 组，规定 PC1 用作从端口 B 输出的 $\overline{OBF}$ 信号。

② $\overline{ACK}$——外设应答信号，低电平有效，由外设输入，表明外设已接收了 8255 端口的数据，同时使 $\overline{OBF}$ 引脚电平变为逻辑"1"，实际上是对 $\overline{OBF}$ 信号的应答信号。对于 A 组，指定 PC6 用来接收向端口 A 输入的 $\overline{ACK}$ 信号；对于 B 组，指定 PC2 用来接收向端口 B 输入的 $\overline{ACK}$ 信号。

③ INTE——中断允许信号，它既不是输入也不是输出，A 端口的控制位 $INTE_A$ 与 PC6 相对应，B 端口的控制位 $INTE_B$ 与 PC2 相对应。与端口 A、B 工作在方式 1 输入情况时 INTE 的含义一样：当 INTE 为 1 时，使端口处于中断允许状态；当 INTE 为 0 时，使端口处于中断屏蔽状态。当 PC6 置 1 时，端口 A 的 INTE 为 1；当 PC6 置 0 时，端口 A 的 INTE 为 0。与此类似，PC2 置 1 时，端口 B 的 INTE 为 1；当 PC2 置 0 时，端口 B 的 INTE 为 0。

④ INTR——中断请求信号，高电平有效。当外部设备已接收到 CPU 输出的数据后，该信号变为高电平，用于向 CPU 提出中断请求，要求 CPU 再输出一个数据给外设。只有当 $\overline{ACK}$、$\overline{OBF}$ 和 INTE 同为高电平时，才能使 INTR 置为高电平；当写信号 $\overline{WR}$ 有效时，将 INTR 置为低电平。C 口 PC3 引脚用作 A 口的中端请求信号 $INTR_A$，PC0 引脚用作 B 口的中端请求信号 $INTR_B$。

方式 1 的选通输出操作的时序图如图 7.10 所示，这一操作过程又可分成以下几步：① 在 8255A 的输出缓冲器空，且中断是允许的条件下，通过将 INTR 置为高电平向 CPU 发出中断请求，CPU 响应中断后，将数据写入输出缓冲器中，然后消除中断请求信号 INTR。② 经过一段时间，使输出缓冲器满信号 $\overline{OBF}$ 有效，通知外设从输出缓冲器取出数据。③ 在外设接受到这个信号后，向 8255A 发出应答信号 $\overline{ACK}$，然后 $\overline{OBF}$ 变为高电平，失效，表明输出缓冲器已空。④ 当 $\overline{ACK}$、$\overline{OBF}$ 和 INTE 同为高电平时，使 INTR 置为高电平，向 CPU 发出中断请求，请求 CPU 发送新的数据，输出一个新的数据。

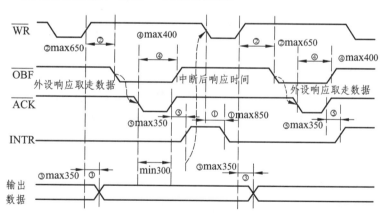

图 7.10　方式 1 选通输出操作时序图

从图 7.10 可知，当端口 A 和端口 B 同时被定义为工作方式 1 完成输出操作时，端口 C 的 $PC_{6,7}$ 和 $PC_3 \sim PC_0$ 被用作联络控制信号，只有 $PC_{4,5}$ 两位可完成数据输入或输出操作。因此可构成两种组合状态：① 端口 A，B 输出，$PC_{4,5}$ 同时输入；② 端口 A，B 输出，$PC_{4,5}$ 同时输出。

采用工作方式 1 时，还可以将端口 A 定义为方式 1 输入端口，而将端口 B 定义为方式 1 输出端口等组合方式。

3. 工作方式 2

方式 2 又称为双向输入/输出方式,即同一端口的 I/O 线既可以输入数据也可以输出数据,输入和输出的数据都能被锁存,但是输入和输出过程不能同时进行。在 8255A 的三个数据端口中,只有 A 口可以工作在方式 2,并且需要 C 口的 5 位作为联络控制信号。此时,C 口中剩下的 3 位可以作为 B 口工作在方式 1 时的联络控制信号,也可以和 B 口一起工作在方式 0,作为基本的数据输入/输出线。

当 A 口工作在方式 2 时,8255A 的方式控制字如图 7.11 所示,相应的端口状态如图 7.12 所示。由图可知,端口 A 工作于方式 2 时所需要的 5 个控制信号分别由端口 C 的 $PC_7 \sim PC_3$ 来提供。如果端口 B 工作于方式 0,那么 $PC_2 \sim PC_0$ 可用作数据输入/输出;如果端口 B 工作于方式 1,那么 $PC_2 \sim PC_0$ 用来作端口 B 的控制信号。

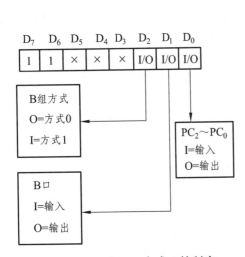

图 7.11 端口 A 方式 2 控制字

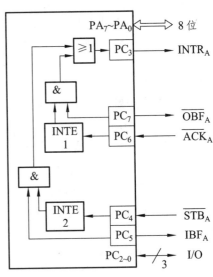

图 7.12 端口 A 工作在方式 2 的端口状态

各联络控制信号的意义与方式 1 类似,其中,$\overline{OBF}$ 和 $\overline{ACK}$ 为输出操作时的联络控制信号,$\overline{STB}$ 和 IBF 为输入操作时的联络控制信号,而 INTR 在输入或输出时均用作联络控制信号。

各联络控制信号的意义如下:

① $\overline{OBF_A}$——输出缓冲器满信号,低电平有效,向外设输出。当它有效时,表示输出缓冲器内有数据,通知外设取走数据,CPU 用 OUT 指令输出数据时,在 $\overline{WR}$ 信号后沿将 $\overline{OBF_A}$ 置成有效。规定 PC_7 用作方式 2 下端口 A 输出的 $\overline{OBF_A}$ 信号。

② $\overline{ACK_A}$——$\overline{OBF_A}$ 的应答信号,低电平有效,由外设输入。当 CPU 将数据写入端口 A 时,$\overline{OBF_A}$ 有效,输出的数据并不会马上出现在端口的数据线 $PA_7 \sim PA_0$ 上,只有当外设向 8255A 发出的有效的 $\overline{ACK_A}$ 信号后,才使端口 A 的三态缓冲器开启,输出锁存器中的数据被送到 $PA_7 \sim PA_0$ 上。当 $\overline{ACK_A}$ 信号无效时,A 口的输出缓冲器处于高阻态。在 $\overline{ACK_A}$ 后沿将 $\overline{OBF}$ 置成无效(高电平),表示端口 A 输出缓冲器已空,数据已被外设取走,CPU 可继续向端口 A 输出后续数据。规定 PC_6 用来接收输入的 $\overline{ACK_A}$ 信号。

③ $\overline{STB_A}$——数据输入选通信号，低电平有效。当它有效时，将外设向 8255A 送来的数据锁存到端口 A 的输入锁存器中，规定 PC_4 用来接收输入的 $\overline{STB_A}$ 信号。

④ IBF_A——输入缓冲器满信号，高电平有效。当它有效时，表示输入缓冲器中有来自外部双向总线上的数据，等待 CPU 取走。它实际上是对 $\overline{STB_A}$ 的回答信号。规定 PC_5 用作输出的 IBF_A 信号。

⑤ $INTR_A$——中断请求信号，输出，高电平有效。当它有效时，用来向 CPU 提出中断请求。无论端口 A 是输入操作还是输出操作，都通过它向 CPU 发出中断请求信号。

⑥ $INTE_1$ 和 $INTE_2$——中断允许控制位，既不是输入也不是输出，而是内部的控制位，它们用来对 INTR 实施控制。当 $INTE_1$ 为 1 时，端口 A 的输出处于中断允许状态；当 $INTE_1$ 为 0 时，则屏蔽了输出的中断请求。CPU 可通过程序对 PC_6 进行设置来决定 $INTE_1$ 的状态，PC_6 为 1，则 $INTE_1$ 为 1；PC_6 为 0，则 $INTE_1$ 为 0。当 $INTE_2$ 为 1 时，端口 A 的输入处于中断允许状态；当 $INTE_2$ 为 0 时，端口 A 的输入处于中断屏蔽状态。CPU 可通过软件对 PC_4 进行设置来决定 $INTE_2$ 的状态，PC_4 为 1，则 $INTE_2$ 为 1；PC_4 为 0，则 $INTE_2$ 为 0。

当 8255A 中端口 A 工作在方式 2 时，允许端口 B 工作于方式 0 或方式 1，完成输入/输出功能。4 种组合状态及其工作方式控制字格式见表 7.3。

表 7.3 方式 2 的组合状态与控制字格式

控制字								A 组					B 组			
D_7	D_6	D_5	D_4	D_3	D_2	D_1	D_0	端口 A	PC_7	PC_6	PC_5	PC_4	端口 B	PC_3	PC_2	PC_1	PC_0
1	1	-	-	-	0	1	×	方式 2 双向	$\overline{OBF_A}$	$\overline{ACK_A}$	IBF_A	$\overline{STB_A}$	方式 0 输入	$INTR_A$	I/O	I/O	I/O
1	1	-	-	-	0	0	×	方式 2 双向	$\overline{OBF_A}$	$\overline{ACK_A}$	IBF_A	$\overline{STB_A}$	方式 0 输出	$INTR_A$	I/O	I/O	I/O
1	1	-	-	-	1	1	-	方式 2 双向	$\overline{OBF_A}$	$\overline{ACK_A}$	IBF_A	$\overline{STB_A}$	方式 1 输入	$INTR_A$	$\overline{STB_B}$	IBF_B	$INTR_B$
1	1	-	-	-	1	0	-	方式 2 双向	$\overline{OBF_A}$	$\overline{ACK_A}$	IBF_A	$\overline{STB_A}$	方式 1 输出	$INTR_B$	$\overline{OBF_B}$	$\overline{ACK}$	$INTR_B$

8255A 工作在方式 2 时的时序图如图 7.13 所示，为便于理解，可将方式 2 看成方式 1 的输出和输入的组合。在图中画出了一个数据输出和一个数据输入过程的时序，实际上当端口 A 工作在方式 2 时，数据输出和数据输入的顺序是任意的，次数也是任意的。

当 8255A 工作在方式 2 输出时，CPU 响应中断，用输出指令向端口 A 写一个数据，在 $\overline{WR}$ 有效时，一方面，它使中断请求信号 $INTR_A$ 变为低电平，撤销中断请求；另一方面，使输出缓冲器满信号 $\overline{OBF_A}$ 变低，外设在接收到低电平的 $\overline{OBF_A}$ 信号后，向 8255A 发出应答信号 $\overline{ACK_A}$，开启 8255A 的输出缓冲器，使输出数据出现在 $PA_0 \sim PA_7$ 上。同时 $\overline{ACK_A}$ 信号还使 $\overline{OBF_A}$ 变为高电平，从而开始下一个数据的传送。

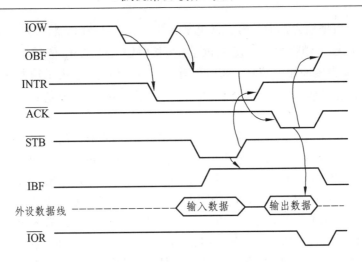

图 7.13 方式 2 的时序图

当 8255A 工作在方式 2 输入时,外设把数据送往 8255A,同时发送输入选通信号 $\overline{STB_A}$,将外部的数据锁存到 8255A 的输入锁存器中,从而使输入缓冲器满信号 IBF_A 变高,选通信号结束以后,使中断请求信号变高,CPU 响应中断,执行 IN 指令,将数据读入,随后 IBF_A 变低,输入过程结束。

前面介绍了 8255A 的三种工作方式,它们分别应用于不同的场合。方式 0 可用于无条件输入/输出的场合;方式 1 提供了联络控制信号,可用于中断请求方式的输入/输出的场合;方式 2 是一种双向工作方式,如果一个外设既是输入设备,又是输出设备,并且输入和输出是分时进行的,那么将此设备与 8255A 的 A 口相连,并使 A 口工作在方式 2 就非常方便,如磁盘就是这样一种双向设备,微处理器既能对磁盘读,又能对磁盘写,并且读和写在时间上是不重合的。

7.3 8255A 的应用举例

例 7.1:8255A 作为打印机接口电路。

(1) 用方式 0 与打印机接口。

打印机内有一个以 8 位专用微处理器为核心的打印机控制器,负责打印功能的处理以及打印机本身的管理,并通过机内一个标准并行接口与主机进行通信,接收主机送来的打印数据和控制命令,该接口采用多芯电缆与主机内的打印机接口电路(打印机适配器)相连。多芯电缆上的信号有数据信号、CPU 的命令信号和打印机状态信号等,其主要信号与传送时序如图 7.14 所示。从图中可以看出,当主机需要打印一个数据时,打印机接收主机传送数据的过程是:

① 首先查询 BUSY 信号。若 BUSY = 1(忙),则等待;若 BUSY = 0(不忙),则送出数据。

② 将数据送到数据线上，但此时数据并未自动进入打印机。

③ 再送出一个数据选通信号 $\overline{\text{STROBE}}$ 给打印机，打印机收到该信号后，把数据锁存到内部缓冲区。

④ 打印机发出"忙"信号，即置 BUSY = 1，表明打印机正在处理输入的数据。等到输入的数据处理完毕后，打印机撤销"忙"信号，即置 BUSY = 0。

⑤ 打印机向主机送出一个应答信号 $\overline{\text{ACK}}$，表示上一个字符已经处理完毕。主机根据 BUSY 信号或 $\overline{\text{ACK}}$ 信号决定是否输出下一个数。

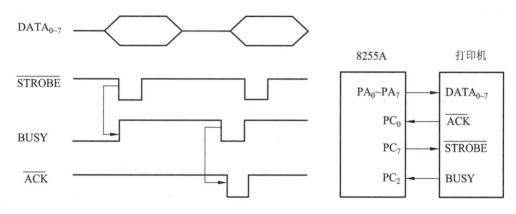

图 7.14　方式 0 的打印机接口

本例中，CPU 与 8255A 采用查询方式输出数据。端口 A 设置为方式 0，输出打印数据，端口 C 的 PC_7 产生负脉冲选通信号，PC_2 连接打印机的 BUSY 信号查询其状态，PC_0 连接打印机的 $\overline{\text{ACK}}$ 信号。

假设 8255A 的 A、B、C 口的 I/O 地址为 FFF8H、FFFAH 和 FFFCH，控制端口地址为 FFFEH，则初始化程序段如下：

```
MOV DX,   0FFFEH
MOV AL,   81H         ；A 口方式 0 输出，C 口上半部输出，下半部输入
OUT DX,   AL          ；输出工作方式字

MOV AL,   0FH         ；C 口的置位/复位控制字，使 PC_7 = 1，即置 STROBE = 1
OUT DX,   AL          ；输出打印数据子程序，打印数据在 AH 中
PUSH AX
PUSH DX
PM: MOV DX,   0FFFCH
IN AL,    DX          ；查询 PC_2
AND AL,   04H         ；BUSY=0?
JNZ PM                ；若忙，则等待，D_2=1 表示忙
MOV DX,   0FFF8H      ；若不忙，则输出数据
MOV AL,   AH
OUT DX,   AL
```

```
        MOV DX,    0FFFEH
        MOV AL,    0EH          ; 使 PC₇=0，即置 STROBE = 0
        OUT DX,    AL
        NOP                     ; 适当延时，产生一定宽度的低电平
        NOP
        MOV AL,    0FH          ; 使 PC₇=1，置 STROBE = 1
        OUT DX,    AL
        POP DX
        POP AX
        RET
```

（2）用方式 1 与打印机接口。

8255A 的端口 A 工作于选通输出方式，PC_7 作为 $\overline{OBF_A}$ 输出信号，PC_6 作为 $\overline{ACK_A}$ 输入信号，而 PC_3 作为 $INTR_A$ 输出信号；另外，可用程序控制 $INTE_A$（PC_6），决定是否采用中断方式。打印机接口的时序与 8255A 的选通输出方式的时序类似，但略有差别，用单稳电路 74LS123 即可满足双方的时序要求，如图 7.15 所示。

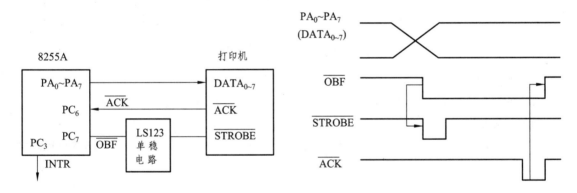

图 7.15　方式 1 的打印机接口

假设 8255A 的 A、B、C 口的 I/O 地址为 FFF8H、FFFAH 和 FFFCH，控制端口的地址为 FFFEH，则采用选通方式输出缓冲区 BUF 中的打印字符的初始化程序段如下（输出的字节数为 M）：

```
PRINT PROC

        PUSH AX              ; 保护寄存器
        PUSH BX
        PUSH CX
        PUSH DX
        MOV DX,    0FFFEH    ; 设定 A 口为选通输出方式
        MOV AL,    0A0H
        OUT DX,    AL
```

```
MOV AL, 0CH              ;使 INTE_A（PC_6）为 0，禁止中断
OUT DX, AL
MOV CX, M                ;打印字节数送 CX
MOV BX, OFFSET BUF       ;取缓冲区首址送 BX
PRINT1: MOV AL, [BX]     ;取一个数据
MOV DX, 0FFF8H
OUT DX, AL               ;从 A 口输出
MOV DX, 0FFFCH
PRINT2: IN AL, DX        ;读 C 口
TEST AL, 80H             ;检测 OBF_A（PC_7）是否为 1
JZ PRINT2                ;若为 0，则继续检测
INC BX                   ;若为 1，说明数据已输出
LOOP PRINT1              ;准备取下一个数据输出
POP DX                   ;打印结束，恢复寄存器
POP CX
POP BX
POP AX
RET                      ;返回
PRINT ENDP
```

本例与上例的主要区别是：在上例中，由软件对 PC_7 复位和置位来产生打印机的选通信号，而本例中，8255A 工作在选通方式，当执行输出指令时，自动由硬件从 PC_7（$\overline{OBF_A}$）输出负脉冲选通信号。当打印机 $\overline{ACK}$ 变为有效时，自动将 PC_7 置为高电平。

习 题

1. 8255A 的 3 个端口在功能上各有什么不同特点？8255A 内部的 A 组和 B 组控制部件各管理哪些端口？

2. 8255A 有哪几种工作方式？每种工作方式有何特点？

3. 8255A 的方式选择字和置位复位字都写入什么端口？用什么方式区分它们？

4. 在 8255A 中，端口 C 有哪些独特的用法？

5. 若 A 口工作在方式 2，B 口工作在方式 1 输入，C 口各位作用是什么？若 A 口工作在方式 2，B 口工作在方式 0 输出，C 口各位的作用又是什么？

6. 假定 8255A 的地址为 60H~63H，A 口工作在方式 2，B 口工作在方式 1 输入，请写出初始化程序段。

7. 利用 8255A 模拟交通灯的控制：在十字路口的纵横两个方向上均有红、黄、绿三色交通灯（用三种颜色的发光二极管模拟），要求两个方向上的交通灯能按正常规律亮灭，画出硬件连线图并写出相应的控制程序。（设 8255A 的端口地址为 60H~63H）

8. 请用 8255A 设计一个并行接口，实现主机与打印机的连接，并写出以中断方式实现与

打印机通信的程序。(设 8255A 的端口地址为 60H~63H)

9. 说明 PC 机中扬声器发生电路的工作原理,编写产生频率为 1 000 Hz 的发生程序。

10. 在图 7.16 中,设 8255A 端口地址为 2F80~2F83H,编写程序设置 8255A,使 A 组、B 组均工作于方式 0,A 口输出,B 口输出,C 口高 4 位输入,低 4 位输出。然后,读入开关 S 的状态,若 S 打开,则使发光二极管熄灭;若 S 闭合,则使发光二极管点亮。

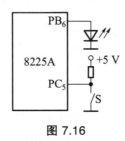

图 7.16

8 可编程定时/计数器 8253

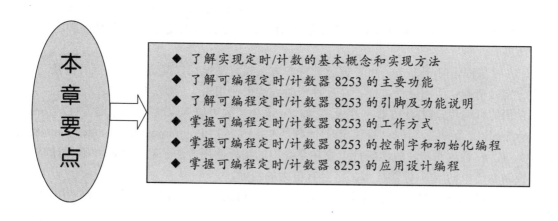

8.1 概 述

在微型计算机及其应用中常有定时或计数的需要，如系统基准定时、动态存储器的刷新定时、扬声器音调控制及磁盘驱动器定时等。如果由 CPU 来定时或计数，则 CPU 在计数和定时过程中就不能进行其他工作，引起微机效率降低、性能下降。定时/计数器接口电路可以代替 CPU 完成这项工作。本章首先介绍定时/计数的基本概念、基本的实现方法，然后着重讨论 Intel 系列的 16 位可编程定时/计数器 8253 的结构、功能特点、编程使用方法和应用实例。

8.1.1 定时/计数的基本概念

所谓定时/计数就是通过硬件或软件的方法产生一个时间基准，以此来实现对系统的定时或延时控制。

8.1.2 实现定时和计数的方法

实现定时和计数的方法通常有软件的方法、不可编程的硬件电路、可编程的定时/计数等三种方法。

（1）软件定时：让计算机执行一个专门的指令序列（也称延时程序），由执行指令序列中各条指令所花费的时间来构成一个固定的时间间隔，从而达到定时或延时的目的。通过恰当地选择指令并安排循环次数则可很容易地实现软件定时。它的优点是不需增加硬件设备，只需编制有关延时程序即可；缺点是执行延时程序要占用 CPU 的时间开销，延时时间越长，这种时间开销越大，浪费了 CPU 资源。

（2）不可编程的硬件定时：采用电子器件构成定时电路，通过调整和改变电路中的定时元件（如电阻和电容）的数值大小，实现调整和改变定时的数值与范围。它的优点是不占用 CPU 时间，电路也不复杂；缺点是缺少灵活性，电路连接好以后，定时值和定时范围不能改变。

（3）可编程定时/计数器：可以通过软件的方法很容易地加以确定和改变定时值及其调整范围，定时精确，使用灵活方便，在三种定时方法中使用最为广泛。

常用的可编程定时/计数器芯片很多，如 Zilog 公司的可编程定时/计数电路 CTC(Counter/Timer Circuit)，Intel 公司的可编程定时/计数器 8253/8254（Programmable Counter/Timer8253/8254）等。熟悉这些芯片的功能特点及在系统中的编程使用方法，对于了解和掌握计算机与实时控制系统中的定时/计数技术，将会有很大的帮助。

本章将以 Intel8253 为例，详细介绍它的结构、功能特点、编程使用方法及应用实例。

8.2 可编程定时/计数器 8253

8.2.1 8253 的主要功能

Intel8253 可编程定时/计数器主要功能如下：
（1）具有三个独立的 16 位计数通道；
（2）每个计数器通道都可按照二进制或 BCD 计数；
（3）每个计数器通道的计数速率最高可达 2MHz；
（4）每个计数器通道有 6 种工作方式，均可由程序设置和改变；
（5）所有输入输出都与 TTL 电平兼容。

8253 的读写操作对系统时钟没有特殊要求，因此它几乎可以应用于任何一种微机系统中，可作为可编程的事件计数器、分频器、方波发生器、实时时钟及单脉冲发生器等。

8.2.2 8253 的内部结构与外部引脚

1. 8253 的内部结构框图

如图 8.1 所示，8253 的内部由数据总线缓冲器、读/写控制逻辑、控制寄存器和 3 个独立的计数器通道所组成。

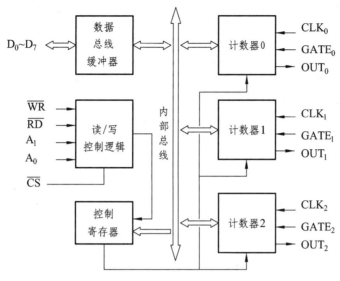

图 8.1　8253 的结构框图

（1）数据总线缓冲器。

该缓冲器为 8 位双向、三态缓冲器，是 8253 与系统数据总线（$D_0 \sim D_7$）相连的接口电路，可以直接挂在数据总线上。CPU 用输入输出指令对 8253 进行读写操作时的所有信息都通过这个缓冲器传送。

（2）读/写逻辑。

读/写逻辑接收来自 CPU 的控制信号，包括读信号 $\overline{RD}$、写信号 $\overline{WR}$、片选信号 $\overline{CS}$ 和芯片内部寄存器寻址信号 A_1A_0，实现对 8253 各计数器和控制寄存器的读/写控制。

（3）控制字寄存器。

控制寄存器是一个只能写入，不能读出的寄存器。当地址信号 $A_1 = A_0 = 1$ 时，CPU 用输出命令对控制寄存器写入控制字，完成对计数器通道的工作方式、读写格式、计数的数制等的设置。

（4）计数器 0~2。

8253 的三个定时/计数器通道结构完全相同，并且操作完全独立。每个通道均由一个 16 位减法计数器、16 位计数初值寄存器和 16 位计数值输出锁存器构成，还包括控制和状态寄存器。通道既可以作为 16 位计数器，又可以作为 8 位计数器来使用。每个通道都有两个输入引脚——CLK 和 GATE 和一个输出引脚 OUT。

2. 8253 的引脚结构及功能说明

Intel8253 是一种采用 NMOS 工艺制成，单一 +5V 电源，24 脚封装的双列直插式芯片，引脚图如图 8.2 所示，各引脚的定义如下：

$D_0 \sim D_7$：数据线，与系统数据总线相连。

A_0、A_1：地址线，用于选择计数通道，其功能见表 8.1。

$\overline{RD}/\overline{WR}$：读/写控制信号，低电平有效。

$\overline{CS}$：片选信号，低电平有效。A_0、A_1、$\overline{RD}$/$\overline{WR}$、$\overline{CS}$ 各信号配合实现 8253 的读/写操作，见表 8.2。

CLK_{0-2}：计数器 0~2 的时钟输入端。

$GATE_{0-2}$：计数器 0~2 的门控信号输入端，用于控制计数器工作或者复位。

OUT_{0-2}：计数器 0~2 的输出端，由它连接外部设备以控制其启停。

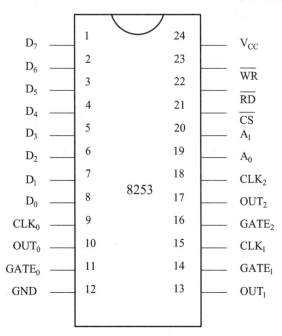

图 8.2　8253 的引脚图

表 8.1　A_0、A_1 功能说明

A_0A_1	功能说明
00	可选择计数器 0
01	可选择计数器 1
10	可选择计数器 2
11	可选择控制寄存器

表 8.2　8253 读/写操作逻辑

$\overline{CS}$	$\overline{RD}$	$\overline{WR}$	A_1	A_0	功能说明
0	1	0	0	0	计数初值装入计数器 0
0	1	0	0	1	计数初值装入计数器 1
0	1	0	1	0	计数初值装入计数器 2
0	1	0	1	1	写控制寄存器
0	0	1	0	0	读计数器 0
0	0	1	0	1	读计数器 1
0	0	1	1	0	读计数器 2

8.2.3 8253 的工作方式

8253 的每个通道均可以通过编程选择以下 6 种工作方式之一：

1. 方式 0——计数结束产生中断

（1）工作过程。

方式 0 的工作波形图如图 8.3 所示。控制字 CW（Control Word）写入控制寄存器后（图中 CW = 10H），在写控制信号 $\overline{\text{WR}}$ 的上升沿，输出信号 OUT 变为低电平且在计数过程中一直维持低电平。开始计数要有两个条件：一是门控信号 GATE 必须为高电平，二是写入计数器初值。满足以上两个条件后（计数初值 N = 4），在每个 CLK 时钟下降沿，计数器进行减 1 计数，直到计数值减到 0 时，输出 OUT 变为高电平，并且一直保持到该通道重新装入计数初值或重新设置工作方式为止。

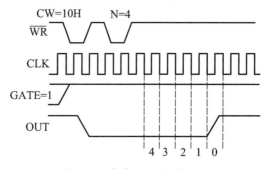

图 8.3 方式 0 工作波形图

（2）特点。

方式 0 的主要特点如下：

① 方式 0 是一种单次计数工作方式，即写入一次初值，触发一次计数，不会自动恢复计数初值重新开始计数。

② 若计数初值为 N，则输出 OUT 是在 N + 1 个 CLK 脉冲之后才变为高电平。

③ 在计数过程中，可由门控信号 GATE 暂停计数。若 GATE 为低电平，则计数暂停；若 GATE 为高电平，则接着计数。其工作波形如图 8.4 所示。

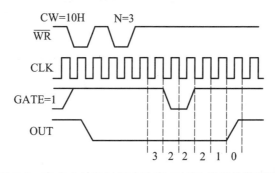

图 8.4 方式 0 计数过程中改变 GATE 信号的波形图

④ 在计数过程中也可改变计数值。在写入新的计数值后，计数器将立即按新的计数值重新开始计数。

2. 方式 1——可重复触发的单稳态触发器

（1）工作过程。

方式 1 的工作波形图如图 8.5 所示。写入控制字后，输出信号 OUT 为高电平，写入计数初值后，计数器并不马上开始计数，而由门控信号 GATE 上升沿触发启动计数，此时 OUT 输出低电平，并在 CLK 脉冲下降沿进行减 1 计数，直到计数值减到 0 时，输出 OUT 变为高电平。这样，输出端就产生一个宽度为 N 个时钟周期的负脉冲。

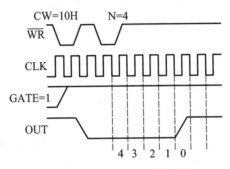

图 8.5　方式 1 工作波形图

（2）特点。

方式 1 的主要特点如下：

① 方式 1 是一种可重复触发的单次脉冲方式。可重复触发的含义是：当计数到零后，不用再次送计数初值，只要再次由 GATE 信号触发，8253 就可以再输出一个同样宽度的单稳脉冲，如图 8.6 所示。

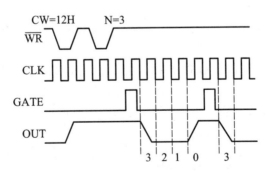

图 8.6　方式 1 计数过程中 GATE 信号作用的波形图

② 若设置的计数初值为 N，则输出的单稳脉冲的脉宽为 N 个 CLK 时钟周期间隔。

③ 如果在计数器未减到零时，GATE 又一次触发，则计数器将从初值开始重新计数，从而使输出负脉冲加宽。

④ 在计数过程中，改变计数初值，计数过程不受影响。只有再次出发启动后，计数器才开始按新计数值输出单稳脉冲。

3. 方式 2——分频器

（1）工作过程。

方式 2 的工作波形图如图 8.7 所示。写入控制字后，输出端 OUT 变成高电平。写入计数初值后，如果 GATE 为高电平，计数器就开始减 1 计数。减到 1 时（不是 0），输出端 OUT 变为低电平，维持一个 CLK 周期，然后输出 OUT 又变成高电平，同时从初值开始新的计数过程。

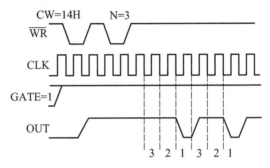

图 8.7　方式 2 工作波形图

（2）特点。

方式 2 的主要特点如下：

① 方式 2 是一种连续计数的工作方式。不用重新设置计数值，通道能连续工作，输出固定频率的脉冲。如果计数初值为 N，则每输入 N 个 CLK 脉冲，输出一个负脉冲，即输出 CLK 脉冲的 N 分频信号，故方式 2 称为分频器。

② 计数过程可由 GATE 信号控制。当 GATE 信号为低电平时，立即暂停现行计数；当 GATE 信号为高电平，从计数初值开始重新计数。

③ 如果在计数过程中，重新写入计数值，则对于正在进行的计数无影响，而是直到计数器减到 1 之后，才装入新的计数初值进行计数。

4. 方式 3——方波发生器

（1）工作过程。

写入控制字后，输出为低电平，计数器装入初值后，输出立即跳变为高电平，若此时 GATE 信号为高电平，则开始计数。若计数初值 N 为偶数，则在前 N/2 计数过程中，输出为高电平；在后 N/2 计数过程中，输出为低电平。若 N 为奇数，则在前 (N+1)/2 计数过程中，输出为高电平；在后 (N-1)/2 计数过程中，输出为低电平。当计数器减到 0 时，重新装入当前计数值，开始新的计数。工作波形如图 8.8 所示。

（2）特点。

方式 3 的主要特点如下：

① 方式 3 和方式 2 的工作情况类似，是一种连续计数的工作方式，只是其输出为方波（计数初值为偶数时为对称方波，计数初值为奇数时为基本对称方波），故称方式 3 为方波发生器。

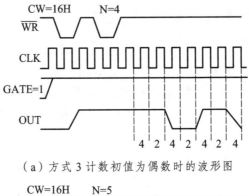

(a) 方式 3 计数初值为偶数时的波形图

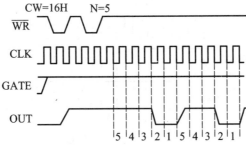

(b) 方式 3 计数初值为奇数时的波形图

图 8.8　方式 3 工作波形图

② 如果在计数过程中，GATE 信号变为低电平，则暂停现行计数过程，直到 GATE 再次有效，将从计数初值开始重新计数。

③ 如果要求改变输出方波的频率，则可在任何时候重新写入新的计数初值，并从下一个计数操作周期开始改变输出方波的频率。

5. 方式 4——软件触发选通

（1）工作过程

方式 4 的工作波形图如图 8.9 所示。写入方式控制字后，输出立即变为高电平，一旦写入初值，则经过一个 CLK 脉冲开始减 1 计数，计到 0 时，输出变为低电平，持续一个 CLK 脉冲周期后再恢复到高电平。这种工作方式不能自动重装初值，要启动下一次计数，必须重新写入计数初值。

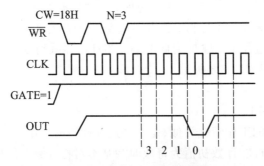

图 8.9　方式 4 工作波形图

（2）特点。

方式 4 的主要特点如下：

① 方式 4 是一种单次计数工作方式，若要再次启动计数过程，则必须重新写入计数初值。

② 若设置计数初值为 N，则在写入计数初值后的 N+1 个 CLK 脉冲，才输出一个负脉冲。负脉冲的宽度为 1 个 CLK 周期。

③ GATE 为高电平时，允许计数；GATE 为低电平时，禁止计数。所以，要实现软件启动，GATE 应为高电平。

④ 如果在计数过程中修改计数值，则计数器从下一个 CLK 脉冲开始以新的计数值计数。即计数过程中，修改计数初值会影响正在进行的计数，故称之为软件触发选通。

6. 方式 5——硬件触发选通

（1）工作过程。

方式 5 的工作波形图如图 8.10 所示。写入方式控制字后，输出高电平。写入计数初值后，计数器并不立即开始计数，在 GATE 端输入上升沿触发信号后，计数开始。计数器减到 0 时，输出一个持续时间为一个时钟周期的负脉冲，然后输出恢复为高电平，并自动装入初值，等待下一个 GATE 触发信号。

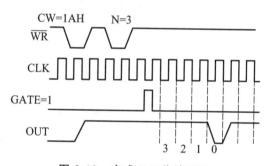

图 8.10　方式 5 工作波形图

（2）特点。

方式 5 的主要特点如下：

① 方式 5 也是一种单次计数工作方式。一次计数完成后，计数器自动重新装入计数初值，但停止计数，直到 GATE 上升沿才开始计数。

② 若设置计数初值为 N，则在 GATE 上升沿触发后，经过 N+1 个 CLK 脉冲，才输出一个负脉冲。

③ 在计数过程中，若 GATE 发生正跳变，则不管计数是否结束，都将开始新的计数。可以通过硬件电路产生得到门控信号 GATE，所以叫硬件触发选通。

④ 若在计数过程中改变计数值，不会影响正在进行的计数。只有当又出现 GATE 上升沿后，计数器才以新的计数值进行计数。

7. 8253 工作方式小结

为了更好地理解和掌握 8253 的 6 种工作方式，现将它们的功能和输出波形情况总结出来，见表 8.3。同时，通过以上内容的学习，我们可以看到在 8253 工作过程中 GATE 信号的作用以及改变计数初值对输出有较大影响，总结后分别见表 8.4、8.5。

表 8.3 8253 各种工作方式功能及输出波形（计数初值为 N）

方式	功　能	输　出　波　形
0	单次计数，计数结束中断	写入初值后，在 N+1 个 CLK 脉冲之后输出变为高电平
1	可重复触发的单次脉冲	输出宽度为 N 个 CLK 周期的负脉冲
2	分频器	每隔 N-1 个 CLK 周期，输出 1 个 CLK 周期的负脉冲
3	方波发生器	输出占空比为 1/2 或 (N+1)/(2N) 的连续方波
4	单次计数，软件触发选通	写入初值后经 N 个 CLK 周期，输出 1 个 CLK 周期的负脉冲
5	单次计数，硬件触发选通	GATE 触发后经 N 个 CLK 周期，输出 1 个 CLK 周期的负脉冲

表 8.4 门控信号 GATE 在 8253 各种工作方式中的作用

方式	GATE 低电平或变到低电平	GATE 上升沿	GATE 高电平
0	禁止计数	不影响	允许计数
1	不影响	启动计数	不影响
2	禁止计数并置输出为高电平	初始化计数	允许计数
3	禁止计数并置输出为高电平	初始化计数	允许计数
4	禁止计数	不影响	允许计数
5	不影响	启动计数	不影响

表 8.5 改变计数初值对 8253 各种工作方式计数的影响

方式	改变计数初值的影响
0	立即有效
1	外部触发后有效
2	计数到 0 后有效
3	计数到 0 后有效
4	立即有效
5	外部触发后有效

8.2.4 8253 的方式控制字和初始化编程

1. 8523 的方式控制字

方式控制字用于设置所选计数器的工作方式、计数形式等，格式如图 8.11 所示。

8 可编程定时/计数器 8253

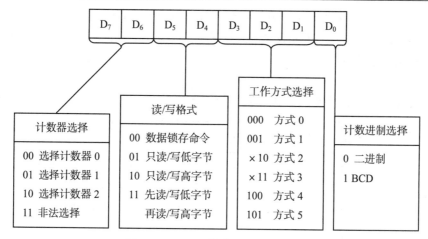

图 8.11 8253 的方式控制字格式

各数据位的作用如下：

（1）D_7、D_6 为"计数器/读出控制字"选择位。

控制字的 D_7、D_6 两位为 00、01、10，分别选择三个计数通道，为 11 选择控制寄存器，用于读出控制寄存器内容。

（2）D_5、D_4 为读/写方式选择位。

当 $D_5D_4 = 00$ 时，表示锁存计数器的当前计数值，以便读出。

当 $D_5D_4 = 01$ 时，表示写入时，只写入计数初值的低 8 位，高 8 位置 0；读出时，只读出低 8 位的当前计数值。

当 $D_5D_4 = 10$ 时，表示写入时，只写入计数初值高 8 位，低 8 位置 0；读出时，只读出高 8 位的当前计数值。

当 $D_5D_4 = 11$ 时，表示计数初值为 16 位，分两次读/写入计数初值寄存器，先读/写低 8 位，后读/写高 8 位。

（3）D_3、D_2、D_1 为工作方式选择位。

D_3、D_2、D_1 取值为 000～101，分别代表方式 0 到方式 5。

（4）D_0 为计数进制选择位。

若 $D_0 = 0$，则表示按二进制格式计数；若 $D_0 = 1$，则表示按 BCD 码格式计数。

2. 8253 的读/写操作及初始化编程

（1）写操作。

8253 是可编程接口芯片，使用前必须先对它进行初始化编程。

8253 的初始化编程有以下两个步骤：

① 向 8253 写入控制字：确定所选通道的工作方式和计数格式，同时起到复位作用。

② 向 8253 的通道写入计数初值：每个通道在写入控制字和计数初值之后开始工作。

8253 有 3 个计数通道，需逐个对各计数器分别进行初始化。如果采用二进制计数写入计数初值，则初值可在 0000H～FFFFH 之间选择；如果采用 BCD 格式，则初值可在 0000～9999 之间选择。

例 8.1：某微型计算机系统中 8253 的端口地址为 40H～43H，要求计数器 0 工作在方式 0，计数初值为 0DEH，按照二进制计数；计数器 1 工作在方式 2，计数初值为 1000D，按 BCD 码计数。试写出初始化程序。

分析：

根据题目要求，计数器 0 的方式控制字如下：

计数器 1 的方式控制字如下：

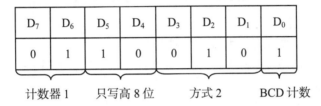

初始化程序如下：

```
MOV     AL, 10H           ;写通道 0 控制字
OUT     43H, AL
MOV     AL, 0DEH          ;写通道 0 计数初值
OUT     40H, AL
MOV     AL, 65H           ;写通道 1 控制字
OUT     43H, AL
MOV     AL, 10H           ;写通道 1 计数初值（BCD 码的高 8 位）
OUT     41H, AL
```

例 8.2：利用 8253 的计数器通道 2 产生频率 f = 100 Hz 的方波。设计数时钟脉冲的频率 f_{CLK} = 1 000 kHz。试写出初始化程序。

分析：根据题目要求，计数值通道 2 产生方波信号，因此选择方式 3。方波信号频率为 100 Hz，时钟脉冲频率为 1 000 kHz，则计数初值 $N = f_{CLK}/f = 10^6/10^2 = 10^4 = 2710H$。因此，其方式控制字如下：

其初始化程序如下：

```
MOV     AL, 101101110B    ;写通道 2 控制字
OUT     COTR, AL
```

```
    MOV     AX, 2710H           ;写通道 2 计数初值（先写低 8 位，后写高 8 位）
    OUT     CTN2, AL
    MOV     AL, AH
    OUT     CTN2, AL
```

（2）读操作。

CPU 可对 8253 的计数器进行读操作，以读出计数器的当前值。方法如下：

方法一：利用门控信号 GATE 为低电平或关闭 CLK 脉冲使计数操作暂停来读取当前的计数值。此时，应向 8253 控制寄存器中送入一个方式控制字，选择要读取的计数器并设定读写方式。当 D_5D_4 = 01 或 10 时，用一条 IN 指令即可读出当前计数值；当 D_5D_4 = 11 时，需要使用两条 IN 指令读取计数值，通常是先读低字节，再读高字节。

方法二：在计数过程中读出计数值，不影响计数器的工作。此时，应向 8253 的控制寄存器写入一个特定的方式控制字（$D_7D_6 00×××$），即锁存读指令，将所选中的计数器当前计数值锁存，随后用两条 IN 指令将计数值读出。在此过程中，计数器的减 1 操作仍继续进行，这种读取计数值的方法称为锁存读，又叫做"飞读"。

例如，采用锁存读的方法，读取通道 1 的 16 位计数值，写入特定方式控制字为：

D_7	D_6	D_5	D_4	D_3	D_2	D_1	D_0
0	1	0	0	0	0	0	0

计数器 1　　计数器锁存

其程序如下：

```
    MOV     AL, 40H             ;写入特定方式控制字
    OUT     COTR, AL
    IN      AL, CNT1            ;第一次读低 8 位
    MOV     CL, AL
    IN      AL, CNT1            ;第一次读高 8 位
    MOV     CH, AL
```

8.2.5　8253 的应用设计举例

1. 在 IBM-PC/XT 上的应用

在 IBM-PC/XT 中，8253 主要提供系统时钟中断、动态存储器刷新定时及扬声器发声控制等功能。8253 的初始化是在计算机启动时由 BIOS 完成的。8253 在 IBM-PC/XT 系统板上的连接图如图 8.12 所示。

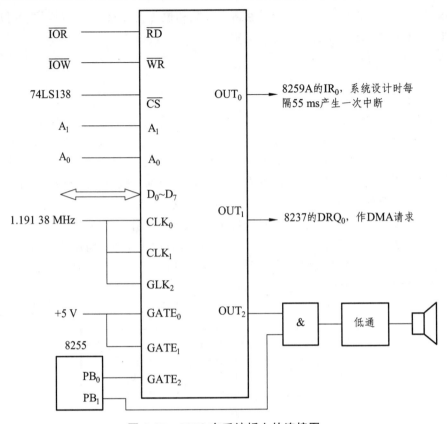

图 8.12　8253 在系统板上的连接图

（1）硬件结构。

① 读信号 $\overline{IOR}$ 和写信号 $\overline{IOW}$ 分别与 8253 的读控制端 $\overline{RD}$ 和写控制端 $\overline{WR}$ 相连。

② 片选及端口地址分配：片选信号 $\overline{CS}$ 接系统板上 I/O 端口片选译码器电路 74LS138 的输出端。A_1、A_0 用于寻址 8253 内部寄存器和计数器。端口地址分配见表 8.6。

表 8.6　8253 端口地址分配表

I/O 端口地址	计数器通道及寄存器
0040H	计数器 0
0041H	计数器 1
0042H	计数器 2
0043H	控制寄存器

③ 8 位数据线 $D_7 \sim D_0$ 直接与 CPU 数据总线连接

④ 通道时钟信号 CLK：三个通道的 CLK 来自于一个二分频触发器，它的输入时钟来自于 8284 时钟驱动器的 PCLK（频率为 2.38 MHz）。所以三个计数器 CLK 都是频率为 1.19 MHz 的方波信号。

（2）三个计数通道的功能。

PC 系列机使用了 8253 芯片的三个计数器通道。

① 计数器 0 的作用。

该计数器用于向系统日历时钟提供定时中断。BIOS 初始化计数器 0 为工作方式 3，初值预置为 0，最大计数值为 2^{16}，门控信号恒接 +5V 电源，因此 OUT_0 输出信号的频率为 $(1.19 \times 10^6)/65536 = 18.2$ Hz。它直接连接到系统中断控制器 8259A 的中断请求线 IRQ_0 上，即计数器 0 每秒钟向中断控制器 8259 输出 18.2 次中断请求信号 IRQ_0，因此，每 55ms 发一次中断请求。其 BIOS 初始化程序如下：

```
MOV    AL, 36H        ;写方式控制字：通道 0，先写低位，方式 3，二进制计数
OUT    43H, AL
MOV    AL, 0          ;写计数初值：预置为 0，先写低位，后写高位
OUT    40H, AL
OUT    40H, AL
```

另外，BIOS 服务程序还利用中断计数产生硬盘驱动器在寻道操作中所需要的电路延迟。

② 计数器 1 的作用。

该计数器用于向 DMA 控制器定时发送动态存储器刷新请求。BIOS 初始化计数器 1 为工作方式 2，初值预置为 18，门控信号恒接 +5V 电源，因此 OUT_1 输出信号的频率为 $(1.19 \times 10^6)/18 = 66.1$ kHz，相当于周期为 15.1 μs，即每隔 15.1 μs 产生一个动态 RAM 刷新的请求信号 DRQ_0。BIOS 对 8253 计数器 1 的初始化程序如下：

```
MOV    AL, 54H        ;写方式控制字：通道 1，只写低 8 位；方式 2，二进制计数
OUT    43H, AL
MOV    AL, 12H        ;写计数初值：预置为 18
OUT    41H, AL
```

③ 计数器 2 的作用。

该计数器用于控制扬声器发声。BIOS 初始化计数器 2 为工作方式 3，初值预置为 533H，门控信号接并行输入输出接口 8255A 的 PB_0 端，因而可用软件将其置 1 或置 0，从而控制通道 2 的输出 OUT_2。而 OUT_2 与 8255A 的 PB_1 端相与后，通过驱动器芯片 75477 接至扬声器，控制其发声。

BIOS 的扬声器发声程序如下：

```
BEEP   PROC    NEAR
       MOV     AL, 54H      ;写方式控制字：通道 2，低/高字节，方式 3，二进制计数
       OUT     43H, AL
       MOV     AX, 0533H    ;写计数初值：预置为 533H，先写低位，后写高位
       OUT     42H, AL
       MOV     AL, AH
       OUT     42H, AL
       IN      AL, 61H      ;读 8255 的 B 口当前值
       MOV     AH, AL       ;暂存

       OR      AL, 03H      ;使 $PB_0$ = 1，$PB_1$ = 1，扬声器启动
       OUT     61H, AL
```

	SUB	CX, CX	;设置计数器等待 500 ms
G7:	LOOP	G7	;延迟，控制发声时间
	DEC	BL	
	JNG	G7	
	MOV	AL, AH	;恢复端口 B
	OUT	61H, AL	
	RET		
	BEEP	ENDP	

2. 其他应用举例

8253 具有定时、计数的功能，可以灵活设置输出各种波形，广泛应用于工业生成的各种控制电路中。例 8.3 为 8253 用于 PWM（脉冲宽度调节）控制中的实例。

例 8.3：在工业生产的仪器、仪表中，经常需要对交、直流电机进行转速的调节。有多种可以使用的调速方法，PWM（脉冲宽度调节）实现容易，调速准确，因此得到广泛的使用。用一个开关电源对电机供电，控制电源开、关的时间比例，就可以控制输出的有效电压，从而控制电机的转速。如图 8.13 所示，设 8253 端口地址为 240H～243H，要求用 8253 来定时，输出周期固定、占空比可变的脉冲信号。其中，PWM 周期 T = 5 ms，系统时钟频率为 2 MHz。试写出初始化程序。

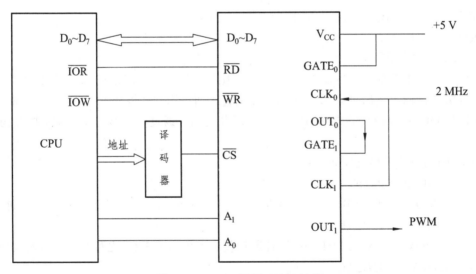

图 8.13　8253 用于 PWM 控制

分析：在图 8.13 中，$GATE_0$ 恒接+5V，计数器 0 可以设置为方式 2（分频器），则输出 OUT_0 为周期固定的脉冲信号，并与 $GATE_1$ 相连；而计数器 1 可以设置为方式 1（可重复触发单稳态触发器），在固定周期脉冲信号 $GATE_1$ 控制下输出占空比可变的脉冲信号 PWM，从而实现功能。显然，PWM 脉冲周期由计数器 0 决定，宽度由计数器 1 决定。

初值的设置：

（1）方式 2 的初值：系统时钟频率为 2 MHz（时钟周期 0.5 μs），要输出 PWM 周期 T =

5 ms，计数初值 N = 5 ms/5 μs = 1 000。

（2）方式 1 的初值：计数值为 N 时（0 ~ 10 000），低电平时间为 0.5 Nμs，输出有效电压为最大值的（10 000 – N）/10 000。

其初始化程序如下：

MOV	DX，	0243H	;8253 控制端口地址送 DX
MOV	AL，	34H	;计数器 0，方式 2，先写低位后写高位，二进制
OUT	DX，	AL	;控制字写入计数器 0 控制寄存器
MOV	AX，	72H	;计数器 1，方式 1，先写低位后写高位，二进制
OUT	DX，	AX	;控制字写入计数器 1 控制寄存器
MOV	DX，	0240H	;8253 计数器 0 端口地址送 DX
MOV	AX，	10000	;计数器 0 的计数初值
MOV	DX，	AL	;写入初值低 8 位
MOV	AL，	AH	;计数器 0 的计数初值高 8 位
MOV	DX，	AL	;写入初值高 8 位
MOV	DX，	0241H	;8253 计数器 1 端口地址送 DX
MOV	AX，	N	;计数器 1 的计数初值
MOV	DX，	AL	;写入初值低 8 位
MOV	AL，	AH	;计数器 1 的计数初值高 8 位
MOV	DX，	AL	;写入初值高 8 位

将 8253 产生的 PWM（OUT_1）连接到开关电源控制端，当 PWM = 0 时，开关电源断电；当 PWM = 1 时，开关电源供电，由此可以控制电动机的转速。

习 题

1. 简述实现定时/计数的方法。

2. 简述 8253 的主要功能。

3. 与 8253 的 3 个计数通道相对应的有 3 个引脚：CLK、GATE 和 OUT，这 3 个引脚起什么作用？

4. 可编程计数器/定时器 8253 有哪几种工作方式？各有何特点？

5. 可编程定时/计数器 8253 选用二进制与十进制计数的区别是什么？每种计数方式的最大计数值分别为多少？

6. 如何对 8253 进行初始化编程？

7. 在某微型计算机系统中，8253 的 3 个计数器的端口地址分别为 60H、61H 和 62H，控制字寄存器的端口地址为 63H，要求 8253 的通道 0 工作于方式 3，并已知对它写入的计数初值 N = 1234H，试编写初始化程序。

8. 设 8253 计数器的时钟输入频率为 1.91 MHz，为产生 25 kHz 的方波输出信号，计数器初值应该设置为多少？

9. 设 8253 三个计数器的端口地址为 201H、202、203H，控制寄存器端口地址为 200H。

输入时钟为 2 MHz，让 1 号通道周期性地发出脉冲，其脉冲周期为 1 ms，请编写初始化程序。

10. 设 8253 的计数器 0 工作在方式 1，计数初值为 2 050；计数器 1 工作在方式 2，计数初值为 3 000；计数器 2 工作在方式 3，计数初值为 1 000。如果三个计数器的 GATE 都接高电平，三个计数器的 CLK 都接 2MHz 时钟信号，试画出 OUT_0、OUT_1、OUT_2 的输出波形。

11. 在某个 8086 微型计算机系统中使用了一片 8253，所用的时钟频率为 1MHz，其中三个计数器端口地址分别为 220H、221H、222H，控制寄存器端口地址为 223H。根据下列要求编写 8253 的初始化程序：

（1）通道 0 工作于方式 3，输出频率为 2 kHz 的方波；

（2）通道 1 产生宽度为 480 μs 的单脉冲；

（3）通道 2 用硬件方式触发，输出单脉冲，时间常数为 26。

12. 若已有一个频率发生器，其频率为 1 MHz，若要求通过 8253 芯片产生每秒一次的信号，则 8253 芯片应如何连接？

13. 设定时/计数器 8253 在微型计算机系统中的三个计数器端口地址分别为 340H、341H、342H，控制寄存器端口地址为 343H，已有信号源频率为 1 MHz，现要求用一片 8253 定时 1 s，试设计硬件连接图并实现 8253 的初始化编程。

9 可编程串行通信接口芯片 8251A

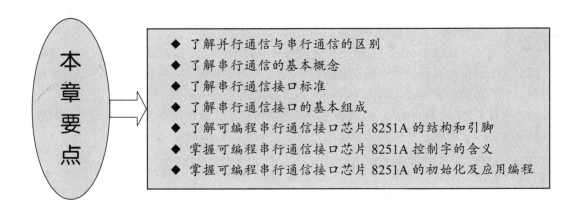

9.1 串行通信概述

采用串行通信的原因主要是为了降低通信线路的价格和简化通信设备,并且可以利用现有的通信线路。

9.1.1 并行通信与串行通信

CPU 与外部的信息交换称为通信(Communication),基本的通信方式有两种:并行通信和串行通信。

(1)并行通信。

数据在多条并行 1 位宽的传输线上同时由源传送到目的地址。

(2)串行通信。

数据在单条 1 位宽的传输线上,一位一位地按顺序分时传送。

(3)并行通信与串行通信的比较。

① 从距离上看:并行通信适用于近距离的数据传送,通常小于 30 米,而串行通信适用于远距离传送,可以从几米到数千公里。

② 从速度上看:在短距离内,并行接口的数据传输速度显然比串行接口的传输速度高得多,但串行和并行数据传送速率均与距离成反比。

③ 从设备费用上看:对远距离通信而言,串行通信的费用显然会低得多,另外串行通信还可利用现有的电话网络来实现远程通信,降低了通信费用。

9.1.2 串行通信的基本概念

1. 传送方式

按照数据流的方向，可以把串行通信分成三种基本的传送模式：单工、半双工和全双工方式。

（1）单工（Simplex）：仅能进行一个方向上的传送，如图 9.1（a）所示。单工通信类似无线电广播，电台只能发送信号，收音机只能接收信号。

（2）半双工（Half-Duplex）：能交替地进行双向数据传送，但两设备之间只有一根传输线，因此两个方向的数据传送不能同时进行，如图 9.1（b）所示。半双工通信类似对讲机，某时刻一方发送另一方接收，双方不能同时发送或接收。

（3）全双工（Full-Duplex）：两设备之间有两条传输线，能在两个方向上同时进行数据传送，如图 9.1（c）所示。全双工通信类似电话机，双方可以同时发送和接收。

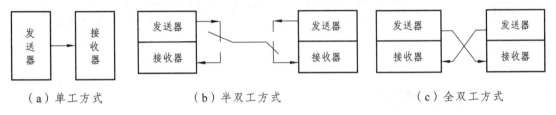

（a）单工方式　　　　　　（b）半双工方式　　　　　　（c）全双工方式

图 9.1　串行通信的传送方式

2. 数据传输有关的基本概念

（1）控制数据传输率的意义和方法。

串行通信时，要求双方的传输速率严格一致，并在传输开始之前，要预先设定，否则会发生错误。因此，对传输速率要进行控制。

在数字通信中，传输速率也常称作波特率（Baud rate），单位是波特（Baud）。因此，数据传输率的控制是通过波特率时钟发生器和设置波特率因子来实现的，为此，要求波特率时钟发生器产生一系列标准的波特率，供用户选用。波特率时钟发生器有的包含在串行通信接口芯片中，如 8250/16450/16550UART 中设置了波特率时钟发生器；有的需要单独设计，如 8251USART 芯片中不包含波特率时钟发生器，而需要利用 82C54 作为外加波特率时钟发生器。

（2）波特率。

波特率是每秒传输串行数据的位数。每秒传输 1 位，就是 1 波特。每秒传输 1 200 位，就是 1 200 波特。其单位是 b/s（位/秒，也可写成 bps）。可见，波特率用来衡量串行数据传输速率很合适。虽然波特率可以由通信双方任意定义为每秒多少位，但在串行通信中，是采用标准的波特率系列，如 1 200，2 400，4 800，9 600 等。

有时也用"位周期"来表示传输速率，即传输 1 位数据所需的时间。显然，位周期是波特率的倒数。例如，串行通信的数据传输率为 1 200 b/s，则每一个数据位的传输时间 T_d 为波特率的倒数：

$$T_d = \frac{1位}{Baud} = \frac{1\ b}{1\ 200\ b/s} = 0.833\ ms$$

（3）发送/接收时钟。

把二进制数据序列称为比特组,由发送器发送到传输线上,再由接收器从传输线上接收。二进制数据序列在传输线上是以数字信号形式出现,即用高电平表示二进制数 1,低电平表示二进制数 0。而且每一位持续的时间是固定的,在发送时是以发送时钟作为数据位的划分界限,在接收时是以接收时钟作为数据位的检测标准。

① 发送时钟:串行数据的发送由发送时钟 T_XC 控制,数据发送过程:把并行的数据序列送入移位寄存器,然后通过移位寄存器由发送时钟触发进行移位输出,数据位的时间间隔可由发送时钟周期来划分。

② 接收时钟:串行数据的接收由接收时钟 R_XC 来检测,数据接收过程:传输线上送来的串行数据序列由接收时钟作为移位寄存器的触发脉冲,逐位进入移位寄存器,即将串行数据序列逐位移入移位寄存器后组成并行数据序列的过程。

（4）波特率因子。

为了提高发送/接收时钟对串行数据中数据位的定位采样频率,避免或减少假启动和噪声干扰,发送/接收时钟的频率一般都设置为波特串的整数倍,如 1、16、32、64 倍。并且,把这个波特串的倍数叫做波特率因子（factor）或波特率系数。因此,可得波特率、波特率因子和发送/接收时钟频率三者之间的关系:

$$发送/接收时钟频率 = 波特率因子 \times 波特率$$

例如,某一串行接口电路的波特率为 1 200 b/s,波特率因子为 16 b^{-1},则发送时钟的频率 = $16b^{-1} \times 1\ 200\ b/s = 19\ 200\ Hz$。同理,当发送/接收时钟频率一定时,通过选择不同的波特率因子,即可得到不同的波特率。

在实际的串行通信接口电路中（如后面将要介绍的可编程串行接口片 8251A）,其发送和接收时钟信号通常由外部专门的时钟电路提供或由系统主时钟信号分频来产生,因此发送和接收时钟频率往往是固定的,但通过编程可选择各种不同的波特率因子,从而可以得到各种不同的数据传输率,十分灵活方便。

3. 同步通信与异步通信

在串行通信中有两种基本的通信方式:异步通信 ASYNC（Asynchronous Data Communication）和同步通信 SYNC（Synchronous Data Communication）。同步通信靠同步时钟信号来实现数据的发送和接收,而异步通信是一种利用一帧字符中的起始位和停止位来完成收发同步的通信方式。

（1）异步通信 ASYNC。

所谓异步通信,是指通信中两个字符的时间间隔不固定,而在同一字符中的两个相邻代码间的时间间隔固定的通信。异步通信的特点是:以"帧（Frame）"为传送单位,每一帧字符的传送靠起始位来同步,数据传输的速率（波特率）是双方事先约定好的,发送方和接收方的时钟频率不要求完全一样,但不能超过一定的允许范围。异步通信的数据格式如图 9.2 所示。

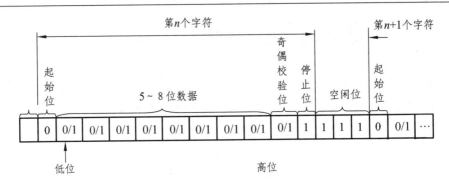

图 9.2 异步通信数据帧格式

一个帧由起始位开始，停止位结束。两个帧之间为空闲位，一帧信息由 7～12 位二进制组成。组成每帧数据的四个部分如下：

① 起始位：传输线上没有数据传输时，处于连续的逻辑 1 状态。一帧数据以 1 位逻辑 0 开始，它告诉接收方一帧数据开始，该位称为起始位。

② 数据位：起始位之后紧接着传送的是数据位，数据位的个数为 5～8 位，位数由收发双方约定，先发送低位。

③ 奇偶校验位：数据位之后是奇偶校验位。通信双方要事先约定是采用奇校验还是采用偶校验。如果是奇校验传输，那么数据位和校验位中 1 的总个数为奇数个。反之，偶校验传输时，数据位和校验位中 1 的总个数为偶数个。奇偶校验位并不是必不可少的，可以采用无校验传输。

④ 停止位：最后传输的是停止位，它可以是 1 位、1.5 位或者 2 位的逻辑"1"信号，标志着一帧数据的结束。

（2）同步通信 SYNC。

同步通信是指不仅字符内部位与位之间的传输是同步的，并且字符与字符之间的传输也是同步的。同步传输的特点是：以数据块（字符块）为单位传输。要求字符内部的位传输是同步的，字符与字符之间的传输也应该是同步的，发送/接收两端必须使用同一时钟来控制数据块传输时字符与字符、字符内部位与位之间的定时。同步通信的数据格式如图 9.3 所示。

图 9.3 同步通信数据帧格式

在每组信息的开始（常称为帧头）要加上 1～2 个同步字符，后面跟着 8 位的字符数据，最后传输结束标志。

异步通信方式的传输速率低，传输设备简单，易于实现；而同步通信方式的传输速率高，传输设备复杂，技术要求高。因此，异步通信一般用在数据传输时间不能确定、发送数据不连续、数据量较少和数据传输速率较低的场合；而同步通信则用在要求快速、连续传输大批量数据的场合。

4. 信号的调制与解调

计算机的通信是一种数字信号的通信，它要求传送线的频带很宽；而在长距离通信时，通常是利用电话线传送的，它不可能有较宽的频带，因此若用数字信号直接通信，则经过传送线后，信号就会畸变。所以，要用调制器（Modulator）把数字信号转换为模拟信号；然后用解调器（Demodulator）检测此模拟信号，再把它转换成数字信号，如图 9.4 所示。FSK（Frequency Shift Keying）是一种常用的调制方法：它把数字信号的"1"与"0"调制成不同频率(易于鉴别)的模拟信号。

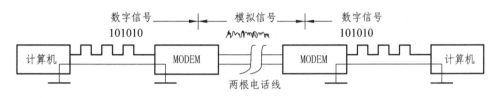

图 9.4　调制与解调示意图

5. 数据终端设备和数据通信设备

数据终端设备 DTE（Data Terminal Equipment）是对属于用户所有联网设备和工作站的统称，它们是数据的源或目的地址，或者既是源又是目的地址。例如，数据输入/输出设备，通信处理机或各种大、中、小型计算机等。DTE 可以根据协议来控制通信的功能。

数据通信设备 DCE（Data Communication Equipment），是对网络设备的统称，该设备为用户设备提供入网的连接点。自动呼叫/应答设备、调制解调器 Modem 和其他一些中间设备均属于 DCE。

6. 串行通信中的差错控制

（1）误码率的控制

所谓误码率，是指数据经传输后发生错误的位数与总传输位数之比。在计算机通信中，一般要求误码率达到 10^{-6} 数量级。

一个实际通信系统的误码率与系统本身的硬件、软件故障，外界电磁干扰以及传输速率有关。为减少误码串，应从两方面做工作：一方面从硬件和软件着手，对通信系统进行可靠性设计，以达到尽量少出差错的目的；另一方面是对所传输的信息采用检纠错编码技术，以便及时发现和纠正传输过程出现的差错。

（2）检纠错编码方法的使用。

在实际应用中，具体实现检错编码的方法很多，常用的有奇偶检验、循环冗余码检验（CRC）、海明码校验、交叉奇偶校验等。而在串行通信中应用最多的是奇偶校验和循环冗余码校验。前者易于实现，后者适用于逐位出现的信号的运算。

（3）错误状态的分析与处理。

异步串行通信过程中常见的错误有奇偶检验错、溢出错、帧格式错。这些错误状态一般都存放在接口电路的状态寄存器中，以供 CPU 进行分析和处理。

① 奇偶校验错：在接收方接收到的数据中，1 的个数与奇偶校验位不符。这通常是由噪声干扰而引起的。发生这种错误时，接收方可要求发送方重发。

② 溢出错：接收方没来得及处理收到的数据，发送方已经发来下一个数据时，造成数据丢失。这通常是由收发双方的速率不匹配而引起的，可以用降低发送方的发送速率或者在接收方设置 FIFO 缓冲区的方法来减少这种错误。

③ 帧格式错：接收方收到的数据与预先约定的格式不符。这种错误大多是由于双方数据格式约定不一致或干扰造成的，可通过核对双方的数据格式减少错误。

④ 在查询方式的通信程序中，还有"超时错"，一般是由于接口硬件电路速度跟不上而产生。

（4）错误校验只在接收方进行，并且是采用软件方法进行检测。一般是在接收程序中，采用软件编程方法，从接口电路的状态寄存器中读出错误状态位，判断有无错误，或者通过调用 BIOS 软中断 INT14H 的状态查询子程序来检测。

9.1.3 串行通信接口标准

1. RS-232C 串行通信接口标准

为了使通信能够顺利地进行，通信双方必须就通信的规则事前进行约定，这种约定好的并在通信过程中双方共同遵守的通信规则称为通信协议。它包括收发双方的同步方式、数据格式、传输速率、差错检验方式及其纠正方式、通信进程的控制等。

随着串行通信技术在计算机领域的广泛应用，电子工业协会 EIA（Electronic Industry Association）在 1969 年公布了一种目前使用最广泛的串行物理接口标准——RS-232C 串行通信接口标准。这个标准提供了一个利用公用电话网络作为传输媒体，并通过调制解调器将远程设备连接起来的技术规定，它对串行接口电路中所使用信号名称和功能、信号电平等作了统一的规定。

RS-232C 串行通信接口标准规定如下：

（1）机械特性。

RS-232C 的机械特性规定使用一个 25 芯的标准连接器，并对该连接器的尺寸及针或孔芯的排列位置等都做了详细说明，但实际的用户并不一定需要用 RS-232C 标准的全集，因此，一些生产厂家为 RS-232C 标准的机械特性做了变通的简化，使用了一个 9 芯标准连接器将不常用的信号线舍弃。两种不同的连接器，其引脚号的功能定义与排列也各不相同，使用时要特别注意。

（2）电气特性。

RS-232C 的电气特性规定逻辑"1"的电平为 −15 ~ −5 V，逻辑"0"的电平为 +5 ~ +15 V。可见，RS-232C 采用的是负逻辑，并且逻辑电平幅值很高，摆幅很大。EIA 与 TTL 之间的差异见表 9.1。显然，EIA 与计算机或终端所采用的 TTL 逻辑电平和逻辑关系并不兼容。因此，在两者之间通常需加电平转换电路，如图 9.5 所示。

表 9.1 EIA 与 TTL 之间的差异

比较的内容	EIA	TTL
逻辑关系	负逻辑	正逻辑
逻辑电平	高（±15 V）	低（±5 V）
电压摆幅	大（−15 V ~ +15 V）	小（0 ~ 5 V）

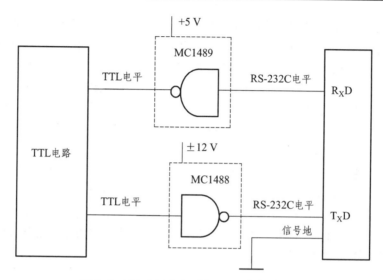

图 9.5 RS-232C 电平与 TTL 电平的转换

MC1488 和 MC1489 电路是专用于 TTL 和 RS-232C 之间的电平转换器件。要从 TTL 电平转换成 RS-232C 电平时，需用 MC1488 电路；反过来，从 RS-232C 电平转换成 TTL 电平时，需用 MC1489 电路。MC1489 电路只需接 +5 V 电源电压，而 MC1488 电路则需接 ±12 V 两种电源电压。它们的详细使用情况可查阅有关的电路器件手册。

（3）信号线功能特性。

RS-232C 的功能特性定义了 25 芯标准连接器中的 20 根信号线，包括 2 根地线、4 根数据线、11 根控制线、3 根定时信号线，剩下的 5 根线做备用或未定义。表 9.2 列出了部分常用信号的定义。

表 9.2 RS-232C 标准中部分常用信号的定义。

符号	方向	功能	9 针连接器引脚号	25 针连接器引脚号
T_XD	DTE→DCE	发送数据	3	2
R_XD	DCE→DTE	接收数据	2	3
$\overline{RTS}$	DTE→DCE	请求发送	7	4
$\overline{CTS}$	DCE→DTE	发送允许	8	5
$\overline{DSR}$	DCE→DTE	数据设备就绪	6	6
GND		信号地	5	7
$\overline{DCD}$	DCE→DTE	载波检测	1	8
$\overline{DTR}$	DTE→DCE	数据终端就绪	4	20
$\overline{RI}$	DCE→DTE	响铃指示	9	22

（4）规程特性。

RS-232C 的规程特性规定其工作过程是在各根控制信号线有序的"ON"（逻辑"0"）和"OFF"（逻辑"1"）状态的配合下进行的。

2. RS-485 标准

由于 RS-232C 接口标准采用单端发送和单端接收，易受共模干扰，所以直接传输距离短，传输速率低，且只能单点对单点通信。为了实现更大距离的直接传输和更高的传输速率，人们在 RS-232C 的基础上进行改进，制订出新的接口标准，如 RS-422 和 RS-485 标准。

RS-485 标推，目前已在许多方面得到应用，尤其是在不使用 MODEM 的情况下，多点对多点通信系统中，如在工业集散分市式系统、商业 POS 收银机、考勤机以及智能大楼的联网中用得很多，是一个很有发展前途的串行通信接口标准。下面将详细介绍 RS-485 标准。

（1）RS-485 接口标准的特点。

① 由于采用差动发送/接收和双绞线平衡传输，所以共模抑制比高、抗干扰能力强。因此，特别适合在干扰比较严重的环境下工作，如大型商场和车间使用。

② 传输速率高，可达 10 Mb/s（传输 15 m），传输信号摆幅小（200 mV）。

③ 传播距离长，不使用 MODEM，采用双绞线，传输距离为 1.2 km（100 KB/s）。

④ 能实现多点对多点通信。

（2）RS-232C 与 RS-485 的转换。

在实际应用中，往往会遇到这样的问题：仪器设备配置的是 RS-485（或 RS-422）接口标准，而计算机配置的是配 RS-232C 接口标准。在要求这些仪器或设备与计算机进行通信时，两者的接口标准就不一致，此时，就出现 RS-232C 与 RS-485 的转换问题。

实际上，只需将发送线 T_XD 转换为差动信号，将接收的差动信号转换为接收线 R_XD，而 RS-232C 定义的其他信号不需要转换，维持不变。具体方法是：在发送端接口电路的发送数据线 T_XD 上加接平衡发送器 MAX485（半双工）或 MAX491（全双工），将单根数据信号线 T_XD 转换为差动信号线 AA 与 BB，并通过两根双绞线发送出去；在接收端加接差动接收器 MAX485（半双工）或 MAX491（全双工），将从两根双绞线 AA 与 BB 上传来的差动信号转换为单根数据信号，通过接口电路的接收数据线 R_XD 接收进来。

9.1.4 串行通信接口典型结构

计算机与外部设备之间的数据传送可以是并行方式，也可以是串行方式。如果采用串行方式，则需要在计算机与外设之间设置一个串行接口电路，其作用是把计算机的并行数据转换成串行数据发送出去，把接收到的外部串行数据转换成并行数据送入计算机内部。

串行通信接口主要由控制寄存器、状态寄存器、数据输入寄存器和数据输出寄存器四部分组成，其典型结构及与 CPU、外设连接情况如图 9.6 所示。

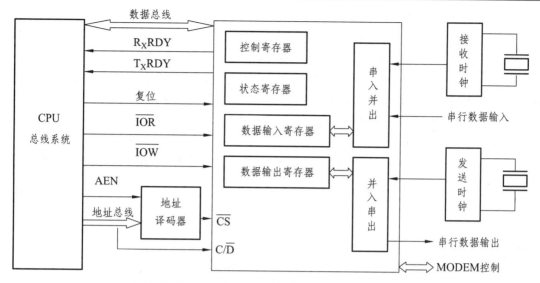

图 9.6 串行接口典型结构及与 CPU、外设的连接

（1）控制寄存器：用于保存决定接口工作方式的控制信息。

（2）状态寄存器：每一个状态位都可以用来标识传输过程中的某一种错误或当前传输状态。

（3）数据寄存器：包括数据输入/出寄存器，实现数据传输过程中的缓冲。

随着大规模集成电路技术的发展，通用的可编程同步、异步通信接口芯片的种类越来越多，常用的芯片见表 9.3。这些芯片基本功能类似，只需要附加地址译码电路、波特率发生器以及 EIA 与 TTL 电平转换器就可以编程实现串行通信。

表 9.3 常用可编程同步和异步通信接口芯片

芯 片	同 步		异步（起止式）
	面向字符	HDLC	
INS8250			√
MC6850			√
MC6852	√		
MC6854		√	
INT8251	√		√
INT8273		√	
Z-80 SIO	√	√	√

9.2 可编程串行通信接口芯片 8251A

Intel8251A 是可编程串行通信接口芯片，其主要特点如下：

(1)可用于同步和异步通信。

(2)接收、发送数据分别有各自的缓冲器,可以进行全双工通信。

(3)提供与外部设备特别是调制解调器的联络信号,便于直接和通信线路连接。

(4)每个字符的位数可以是 5~8 位,可以设定奇校验或偶校验,也可不设校验。具有奇偶、溢出、帧错误等检测电路。检验位的插入、检错及剔除都由芯片自动完成。

(5)异步通信时,停止位可选 1 位、1.5 位或 2 位,波特率为 0~19.2K 波特,时钟频率可设为波特率的 1、16 或 64 倍。

(6)同步通信时,波特率的范围为 0~56K 波特。可设为单同步、双同步或者外同步,同步字符可由用户自行设定。

9.2.1 8251A 的结构和引脚

(1)内部结构及性能。

8251A 主要由数据总线缓冲器、接收器、发送器、读/写控制逻辑、调制/解调控制逻辑电路组成,其内部结构图如图 9.7 所示。

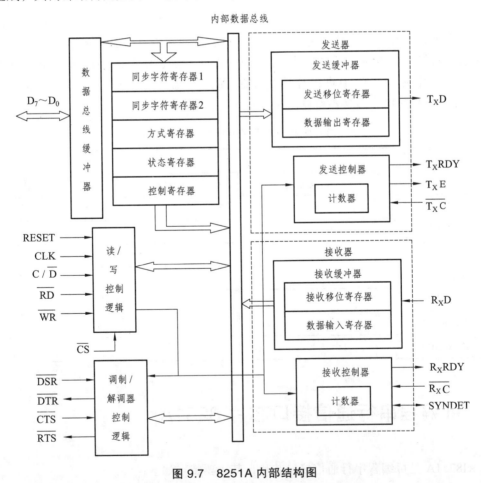

图 9.7 8251A 内部结构图

① 数据总线缓冲器：通过 $D_7 \sim D_0$ 和 CPU 的数据总线相连，用来在 8251A 与 CPU 之间传送数据、命令或状态信息。

② 接收器：由接收缓冲器和控制电路组成。从外部通过数据接收端 R_XD 接收的串行数据逐位进入接收移位寄存器中。如果是异步方式，则应识别并删除起始位和停止位；如果是同步方式，则要检测到同步字符，确认已达到同步，接收器才可以开始接收串行数据，待一组数据接收完毕，可将移位寄存器中的数据并行归入接收数据缓冲器中，同时输出 R_XRDY 有效信号，表示接收器中已准备好数据，等待向 CPU 传送。

③ 发送器：由发送缓冲器电路和发送控制电路两部分组成，把来自 CPU 的并行数据转换成串行数据从 T_XD 引脚发出去。发送控制电路和发送缓冲器配合工作，控制和管理所有与串行发送有关的功能。即在异步方式下，为数据加上起始位、校验位和停止位；在同步方式下，插入同步字符，在数据中插入校验位。

④ 读/写控制逻辑电路：接收与读/写有关的控制信号，由 $\overline{CS}$、$C/\overline{D}$、$\overline{RD}$、$\overline{WR}$ 的逻辑电路组合产生 8251A 所执行的操作，见表 9.4。

表 9.4　8251A 的控制信号与执行的操作之间的对应关系

$\overline{CS}$	$\overline{RD}$	$\overline{WR}$	$C/\overline{D}$	执行的操作
0	0	1	0	CPU 由 8251A 输入数据
0	1	0	0	CPU 向 8251A 输出数据
0	0	1	1	CPU 读取 8251A 状态
0	1	0	1	CPU 向 8251A 写入控制命令

⑤ 调制解调控制电路：提供了一组通用的控制信号，用来简化 8251A 和调制解调器的连接。

（2）引脚定义及功能。

8251A 是一个采用 NMOS 工业制造，单一 +5V 电源，28 引脚双列直插式封装的集成电路。其外部引脚图如图 9.8 所示。

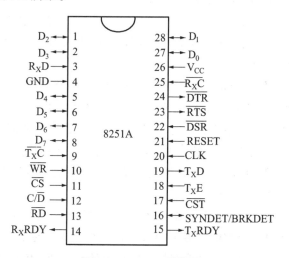

图 9.8　8251A 引脚图

下面分类介绍它的引脚信号：

① 与 CPU 之间的接口引脚，可分为以下 4 种类型：

a. 复位信号 RESET：输入，高电平有效，复位后 8251A 处于空闲状态，直至被初始化编程。

b. 双向数据信号 D0～D7：8251A 通过这 8 条数据线与 CPU 的数据总线对应连接。

c. 读/写控制信号：

$\overline{CS}$：片选信号，输入，低电平有效。$\overline{CS}$ 为低电平时 CPU 才能对 8251A 进行操作。

$\overline{RD}$：读信号，输入，低电平有效。

$\overline{WR}$：写信号，输入，低电平有效。

$C/\overline{D}$：分时复用，控制/数据端口选择输入线。用来区分当前读/写的是数据还是控制信息或状态信息。当 $C/\overline{D}$ 为高电平时，系统处理的是控制信息或状态信息，从 D_7～D_0 端写入 8251A 的必须是方式字、控制字或同步字符。当 $C/\overline{D}$ 为低电平时，写入的是数据。

由 $\overline{CS}$、$C/\overline{D}$、$\overline{RD}$、$\overline{WR}$ 的编码与相应的操作之间的关系见表 9.3。

d. 收发联络信号：

T_XRDY：发送准备好状态，输出，高电平有效。当发送寄存器空闲且允许发送（$\overline{CTS}$ 为低电平，同时命令字中 T_XEN 位为"1"）时，T_XRDY 输出为高电平，以通知 CPU 当前 8251A 已做好发送准备，CPU 可以向 8251A 传送一个字符。当 CPU 把发送的数据写入 8251A 后，T_XRDY 恢复为低电平。T_XRDY 可用来向 8259A 申请发送中断。

T_XE：发送缓冲器空闲状态，输出，高电平有效。当 $T_XE = 1$ 时，表示发送缓冲器中没有要发送的字符，CPU 把要发送的下一个数据写入 8251A 后，T_XE 自动复位。

R_XRDY：接收准备好状态，输出，高电平有效。接收器接到一个字符后，R_XRDY 为"1"，字符被 CPU 读取后回复为"0"。R_XRDY 可用来向 8259A 申请接收中断。

SYNDET/BRKDET：分时复用，同步检测/断缺检测信号，高电平有效。在同步方式下，执行同步检测功能，同步状态输出，或者外同步信号输入；在异步方式下，实现断缺检测功能。

② 与外部设备或调制解调器连接的引脚。

T_XD：发送数据输出。CPU 并行输出给 8251A 的数据从这个引脚串行发送出去。

R_XD：串行数据输入。高电平表示数字"1"，低电平表示数字"0"。

以下引脚用来连接调制解调器：

$\overline{DTR}$：数据终端准备好，输出，低电平有效。CPU 对 8251A 写入命令字，使控制寄存器 D_1 位置 1 时，$\overline{DTR}$ 变为低电平，以通知外设 CPU 当前已准备就绪。

$\overline{DSR}$：数据装置准备好，输入，低电平有效。这是由调制解调器送入 8251A 的信号，是 $\overline{DTR}$ 的回答信号，表示调制解调器的数据已经准备好。当 $\overline{DSR}$ 端出现低电平时会在 8251A 的状态寄存器的 D_7 位反映出来，CPU 可通过对状态寄存器进行读取操作，查询 D_7 位就可得到 $\overline{DTR}$ 状态，查询数据装置是否准备好。

$\overline{RTS}$：请求发送，输出，低电平有效。CPU 通过将控制寄存器的 D_5 位置 1，可使 $\overline{RTS}$ 变为低电平，用于通知外设（调制解调器）CPU 已准备好发送数据。

$\overline{CTS}$：发送允许输入信号，低电平有效。这是由外设（调制解调器）对 8251A 的 $\overline{RTS}$ 的响应信号。若 $\overline{CTS}$ 有效，则表示允许 8251A 发送数据。当 CPU 发送请求信号 $\overline{RTS}$ 有效后，一旦外设发来 $\overline{CTS}$ = 0，则开始发送数据。在发送过程中，如果 $\overline{CTS}$ 无效，则发送器将已经写入的数据全部发送完后才停止发送。

③ 时钟信号。

$\overline{R_XC}$：接收器接收时钟，输入，它控制 8251A 接收字符的速度。在同步方式下，它由外设（或调制解调器）提供，$\overline{R_XC}$ 的频率等于波特率。在异步方式下，$\overline{R_XC}$ 由专门的时钟发生器提供，其频率是波特率的 1 倍、16 倍或 64 倍。

$\overline{T_XC}$：发送器发送时钟，输入，数据在 $\overline{T_XC}$ 的下降沿由发送器移位输出。$\overline{T_XC}$ 的频率与波特率之间的关系同 $\overline{R_XC}$ 相同。

CLK：时钟信号，输入，用于产生 8251A 内部时序。它的频率没有明确的值的要求，但必须不低于接收或发送波特率的 30 倍。

9.2.2 8251A 的控制字及工作方式

8251A 是一个可编程串行通信接口芯片，所以它的工作方式和操作过程都可通过程序的方法进行设定和控制。这是通过 CPU 向 8251A 的有关内部寄存器写入指定格式的控制信息来实现的。

8251A 有两组 CPU 可访问的内部寄存器，一组是数据寄存器，包括数据输入寄存器和数据输出寄存器；另一组是控制及状态寄存器，包括方式选择寄存器、操作命令寄存器和状态寄存器。我们把 CPU 写入方式选择寄存器的内容称为"方式选择控制字"（或方式字），把写入操作命令寄存器的内容称为"操作命令控制字"（或命令字）。

其中，8251A 芯片占用两个端口地址，由 C/$\overline{D}$ 引脚上输入的电平进行选择。当 C/$\overline{D}$ = 1 时，对控制端口进行读/写操作（包括对方式选择寄存器进行写操作、对操作命令寄存器进行写操作、对同步字符寄存器进行写操作、对状态寄存器进行读操作）；当 C/$\overline{D}$ = 0 时，对数据端口进行读/写操作（包括对数据输入寄存器进行读操作、对数据输出寄存器进行写操作）。

下面介绍 8251A 的方式字、命令字及状态字的具体格式。

1. 方式字

方式字用以确定 8251A 的通信方式（同步/异步）、校验方式（奇校验/偶校验/不校验）、波特率等参数。它应在复位后写入，且只需写入一次。

（1）同步方式下的方式字格式（见图 9.9）。

① D_1D_0=00 是同步方式的标志特征，表示同步传送时波特率因子为 1，此时芯片上 T_XC 和 R_XC 引脚上的输入时钟频率与波特率相等。

② D_3D_2（L_2L_1）：规定同步传送数据位的长度，可传送 5~8 位数据。

③ D_4（PEN）：规定在传输数据时是否需要设置校验位，"0"表示未设校验位，"1"表示有校验位。

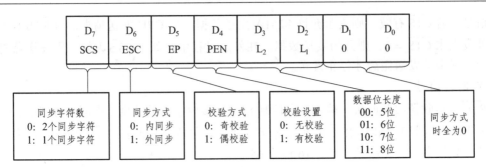

图 9.9　8251A 同步方式下的方式字格式

④ D_5（EP）：用来规定校验的方式，"0"表示奇校验，"1"表示偶校验。

⑤ D_6（ESC）：用来规定同步方式，"0"表示内同步，芯片的 SYNDET 引脚为输出端；"1"表示外同步，芯片的 SYNDET 引脚为输入端。

⑥ D_7（SCS）：用来规定同步字符数，"0"表示两个同步字符，"1"表示 1 个同步字符。

例如，要求 8251A 作为外同步通信接口，数据为 8 位，两个同步字符，偶校验，其方式字应为 7CH（01111100B=7CH）。

（2）异步方式下的方式字格式（见图 9.10）。

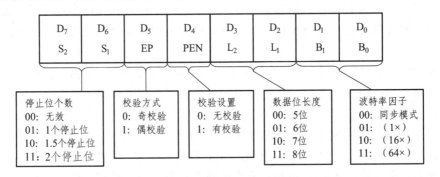

图 9.10　8251A 异步方式下的方式字格式

① D_1D_0（B_1B_0）：不全为 0 表示是异步方式，同时用来规定波特率因子。当 B_1B_0=01 时，波特率因子为 1；当 B_1B_0=10 时，波特率因子为 16；当 B_1B_0=11 时，波特率因子为 64。

② D_3D_2（L_2L_1）：规定同步传送数据位的长度，与同步方式规定相同。

③ D_4（PEN）：规定在传输数据时是否需要设置校验位，与同步方式规定相同。

④ D_5（EP）：用来规定校验的方式，与同步方式规定相同。

⑤ D_7D_6（S_2S_1）：用来规定异步方式时停止位的个数。为了和同步方式相区别，当 D_7D_6 = 00 时，没有定义停止位个数；当 D_7D_6 = 01 时，表示 1 个停止位；当 D_7D_6 = 10 时，表示 1.5 个停止位；当 D_7D_6 = 11 时，表示 2 个停止位。

例如，要求 8251A 作为异步通信接口，波特率为 64，数据位 8 位，奇校验，两个停止位，则其方式字应为 DFH（11011111B = DFH）。

2. 命令字

命令字直接让 8251A 实现某种操作或进入规定的工作状态，它只有在设定了方式字后，才能由 CPU 写入。方式字和命令字本身无特征标志，使用相同的端口地址，8251A 是根据写入先后次序来区分这两者的：先写入的为方式字，后写入的为命令字。

8251A 的命令字格式如图 9.11 所示。

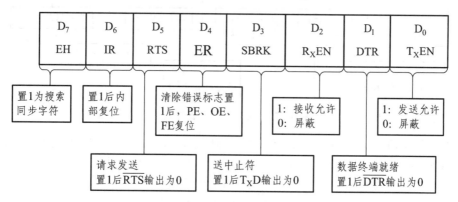

图 9.11 8251A 的命令字格式

① D_0（T_XEN）：允许发送选择。只有当 $D_0=1$ 时，才允许 8251A 从发送口发送数据。

② D_2（R_XEN）：允许接收选择。只有当 $D_2=1$ 时，才允许 8251A 从接收口接收数据。

③ D_1（DTR）：与调制解调器控制电路的 $\overline{DTR}$ 端有直接联系。当工作在全双工方式时，D_0、D_2 要同时置"1"，D_1 才能置"1"。由于 DTR=1，使 $\overline{STB}$ 端变为其有效的低电平，通知调制解调器或 MC1488 芯片等器件，CPU 的数据终端已经就绪，可以接收数据。

④ D_5（RTS）：与调制解调器控制电路的 $\overline{RTS}$ 端有直接联系。当 D_5 被置"1"时，由于 RTS=1，使 $\overline{ACK}$ 端变为其有效的低电平，通知调制解调器或 MC1489 芯片等器件，CPU 将要通过 8251A 输出数据。

调制解调器控制电路的 $\overline{DTR}$ 和 $\overline{RTS}$ 的有效电平不是由 8251A 内部产生，而是通过对控制字的编程来设置的，这样可便于 CPU 与外设直接联系。

⑤ D_3（SBRK）：当 D_3 被置"1"后，串行数据发送端 T_XD 变为低电平，输出"0"信号，表示数据断缺；而当处于正常通信状态时，SBRK = 0。

⑥ D_4（ER）：当 D_4 被置"1"后，将消除状态寄存器中的全部错误标志（PE、OE、FE）。这 3 位错误标志由状态寄存器的 D_3、D_4、D_5 来指示。

⑦ D_6（IR）：当 D_6 被置"1"后，使 8251A 内部复位。如果 8251A 初始化后要重新设置工作方式，写入方式字，则必须先将命令字寄存器的 D_6 置"1"，也可以用外部复位命令 RESET 使 8251A 复位。在正常传输过程中，$D_6=0$。

⑧ D_7（EH）：只对同步方式起作用。当 D_7 被置"1"时，表示开始搜索同步字符，但同时要求 D_2（R_XEN）= 1，D_4（ER）= 1，同步接收工作才开始进行。

3. 状态字

CPU 可在 8251A 工作过程中利用输入指令（IN 指令）读取当前 8251A 的状态字，从而可以检测接口和数据传输的工作状态。8251A 的状态字格式如图 9.12 所示。

① D_0（T_XRDY）：D_0 = 1 是发送准备好标志，表明当前数据缓冲器空。

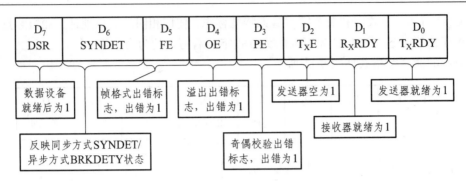

图 9.12 8251A 的状态字格式

② D_1（R_XRDY）：$D_1=1$ 是接收器准备好的标志，表明接口已经收到一个字符，当前正准备输入 CPU。当 CPU 从 8251A 输入一个字符时，R_XRDY 自动清 0。

③ D_2（T_XE）：发送器空标志。与 T_XEMPTY 引脚同步。

④ D_6（SYNDET/BRKDET）：同步检测/断缺检测标志。与 SYNDET/BRKDET 引脚变化同步。

⑤ D_7（DSR）：数据终端准备好标志。

以上 D_0、D_1、D_2、D_6、D_7 的状态与 8251A 芯片外部同名管脚的状态完全相同，反映这些管脚当前状态。

⑥ D_3（PE）：奇偶溢出标志位。PE=1 时，表示当前产生了奇偶错，但不中止 8251A 工作。

⑦ D_4（OE）：溢出出错标志位。在接收字符时，如果数据输入寄存器的内容没有被 CPU 及时取走，下一个字符各位已从 R_XD 端全部进入移位寄存器，然后进入数据输入寄存器，这时，在输入输入寄存器中，后一个字符覆盖了前一个字符，因而出错，这时 OE 被置"1"。

⑧ D_5（FE）：帧格式出错标志位，只适用于异步方式。在异步接收时，接收器根据方式选择寄存器规定的字符位数、有无奇偶校验位、停止位位数等，由计数器计数接收，若停止位不为 0，则说明帧格式错位，字符出错，此时 FE 被置"1"。

以上 PE = 1、OE = 1、FE = 1 只是记录接收时的三种错误，并没有中止 8251A 工作的功能，可以由 CPU 通过 IN 指令读取状态寄存器来发现错误。

9.2.3 8251A 的初始化及应用设计举例

1. 8251A 的初始化

像所有的可编程器件一样，8251A 在使用前也要进行初始化。对 8251A 的初始化编程必须在复位操作之后。

异步方式下 8251A 的初始化过程如下：

（1）写入方式字；

（2）写入命令字。

先通过方式字对其工作方式进行设定。如果设定 8251A 工作于异步方式，那么必须在写入方式字之后再通过命令字对有关操作进行设置，然后才可进行数据传送；在数据传送过程中,也可使用命令字进行某些操作设置或读取 8251A 的状态;在数据传送结束时,若使命令寄存器 IR = 1,则 8251A 复位,又可重新接收方式字,从而改变工作方式完成其他传送任务。当然也可在一次数据传送结束后,不改变工作方式,而仍按原来的工作方式进行下次数据传送,此时就不需进行内部复位以及重新设置工作方式的操作。这要根据具体使用情况而定。

同步方式下 8251A 的初始化过程如下:
(1) 写入方式字;
(2) 写入同步字符(1个或2个);
(3) 写入命令字。

如果设定 8251A 工作于同步方式,那么在写入方式字之后应紧跟着写入一个同步字符(单同步)或两个同步字符(双同步),然后再写入操作命令字,后面的操作过程与异步方式相同。

2. 8251A 初始化编程举例

(1) 异步方式下的初始化编程举例。

例 9.1:若已知 8251A 的控制口地址为 51H,数据口地址为 50H,按要求对 8251A 进行初始化,写出初始化程序段。(设在此之前已对 8251A 进行了复位操作)

其中,8251A 的通信设置如下:
① 异步方式,波特率因子为 64,每字符 7 个数据位,偶校验,2 位停止位。
② 允许发送和接收,使状态寄存器中的 3 个错误标志位复位,使数据终端准备好信号 $\overline{DTR}$ 输出低电平。
③ 查询 8251A 状态字,接收准备就绪时,从 8251A 输入数据,否则等待。

分析:
根据题目要求,方式字如下:

D_7	D_6	D_5	D_4	D_3	D_2	D_1	D_0
1	1	1	1	1	0	1	1

2个停止位　　偶校验　　字符长度7位　波特率×64

命令字如下:

D_7	D_6	D_5	D_4	D_3	D_2	D_1	D_0
0	0	0	1	0	1	1	1

清除错误标志　允许接收　$\overline{DTR}$ = 0　允许发送

状态字:查 D_1(R_XRDY)是否等于 1。
初始化程序如下:

```
    MOV    DX, 51H           ;8251A 控制端口地址
    MOV    AL, FBH           ;写入方式字
```

```
        OUT    DX, AL
        MOV    AL, 17H         ;写入命令字
        OUT    DX, AL
WT:     MOV    DX, 51H         ;8251A 控制端口地址
        IN     AL, DX          ;读状态字
        TEST   AL, 02H         ;检查 $R_XRDY=1$?
        JZ     WT              ;若 $R_XRDY \neq 1$，则等待
        MOV    DX, 50H         ;8251A 数据端口地址
        IN     AL, DX          ;读数据
```

（2）同步方式下的初始化编程举例。

例 9.2：若已知 8251A 的控制口地址为 51H，数据口地址为 50H，按要求对 8251A 进行初始化，写出初始化程序段。(设在此之前已对 8251A 进行了复位操作)

其中，8251A 的通信设置如下：

① 同步方式，两个同步字符，内同步，同步字符为 16H，每字符 7 个数据位，偶校验。

② 允许发送和接收，使状态寄存器中的 3 个错误标志位复位，开始搜索同步字符，并通知调制解调器，数据终端设备已准备就绪。

分析：

根据题目要求，方式字如下：

D_7	D_6	D_5	D_4	D_3	D_2	D_1	D_0
0	0	1	1	1	0	0	0

双同步　内同步　偶校验　字符长度 7 位　同步

命令字如下：

D_7	D_6	D_5	D_4	D_3	D_2	D_1	D_0
1	0	0	1	0	1	1	1

允许搜索　清除错误标志　允许接收　数据终端准备好　允许发送

初始化程序如下：

```
        MOV    DX, 51H         ;8251A 控制端口地址
        MOV    AL, 38H         ;写入方式字
        OUT    DX, AL
        MOV    AL, 16H         ;写入两个同步字符，同步字符为 16H
        OUT    DX, AL
        OUT    DX, AL
        MOV    AL, 97H         ;写入命令字
```

OUT　　　DX, AL

3. 8251A 应用设计编程举例

（1）利用 8251A 实现与终端的串行通信。

终端通常包括键盘和显示器两部分，所以计算机与终端之间需进行双向数据通信，即一方面要把使用者在键盘上敲入的命令和数据输入给计算机，以供计算机执行和处理；另一方面还要把计算机的执行结果和运行状态输出给显示器，以供使用者阅读分析。以 8251A 为主要部件构成的计算机串行接口与终端的连接如图 9.13 所示。

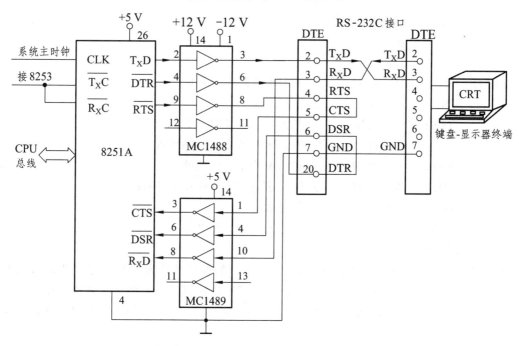

图 9.13　用 8251A 实现与终端的通信

在图 9.13 中，8251A 的发送时钟 T_XC 与接收时钟 R_XC 由可编程计数器/定时器芯片 8253（或其他专门的时钟电路）提供。

8251A 的输入输出电平为 TTL 电平，而终端的对外接口电平为 RS-232C 电平，因此要实现 8251A 与终端的连接与通信，必须使用电平转换电路。其中，使用 MC1488 将 8251A 输出的 TTL 电平转换成 RS-232C 电平，用 MC1489 将 RS-232C 电平转换成 TTL 电平，送给 8251A。

在本通信系统中，通信的双方均为数据终端设备（DTE），因此两条数据传送线（R_XD 和 T_XD）应交叉"扭接"，即主机串行接口的发送数据线 T_XD 接到终端的数据接收线 R_XD，主机串行接口的接收数据线 R_XD 接到终端的数据发送线 T_XD。另外，主机串行接口一侧的 DTR 与 DSR 形成"自环"，RTS 与 CTS 形成"自环"。自环连接可以简化通信控制程序，同时也可减少连接电缆的信号线数目。所以，在一定条件下（对方通常总是为准备好的情况下），可以采用这种方法。

① 传送单个字符到显示器的程序。

例 9.3：若已知 8251A 的控制口地址为 D1H，数据口地址为 D0H，采用查询方式编写 8251A 通信控制程序（包括初始化程序），实现把单个字符"J"（ASCII 码为 4AH）由串行接口发送到显示器去。（设在此之前已对 8251A 进行了复位操作）。

其中，8251A 通信设置如下：

a. 异步方式，波特率因子为 16，每字符 7 位数据位，奇校验，1 位停止位。

b. 允许发送和接收，使状态寄存器中的 3 个错误标志位复位，$\overline{DTR}$ 和 $\overline{RTS}$ 输出低电平。

程序如下：

```
BEGIN:  MOV   DX, D1H      ;8251A 控制端口地址
        MOV   AL, 5AH      ;写入方式字
        OUT   DX, AL
        MOV   AL, 37H      ;写入命令字
        OUT   DX, AL
STATE:  MOV   DX, D1H      ;8251A 控制端口地址
        IN    AL, DX       ;读状态字
        TEST  AL, 01H      ;测试状态位 TXRDY=1?
        JZ    STATE        ;发送未准备好，则继续查询
        MOV   DX, D0H      ;8251A 数据端口地址
        MOV   AL, 4AH      ;输出字符 J 的 ASCII 码 4AH
        OUT   DX, AL       ;发送数据
        HLT                ;若已发送完，则暂停
```

② 字符回送程序

例 9.4：若已知 8251A 的控制口地址为 D1H，数据口地址为 D0H，采用查询方式编写 8251A 通信控制程序（包括初始化程序），实现使串行接口接收从终端（键盘）输入的一个字符，并立即将同一个字符回送到终端（显示器）去。（设在此之前已对 8251A 进行了复位操作）。

其中，8251A 通信设置如下：

a. 异步方式，波特率因子为 16，每字符 7 位数据位，奇校验，1 位停止位。

b. 允许发送和接收，使状态寄存器中的 3 个错误标志位复位，$\overline{DTR}$ 和 $\overline{RTS}$ 输出低电平。

程序如下：

```
        MOV   DX, D1H      ;8251A 控制端口地址
        MOV   AL, 5AH      ;写入方式字
        OUT   DX, AL
        MOV   AL, 37H      ;写入命令字
        OUT   DX, AL
STATE1: MOV   DX, D1H      ;8251A 控制端口地址
        IN    AL, DX       ;读状态字
        TEST  AL, 02H      ;测试状态位 RXRDY = 1?
        JZ    STATE1       ;若接收未准备好，则继续查询
        MOV   DX, D0H      ;8251A 数据端口地址
```

	IN	DX, AL	；接收数据
	MOV	BL, AL	；接收数据暂存 BL 寄存器中
STATE2:	MOV	DX, D1H	；8251A 控制端口地址
	IN	AL, DX	；读状态字
	TEST	AL, 01H	；测试状态位 TXRDY=1?
	JZ	STATE2	；若发送未准备好，则继续查询
	MOV	DX, D0H	；8251A 数据端口地址
	MOV	AL, BL	；将刚接收到的字符回送给终端（显示器）
	OUT	DX, AL	
	JMP	STATE1	；继续准备接收
	HLT		；若已接收完，则暂停

（2）利用 8251A 实现双机通信。

利用 8251A 实现相距较近（不超过 15 m）的两台微型计算机相互通信，其硬件连接图如图 9.14 所示。由于是近距离通信，因此不需使用调制解调器，两台微机直接通过 RS-232C 电缆相连即可，且通信双方均作为数据终端设备（DTE）；由于采用 RS-232C 接口标准，所以需要加接电平转换电路；另外，通信时均认为对方已准备就绪，因此可不使用 $\overline{DTR}$、$\overline{DSR}$、$\overline{RTS}$、$\overline{CTS}$ 联络信号，仅使 8251A 的 $\overline{CTS}$ 接地即可。

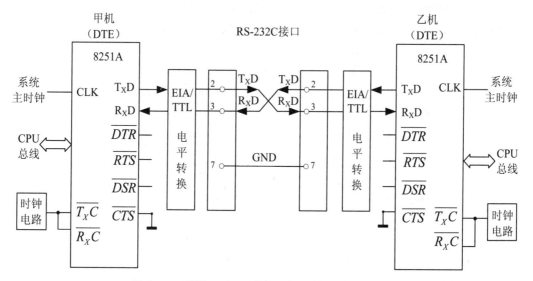

图 9.14 利用 8251A 进行双机通信硬件连接图

甲、乙两机可进行半双工或全双工通信。CPU 与接口之间可按查询方式或中断方式进行数据传送。为了避免把方式字写入其他寄存器，可以在初始化开始之前，向控制端口先后写入三个"00H"，一个"40H"。前面的三个"00H"是无效命令，用来跨过方式字和同步字符阶段，最后一个"40H"作为命令字写入控制端口，对 8251A 进行内部复位。此后再对 8251A 进行正式的初始化编程。

例 9.5：若已知 8251A 的控制口地址为 D1H，数据口地址为 D0H，采用查询方式编写 8251A 实现半双工双机通信的初始化及控制程序。

其中，8251A 通信设置如下：

① 异步方式，波特率因子为 16，每字符 7 位数据位，偶校验，1 位停止位。

② 使状态寄存器中的 3 个错误标志位复位，发送端允许发送，发送请求有效；接收端允许接收，数据终端准备好有效。

发送端初始化及控制程序如下：

```
START:  MOV   DX, D1H      ; 8251A 控制端口地址
        MOV   AL, 00H      ; 向 8251A 连续三次写入 00H
        OUT   DX, AL
        OUT   DX, AL
        OUT   DX, AL
        MOV   AL, 40H      ; 向 8251A 写入一次 40H, 内部复位
        OUT   DX, AL
        MOV   AL, 7AH      ; 写入方式字
        OUT   DX, AL       ;
        MOV   AL, 31H      ; 写入命令字
        OUT   DX, AL
        MOV   SI           ; 发送数据块首地址
        MOV   CX           ; 发送数据块字节数
WAIT:   MOV   DX, D1H      ; 8251A 控制端口地址
        IN    AL, DX       ; 读状态字
        TEST  AL, 01H      ; 测试状态位 TXRDY=1?
        JZ    WAIT         ; 若发送未准备好, 则继续查询
        MOV   DX, D0H      ; 8251A 数据端口地址
        MOV   AL, [SI]     ; 若发送准备好, 则从发送区取一字节数据发送
        OUT   DX, AL
        INC   SI           ; 修改地址指针
        LOOP  WAIT         ; 若未发送完, 则继续
        HLT                ; 发送完暂停
```

接收端初始化及控制程序如下：

```
START:  MOV   DX, D1H      ; 8251A 控制端口地址
        MOV   AL, 00H      ; 向 8251A 连续三次写入 00H
        OUT   DX, AL
        OUT   DX, AL
        OUT   DX, AL
        MOV   AL, 40H      ; 向 8251A 写入一次 40H, 内部复位
        OUT   DX, AL
        MOV   AL, 7AH      ; 写入方式字
        OUT   DX, AL
        MOV   AL, 16H      ; 写入命令字
```

```
            OUT    DX, AL
            MOV    DI           ;接收数据块首地址
            MOV    CX           ;接收数据块字节数
    WAIT:   MOV    DX, D1H      ;8251A 控制端口地址
            IN     AL, DX       ;读状态字
            TEST   AL, 02H      ;测试状态位 RXRDY=1?
            JZ     WAIT         ;若接收未准备好，则继续查询
            TEST   AL, 38H      ;检测是否有帧格式错、溢出错、奇偶校验错
            JZ     ERR          ;若有，则转出错处理
            MOV    DX, D0H      ;8251A 数据端口地址
            IN     AL, DX       ;若接收准备好，则接收一字节
            MOV    [DI], AL     ;存入接收数据区
            INC    DI           ;修改地址指针
            LOOP   WAIT         ;若未接收完，则继续
            HLT                 ;若已接收完，则暂停
    ERR:                        ;出错处理程序（略）
```

习 题

1. 试比较一下并行通信和串行通信的区别。

2. 什么叫全双工方式？什么叫半双工方式？在二线制电路上能否进行全双工通信？为什么？

3. 什么叫波特率？什么叫波特率因子？若波特率因子为 64，波特率为 1 200，则时钟频率应为多少？

4. 简要说明异步方式与同步方式的主要特点。

5. 画出串行异步传输的数据格式图示。

6. 在异步传输时，如果发送方的波特率是 600，接收方的波特率是 1 200，能否进行正常通信？为什么？

7. 调制和解调的作用分别是什么？

8. 在远距离数据传输时，为什么要使用调制解调器？

9. 试各列举一个实现 RS-232C 电平与 TTL 电平相互转换电路的名称。

10. 简述 8251A 的引脚信号中 $\overline{RTS}$、$\overline{CTS}$、$\overline{DTR}$ 和 $\overline{DSR}$ 的意义和作用。

11. 什么是 8251A 的方式字和命令字，对二者在串行通信中的写入流程进行说明。

12. 简述 8251A 异步方式与同步方式的初始化流程。

13. 若已知 8251A 的控制口地址为 81H，数据口地址为 80H，按要求对 8251A 初始化，写出初始化程序段。（设在此之前已对 8251A 进行了复位操作）

其中，8251A 的通信设置如下：

（1）异步方式，时钟频率为 19.2 kHz，每字符 7 个数据位，偶校验，2 位停止位。

（2）允许发送和接收，使状态寄存器中的 3 个错误标志位复位，数据终端准备就绪，内部不复位。

14. 若已知 8251A 的控制口地址为 81H，数据口地址为 80H，按要求编写 8251A 的初始化程序：

（1）同步方式，两个同步字符，内同步，同步字符为 16H，每字符 7 个数据位，奇校验。

（2）允许发送和接收，使状态寄存器中的 3 个错误标志位复位，并通知调制解调器，数据终端设备已准备就绪。

15. 若已知 8251A 的控制口地址为 0001H，数据口地址为 0000H，试采用查询方式编写程序实现将甲机缓冲区 BUFF1 的 100 个字节数据发送给乙机，并存入它的 BUFF2 缓冲区中。

其中，8251A 的通信设置为：异步方式，波特率因子为 64，每字符 8 位数据位，无校验位，2 位停止位，发送端允许发送，接收端允许接收，使状态寄存器中的 3 个错误标志位复位。

参 考 文 献

[1] 杨文显. 现代微型计算机与接口教程. 2版. 北京：清华大学出版社，2007.
[2] 牟琦，聂建萍. 微型计算机与接口教程. 北京：清华大学出版社，2009.
[3] 李继灿. 新编16/32位微型计算机原理及应用. 3版. 北京：清华大学出版社，2004.
[4] 龚尚福. 微机原理与接口技术. 2版. 西安：西安电子科技大学出版社，2008.
[5] 李继灿. 微型计算机系统与接口教学指导书及习题详解. 北京：清华大学出版社，2005.
[6] 方树辉，欧阳. 微型计算机及接口技术考试要点与训练. 西安：西安电子科技大学出版社，2002.
[7] 王克义. 微机原理——结构、编程与接口. 北京：清华大学出版社，2009.

参考文献